COMO PUEDA

RENUNCIA MÉDICA

La información presentada en este libro es el resultado de años de experiencia práctica. La información en este libro es de carácter general y no sustituye la evaluación y el asesoramiento de un especialista médico competente. El contenido proporcionado es para fines educativos y no reemplaza a la relación médico-paciente. Se han realizado todos los esfuerzos posibles para garantizar que el contenido proporcionado sea preciso, útil y comprensible. Sin embargo, esta no es una cobertura exhaustiva del tema. No se asume ninguna responsabilidad. Usted es responsable de su propia salud.

Las historias en este libro son ciertas. La abuela Rose es la madre de la doctora Bosworth. Las historias de los otros pacientes que se contaron son reales, con la excepción de sus nombres y circunstancias para proteger su anonimato.

ISBN-13: 978-0-9998542-4-2 (MeTone Life)
ISBN-10: 0-9998542-4-0
LCCN: 2019904420

Para solicitudes de permiso, escriba al editor, al
"Attention: Permissions Coordinator," at
hello @ metonelife . com

Publicado en los Estados Unidos por MeTone Life, LLC
3204 Madelyn Ave, Sioux Falls, SD 57106

ELOGIOS a *Como Pueda*

Luke Tunge - Estudiante de primer año de secundaria en O'Gorman
Mis padres se sorprendieron de la poca instrucción que me llevó a entender la cetosis. Nunca antes había estado a dieta. Me emocioné con la dieta ceto cuando leí la ciencia y la lógica detrás de la cetosis contenida en este libro. Sus beneficios tenían mucho sentido para mí. Mis padres vieron cómo podía seguir la dieta y lograr resultados con los alimentos que ya teníamos en casa. A medida que continué con esta dieta, mis padres se interesaron cuando les conté sobre los beneficios físicos y mentales y sobre todas las enfermedades que se pueden prevenir siguiendo reglas simples de cetosis. Creo que esta simplicidad en la alimentación saludable es algo que todos necesitamos, especialmente en el mundo frenético de comida saludable, aparentemente sin sentido.

Kerri Tunge - Mamá
Leí el libro del Dr. Bosworth después de que mi hijo de 15 años se motivó tanto con la dieta ceto después de leerla. Sabía que tenía que ser más que un aburrido libro de dieta si llamaba la atención de mi hijo. Cuando comencé el libro, la historia de la dedicación de la Dra. Bosworth a su madre era tan hermosa. Más allá de las palabras para mí. Mi padre falleció de leucemia a los 65 años. Me encanta que ella ayude a su madre a pelear en lugar de dejar que el cáncer se saliera con la suya.

Kim Fischer, MD - Médico de Obstetricia / Ginecología
Buena lectura. Conozco al Dr. Bosworth desde hace más de 30 años. Deje que ella cuente una historia real convincente e incorpore la compleja ciencia detrás de la cetosis en una explicación significativa y fácil de entender.

Ryan Meyer- Propietario de Negocio.

Soy una persona comú y leer no es mi pasatiempo favorito. Aún así, desde el principio este libro me llamó la atención. Disfruté la historia personal que proporciona la estructura principal de este libro fácil de entender.

He leído varios artículos sobre Keto y otros temas de dieta que eran casi imposibles de entender. Este libro ciertamente llega a un público más amplio. Este libro me motivó a comenzar realmente esta dieta. En general ¡una excelente lectura!

Douglas Tschetter- Profesor

Este no es el tipo de libro que hubiera leído por mi cuenta. Como profesor jubilado de literatura y debate, he pasado mi vida leyendo principalmente ficción y dramas y eventos actuales. Como diabético, probablemente debería haber leído libros como este, pero no lo hice porque me faltó el interés y la comprensión.

Los segmentos de la abuela Rose me parecieron los más interesantes. Empatizo con la abuela Rose mientras desafiaba las estrictas restricciones alimenticias y el ayuno. Cada segmento donde ella sostenía las restricciones me sorprendió. ¡La abuela Rose realmente prosperó! La Dra. Bosworth la llamó Mary Poppins, ¡sigo pensando que se parece más a la Mujer Maravilla! Esas secciones sobre la abuela Rose me hicieron querer leer más porque quería saber cómo respondió al tratamiento que estaba recibiendo. Las lecciones de la Dr. Bosworth y los diagramas me ayudaron a comprender tanto los conceptos básicos como el funcionamiento interno de la dieta ceto.

La abuela Rose me da esperanza.

Jennifer Rosenstiel

Antes de leer este libro, sabía sobre la cetosis porque mi esposo la había comenzado hace varios meses.

El libro del Dr. Bosworth es muy fácil de leer gracias a la combinación de hechos y la historia personal de la abuela Rose. Presenta una imagen realista de lo desafiante y gratificante que puede ser la dieta ceto. Su lista de alimentos y platos para arrancar es muy útil.

No sentí que fuera demasiado técnico. Pero si alguien buscaba hechos y cifras, todos están aquí. Durante semanas después de leer el libro, continué pensando en los pasos que podría tomar para mejorar la salud de mi familia por lo que aprendí en este libro.

Pete Hansen, Maestro de tambor y aventurero

Mi familia probó los consejos del Dr. Bosworth en este libro y aquí están nuestros resultados:

Mi suegro, un diabético tipo 2, ya no necesita ningún medicamento.

Mi esposa y su madre llegaron a su peso ideal.

Este libro describe y explica lo que el cuerpo puede hacer cuando usa el mejor combustible. De hecho, mi mejor amigo sobrevivió 4 días en las carreras árticas con los principios que enseña este libro. En un mundo medicado en exceso, la Dra. Bosworth muestra cómo comer para volver a la salud.

La Dra. Bosworth cuenta sus problemas personales mientras ayuda a su madre a luchar por su vida. Este libro narra un viaje de miedo, humor, determinación y ciencia mientras acompañaba a su madre a través de cada etapa del tratamiento de quimioterapia. Su historia me enseñó mucho sobre cómo pensar en mi salud y en vivir una vida plena.

Dawn Aspaas, Corredora de Bienes Raíces

¡Amo este libro! Un libro que me ayudó a entender los conceptos básicos de keto. Me sentí lo suficientemente cómoda como para comenzar un plan de salud de Keto ... ¡con una historia inspiradora de la abuela Rose y su historia de supervivencia del cáncer! ¡Gracias, Doc!

Terry Kjergaard, Periodista

La Dra. Bosworth me conoció durante años antes de invitarme a su grupo de ceto. Ella asistió a mi fiesta de jubilación. Pesaba 370 libras, mis pulmones estaban medio llenos de agua porque mi corazón no podía soportar mi enorme peso. Ella me invitó a su grupo de apoyo keto después de una cita en la clínica. Ella dijo que el azúcar en mis venas estaba empeorando mi cerebro cada día.

Pensé que no podía hacerlo. El grupo de apoyo dijo que podía. Lo intenté. Lo logré un día a la vez.

Si desea cambiar su apariencia física, lea este libro una página y un carbohidrato menos a la vez. Puede cambiar su vida y salvarlo de todo tipo de problemas de salud.

Bette Mathis, Enfermera jubilada

Aprendí cómo este cambio de estilo de vida puede ayudar a mi esposo ya mí a estar más saludables. Está escrito para que pueda entenderlo. Cuando entramos en los 80, este libro me dio la esperanza de que podemos hacer esto. Me encantó su historia personal y real.

Mark W. Brown, Teniente coronel, USAF (Ret)
Leí el libro de la Dra. Annette Bosworth con la esperanza de encontrar un nuevo método para lograr la pérdida de peso a través de un proceso llamado cetosis. Este libro ayuda al sobrepeso, a aquellos con presión arterial alta, zumbidos en los oídos y muchos otros problemas de salud para incluir algunas formas de cáncer. Las personas que prolongan los problemas de salud a través de medicamentos deben leer este libro y aprender cómo la cetosis puede ayudarlos a encontrar una solución a largo plazo para mejorar su salud. El Dr. Bosworth hizo un excelente trabajo de mantener la terminología médica comprensible para el lector promedio.

Rose Bosworth, Mary Poppins
Soy "la abuela Rose". Este libro comparte mi historia personal. Sus instrucciones paso a paso junto con las pruebas de cetosis visual diaria me mantuvieron en el buen camino. La Dra. Bosworth literalmente me salvó la vida. ¡Sigue las reglas que ella establece y cambiará tu vida también! Dios me recompensó con una hija que sirve al Señor en todo lo que hace. Estoy muy bendecida de ser su madre.

Este libro está dedicado a mi marido, Chad Haber. Gracias por el amor y la fuerza que le das a nuestra familia. Su liderazgo dentro de nuestro hogar hace posible mi liderazgo más allá de nuestro hogar. Eres la prueba de que Dios me ama.

—A los que viven con cáncer, no se rindan—

Por cada libro vendido, se donará un dólar a organizaciones sin fines de lucro que brinden apoyo directo a las personas diagnosticadas con cáncer, incluido el Aurora County Cancer Fund.

Como Pueda

LA DOCTORA BOSWORTH COMPARTE SU VIAJE POR EL CÁNCER DE MAMÁ: UNA GUÍA PARA PRINCIPIANTES

KETONES PARA LA VIDA

Annette Bosworth, M.D.
Traducido por Chancellor Haber

Dr. Boz®

ÍNDICE

Capítulo 1

#AbuelaRose

Los pacientes se alinean día tras día pidiéndome que resuelva problemas médicos complicados. Vemos su problema y juntos, el médico y el paciente, elaboramos un plan. Después de exponer sus opciones, los pacientes a menudo me preguntan "Doc, ¿Usted qué haría? ¿Cómo lidiaría con esto?

En un buen día, me pongo en el lugar del paciente y respondo esa pregunta. No es fácil. Mi entrenamiento y los libros de texto médicos me programaron con muchas respuestas "seguras" y estériles. Revelar lo que yo haría personalmente me pone en una situación difícil. Al arriesgarme a alejarme del tronco y las raíces de la medicina convencional, a veces respondo con valentía lo que personalmente haría en su situación.

Estos son los momentos que llevan a los pacientes a mi consulta una y otra vez. Me agradecen por mostrarles el camino que tomaría.

La historia de la abuela Rose es un buen ejemplo.

La abuela Rose es mi mamá. Podría llenar innumerables páginas compartiendo historias de lo generosa, indulgente, fuerte y fiel que es. Ella comparte el regalo de ver siempre el mejor lado de cualquier ser humano. Pensándolo bien, treinta páginas no capturarían la profundidad y grandeza de su bondad. La abuela Rose es una Mary Poppins fiel a la vida.

En 2007, el cuerpo de 63 años de la abuela Rose, perfectamente sano, le falló. Su viaje de fin de año a la sala de emergencias sacudió a nuestra familia cuando una infección de su intestino inferior descarriló su vida, prácticamente perfecta. Mary Poppins, la abuela Rose salió del hospital con las venas llenas de antibióticos y una tabla médica gruesa con las siguientes palabras: Leucemia linfocítica crónica (CLL), por sus siglas en inglés.

Este tipo de cáncer de células linfáticas persiste en todo el cuerpo refugiándose en lugares que no puede ver ni sentir. Este cáncer se adapta perfectamente a los modales de Mary Poppins. No hay necesidad de hacer un alboroto con muchos síntomas y ruido. Al igual que Mary Poppins, la CLL crece en silencio y no le pide permiso a nadie.

La CLL vive en la médula ósea y las células linfáticas. Si intenta eliminar la CLL con quimioterapia o radiación, estas células cancerosas lo superarán. En su lugar, debe observar y estudiar la CLL a lo largo del tiempo, esperando la oportunidad adecuada para llegar a su punto más débil. La CLL libra una guerra inteligente y prolongada, ganando puntos de batalla a lo largo del tiempo.

Estos puntos de batalla se cuentan por el número de células en cada lado. El bien contra el mal. Sano versus deformado. Una partitura en blanco y negro. Los glóbulos blancos, buenos y sanos, utilizan sus habilidades ágiles y flexibles para cazar a los organismos invasores que se cuelan en nuestros cuerpos. Los glóbulos blancos deformados de las CLL son arrugados, rígidos e inútiles. Unas CLL de más y la abuela Rose moriría a causa de una infección.

La puntuación en 2007 fue Grandma Rose (GR): 1 vs. CLL: 50.

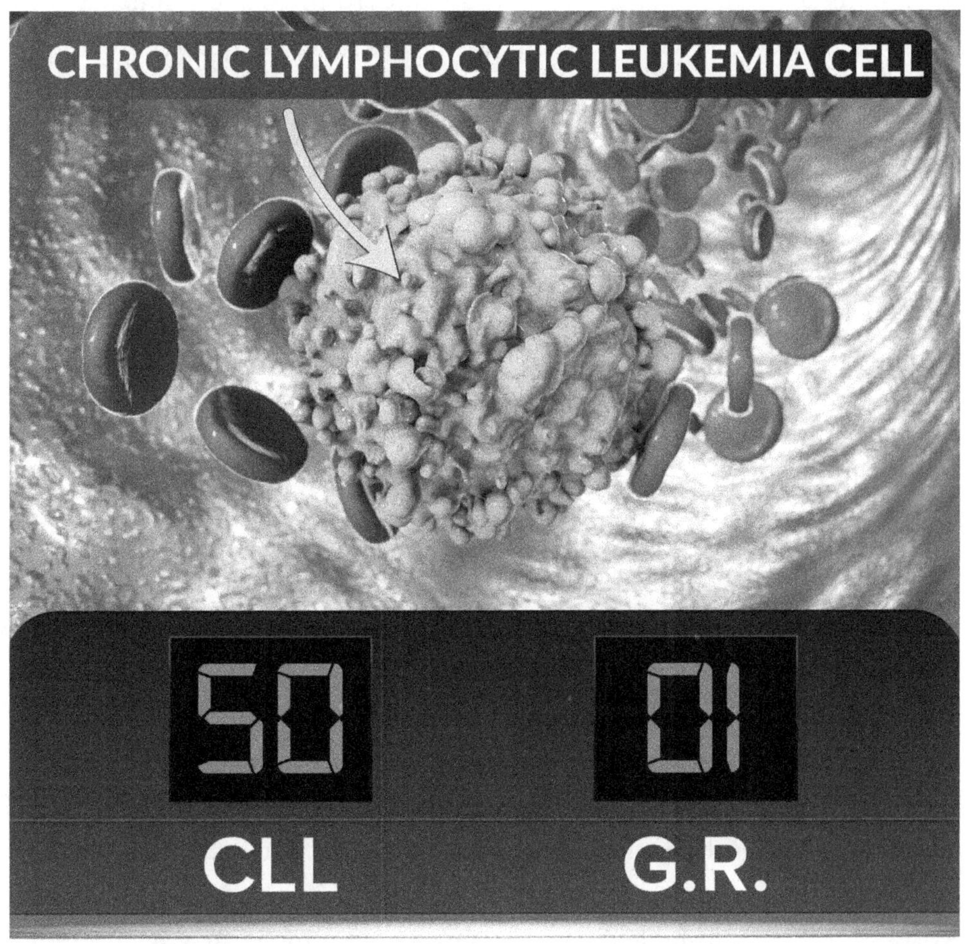

A pesar de esas probabilidades, sus glóbulos blancos sanos eran lo suficientemente poderosos como para evitar ver a los médicos durante casi 2 años. En 2009, ella la conoció contrincante cuando un mosquito la picó. Ese mosquito la infectó con el virus del Nilo Occidental. La relación CLL versus células normales era de 89 células deformadas por cada 1 glóbulo blanco sano. Con esas probabilidades, no pudo preparar su defensa contra este virus invasor.

El virus fácilmente tejió y esquivó las células sanas escondiéndose detrás de las deformadas. En un día, la infección llegó a su cerebro: meningitis del Nilo Occidental. Con un cerebro infectado e hinchado, se aferró al borde de la vida. Pasaron dos meses antes de que recordara por completo cómo usar la máquina de coser que cosió toda la ropa de mi infancia.

Durante la última década, los puntos de batalla de la abuela Rose (GR, por grandma Rose en inglés) contra CLL aumentaron repetidamente a niveles peligrosos. Cada vez que se acercaba al borde de la derrota, luchábamos contra sus números de CLL. En esos tiempos, restablecíamos el campo de batalla a través de la quimioterapia.

Tasa de duplicación. Este término describe cuánto tiempo se tardan en duplicar las CLL. Al principio, la tasa de duplicación de la abuela Rose era de dos años. Con la duración de tiempo su CLL se hizo más inteligente y comenzó a duplicarse cada seis meses. Pensamos que la abuela Rose había visto lo peor. No era solo el principio. Poco después, su CLL se duplicaba cada seis semanas.

Pulverizamos su CLL con quimioterapia. Destruyó las células deformadas y redujo la puntuación de la CLL a la normalidad. El problema de destruir sus células cancerosas es que también atacamos a la abuela Rose. El tratamiento la dejó casi indefensa contra los virus y las bacterias que naturalmente vivían en su sistema.

Anteriormente, el robusto sistema inmunitario de la abuela Rose manejaba cualquier invasión de manera rápida y silenciosa. Cinco décadas siendo la esposa de un granjero estimuló las defensas de su cuerpo gracias a la exposición rutinaria a la mugre de los cerdos, el ganado y los desechos de la granja. Después de que la quimioterapia destruyera sus células, tuvo que permanecer con antibióticos durante semanas para combatir incluso las infecciones más débiles.

La terapia paralizó su sistema inmunológico. La abuela Rose se tambaleó al borde del colapso. Muy debilitada, se desplomó durante de los seis meses siguientes solo para lograr sentirse medio normal de nuevo. Abatida y derrotada, la abuela Rose juró que nunca volvería a recibir quimioterapia.

Recé para que olvidara su traumática experiencia de quimio.

Tres años después, nos enfrentamos a la misma decisión. Su voluntad de luchar se había deteriorado. Enferma, a los 67 años, la convencí de que hiciera otra ronda de trauma químico. El ejército de células linfáticas deformadas se derrumbó bajo el poder de esos compuestos anticancerígenos. Lamentablemente, también lo hizo la abuela Rose.

Esta vez, sus infecciones estallaron más y más rápido. Su bacteria persistente ahora recordaba esos antibióticos y los burlaba. Cambiamos antibióticos para mantener a los insectos debilitados.

Sin embargo, después de docenas de diferentes tipos y combinaciones de antibióticos, la abuela Rose se enfermó. Muy enferma. Se puso tan mala que su proporción de CLL se derrumbó a 1000: 1. Eso es correcto: ¡1,000 células linfáticas deformadas por cada una sana!

Ella se arrastró a través de los próximos seis meses. Esta vez ella se sintió con la mitad de la mitad de su energía de costumbre.

Le advertí a mis hermanos: "No sé cómo vamos a convencerla de que acceda a una tercera ronda de quimioterapia si la necesita".

Y allí estábamos de nuevo en 2016. Los números no mentían. Su recuento de CLL se duplicaba cada dos meses. Ella necesitaba su cóctel químico de nuevo. Esta vez ella tenía 71 años. Diez años de cáncer ardiendo dentro de ella la habían envejecido.

No fue por no intentarlo por su parte o la mía. Ella se aferró a esa actitud de Mary Poppins resistente.

Revisé toda la información que pude encontrar sobre su tipo de cáncer. Leí sobre la nueva investigación sobre CLL. Leí literatura antigua sobre CLL. Rebusqué a través de terapias tanto convencionales como alternativas. Agarré todos los artículos, podcast y editoriales que pude encontrar. Lloré. Recé. Me mantuve al tanto de cualquier síntoma nuevo que experimentaba o cualquier cambio en su cuerpo envejecido.

Sin embargo, nada de eso eliminó el hecho de que la abuela Rose ahora era una mujer enjevecida, de 71 años con cáncer. Llevaba 50 libras de más y tenía un sistema inmunológico que se correspondía con el de una persona de 130 años.

Estábamos en problemas

A medida que aumentaban sus números de CLL, el médico ordenó repetir el análisis de sangre en 8 semanas.

En abril de 2016, escuché una entrevista de Tim Ferriss donde entrevistó a Dom D'Agostino, PhD, sobre su investigación sobre el cáncer y la cetosis. De hecho, lo escuché varias veces y seguí mi curiosidad por el profundo y misterioso túnel de este tema. La investigación me atrajo y no pude pensar en nada más durante semanas.

Convencido del potencial poderoso de las cetonas, me puse una dieta cetogénica en el Día de los Caídos 2016. A decir verdad, me puse un mes antes, pero no logré producir una mísera cetona ese primer mes. Tardé cuatro semanas en aclarar las reglas.

Corté todos los carbohidratos que pude encontrar. Tiré todos los carbohidratos que estaban en mi casa porque no podía resistirlos. Después de esos meses fallidos, revisé las cetonas en orina esperando una rápida victoria. Después de una semana de revisar y fallar al azar cada vez, comencé a revisar todas las mañanas y noches. Nada. Avergonzada por mis intentos fallidos, puse de lado a mi obstinado ego y pedí ayuda. Incluí a mi esposo en la eliminación de aún más alimentos altos en carbohidratos de la despensa. Juntos acordamos no comprar más.

Regresé a mis blogs y libros favoritos y parecía que estaba cometiendo un error muy común: no comer suficiente grasa. Me comprometí a comer aún más grasa. Me cargué de crema, nata y mantequilla a cada paso. El aceite de coco revistió todas mis sartenes e incluso agregué estas grasas a mi café. Finalmente, produje mi primera cetona el 30 de mayo de 2016, treinta días antes de la prueba de sangre de seguimiento de la abuela Rose.

Una vez que comencé a hacer cetonas, me preocupé por toda la grasa que comía. Las reglas que enseñé a los pacientes durante dos décadas se enfrentaron con la cantidad de grasa necesaria para la cetosis. Resistí mi habitual aversión a la grasa. Necesitaba ver este experimento de química. La primera semana de cetosis me convenció.

Agotada y cansada, la abuela Rose me recibió en la oficina del doctor. Su declive contrastó marcadamente con la oleada de energía que comencé a disfrutar cuando reducía los carbohidratos. Nos presentamos a la cita y sus números anunciaron la fea verdad: CLL 5000: GR 1.

Las palabras del Dr. McHale me golpearon como un choque de trenes a cámara lenta, "Rose, es hora otra vez".

"Debe someterse a quimioterapia pronto o no habrá espacio en su médula ósea para las células sanas". La CLL ya reclamó el 98% del espacio en sus huesos. En poco tiempo, lo conquistará todo ".

Su mirada cruzó la sala de examen y me golpeó en la garganta. Sus ojos me dijeron que no quería volver a hacer esto. Las lágrimas llenaron mis ojos mientras le rogaba silenciosamente que no se rindiera. Siendo egoísta, no estaba lista para dejar de luchar contra su cáncer, pero esta lucha no era mía. No importaba cuánto quisiera que ella siguiera empujando, si ella se rendía, eso significaba que me rendía con ella.

Dos veces antes habíamos dejado la oficina del oncólogo con esa hoja de papel que dice: "Horario de infusiones de quimioterapia".

Rompí nuestro silencio con una súplica inesperada. "Mamá, deja la quimioterapia durante seis semanas y déjame mostrarte lo que haría. Dame seis semanas.

Este libro comparte los errores de la historia y todo nuestro viaje hacia un estilo de vida cetogénico. Comienza con el miedo al cáncer pero lleva a mucho más. Las experiencias de mi madre llena de cáncer, de 71 años de edad, llenan estas páginas con lo que aprendimos.

Cuando se llegó a esta pregunta, "Doc, ¿qué haría si la persona que más ama estuviera muriendo de cáncer?"

Mi respuesta, "LUCHE CONTRA EL CÁNCER **COMO PUEDA**."

Capítulo 2

Dra. Bosworth: CURIOSIDAD SUSURRADA

¿Has oído la palabra 'cetosis'? Esta palabra extraña se ha estado volviendo popular.

La última vez que escuché este extraño término fue en la escuela de medicina. Mientras cubría la (Unidad de Cuidados Intensivos) UCI, un paciente con diabetes tipo 1 se inyectó la cantidad equivocada de insulina una y otra vez hasta que entró en coma.

Sí, esa es la última vez que escuché la palabra cetosis. Naturalmente, mis primeros pensamientos sobre la cetosis se relacionan con un paciente muy enfermo. Entonces, ¿por qué estoy escuchando esta palabra de nuevo?

¿Ha habido algún tipo de avance innovador? Vergonzosamente, esta emoción sobre la cetosis no se debe a ningún nuevo descubrimiento científico. Este entusiasmo "recién descubierto" para la cetosis y todo lo relacionado con la cetosis implica un renovado interés en los medios. Lamentablemente, esta información, por lo demás antigua, sigue siendo oscura y parece "exótica" para casi todos los médicos que conozco.

Prepárese. Este libro representa un cambio radical en la forma en que su médico y toda la comunidad médica hablarán con los pacientes sobre el cáncer, el peso, la salud, las enfermedades cardíacas y el envejecimiento del cerebro.

Mi esposo no es médico. Veinte años de matrimonio con una médico especializada en medicina interna le otorgó un asiento de primera fila para todo tipo de historias relacionadas con la atención médica. Ha visto los mayores beneficios en la industria de la salud, así como sus rasgos más feos. Él ha visto el pensamiento erróneo detrás de los médicos sobre el uso de los mejores procedimientos para eliminar un problema en lugar de enseñar a los pacientes las raíces de sus problemas. Durante años, le decía a sus amigos que si tiene un enemigo al que quisieran ver muerto, simplemente averigüe qué día irá a ver a su médico. Acusa al médico de ser perezoso justo antes de la cita de tu rival. La mayoría de los médicos realizarán más pruebas y procedimientos para compensar ese insulto. Esas pruebas y procedimientos adicionales serían el principio del fin para tu enemigo. ¿Cómo? El bombardeo resultante de pruebas y procedimientos, junto con la falta de conocimiento y la percepción del paciente, puede fácilmente convertirse en un camino de una sola vía hacia empeorar su salud.

El enfoque futuro que veo que los médicos toman para ayudar a los pacientes, refleja el enfoque holístico representado en este reciente resurgimiento de la literatura sobre la cetosis. Personal y profesionalmente, la mayoría de los médicos no han pensado, enseñado o recomendado la cetosis. Un porcentaje significativo de profesionales de la medicina ahora se están despertando del sueño hipnótico y profundo, al que la gran industria farmacéutica los había sometido. Ahora recién estamos despertando colectivamente a la increíble variedad de beneficios para la salud que aportan las dietas bajas en carbohidratos y grasas.

Terminología *KETO*	
CETONAS	Sustrato soluble en agua que suministra alta cantidad de células energéticas. Viene de la descomposición de la grasa.
CETOSIS	Estado metabólico donde las cetonas están fácilmente disponibles para combustible dentro del cuerpo. Los niveles en sangre son >0.5 mmol/L
CETOSIS NUTRICIONAL	Cetosis lograda a través de restricciones dietéticas de carbohidratos. Los niveles de cetonas en la sangre oscilan entre 0.5-3.0 mmol / L
CETOACIDOSIS	Estado metabólico peligroso y potencialmente mortal donde las cetonas excesivas se producen descontroladamente dentro del cuerpo. Las cetonas en sangre se disparan a> 10.0 mmol / L, lo que hace que el pH de la sangre se vuelva muy ácido. Ocurre en diabéticos tipo 1.
CETO-ADAPTACIÓN	Estado de cetosis sostenida donde las cetonas alimentan el cuerpo durante varias semanas. El cuerpo cambia a cetonas como su principal fuente de combustible. La mayoría de las células han adaptado las herramientas celulares necesarias para acceder a este tipo de combustible.

Vean eso. Ya necesito corregirme. Ese paciente de la UCI no tenía cetosis; tenía cetoacidosis.

Cetosis: buena.
Cetoacidosis: MUY peligrosa.

La cetoacidosis es un problema potencialmente mortal en el que los niveles de cetonas del cuerpo se disparan y el paciente entra en coma. Gracias al pensamiento rápido y al trabajo técnico inteligente de nuestro equipo médico, pudimos evitar ese desastre.

Antes de ver a ese paciente, la única otra vez que había escuchado el término cetosis era su uso como tratamiento de último recurso para los pacientes con convulsiones juveniles.

Las convulsiones afectan gravemente a los cerebros de los niños. Los médicos y los científicos se estremecen cada vez que un joven sufre un ataque. Cada ataque mata una tremenda cantidad de células cerebrales. Algunos niños pasan por cientos de convulsiones en un día. No es una exageración decir que los cerebros de estos pacientes están rotos.

La primera línea de tratamiento de los médicos consiste en prescribir una gama de medicamentos anticonvulsivos. Si las convulsiones no se detienen, agregamos aún más medicamentos. Sabemos que su cerebro en rápido crecimiento depende de la rapidez con que podamos detener todas las convulsiones. Probamos varios medicamentos en combinación. Cuando todo eso falla, nos rendimos y los ponemos en una dieta que produce compuestos llamados cetonas. El objetivo es lograr que estos pacientes entren en un estado de "cetosis nutricional". En este estado, el cuerpo humano vive de la grasa.

En todos mis largos años de entrenamiento, mi única exposición a la dieta de la cetosis consistió en su uso como tratamiento de crisis de último recurso.

Entonces, ¿qué me hizo volver a estudiar esto de nuevo? ¿Qué me obligó a sentirme lo suficientemente curiosa como para no solo recomendarlo a mis pacientes que han sufrido de adicción, Parkinson, Alzheimer, accidentes cerebrovasculares y depresión, sino también adoptarlo para mí y para mi propia familia?

¿Qué me hizo sentir la curiosidad de recomendarlo a mi madre, una paciente de cáncer de 71 años en ese momento?

¿Qué me hizo recomendarlo a mis hijos de 11, 14 y 16 años?

¿Qué me hizo comenzar esta defensa científica y médica que descarriló completamente y luego transformó la forma en que funciona mi clínica de medicina interna?

He escrito este libro para compartir estas respuestas con usted.

El fervor con respecto a la cetosis parece tener mucho a su favor. De hecho, hay una gran cantidad de literatura médica e investigaciones científicas de larga data sobre por qué todos deberíamos estar comiendo entre 70 y 80% de grasa.

Si está buscando una de las soluciones para perder peso más efectivas y eficientes que he visto en mi carrera médica de 20 años, este libro es para usted.

Si está buscando una manera de aumentar su resistencia mental, este libro es para usted.

Si busca el mejor antiinflamatorio en el planeta: 100 veces más potente que el ibuprofeno y 10 veces más potente que cualquier esteroide que te receten, este libro es para ti.

Si le preocupa el cáncer y se pregunta por qué le ordené a mi madre de 71 años, que vive con cáncer, que produzca cetonas, este libro es para usted.

Si desea saber por qué dejé de recetar Prozac como tratamiento de primera línea para la depresión y empecé a enseñar a los pacientes sobre las cetonas, este libro es para usted.

Si quieres aprender sobre la cetosis en un español simple, este libro es para ti.

Este libro no aborda la bioquímica complicada y la ciencia avanzada detrás de los beneficios de la cetosis. No quiero confundirlo al sobrecargarlo con datos. Y hay un montón de eso por ahí. En su lugar, he leído y releído esos libros originales para usted y presento sus conclusiones en un lenguaje sencillo. He redactado este libro de la misma manera en que le hablo a mi mamá ... de la misma manera que les enseño a mis pacientes en mi trabajo clínico.

Debo mucho a los autores y científicos que me educaron a través de sus investigaciones, conferencias y escritos. Hay un lugar maravilloso en sus estanterías para sus libros. En cambio, este libro está escrito específicamente para pacientes curiosos acerca de la cetosis y cómo puede funcionar para ellos. Ofrece una guía práctica para adoptar un estilo de vida cetogénico.

Sigue leyendo:

- Si al ver su cintura o barriga puede pellizcar grasa.
- Si desea saber cómo este tratamiento puede mejorar sus niveles del cerebro, cuerpo y energía.
- Si desea aprender a reducir las visitas al consultorio del médico.

Este libro es para usted.

Capítulo 3

Dra. Bosworth: MD ANDERSON + D.O.D. + Personas muertas

La primera vez que sentí curiosidad por la cetosis fue en el 2015.

Soy una médico especialista en medicina interna. Esto significa que me concentro en el bienestar a largo plazo de los pacientes. Pienso en preguntas como:

¿Cuáles son las consecuencias de 20 años de presión arterial alta?

¿Qué pasa cuando has tenido sobrepeso durante 15 años?

¿Cuáles son los riesgos de fumar marihuana durante 10 años?

Mi objetivo es ayudar a los pacientes a prevenir desastres antes de que se den cuenta de un síntoma. Sin recibir agradecimientos muchas veces, pero gratificante muchas otras veces. Me especializo en ayudar a los pacientes a lograr cambios de comportamiento que posteriormente, agregarán años a sus vidas.

También me gusta estudiar las enfermedades crónicas del cerebro: Parkinson, depresión, bipolar, convulsiones, adicción, ansiedad, presión arterial alta, accidentes cerebrovasculares y "niebla cerebral". Mi práctica muestra un patrón de pacientes cuyos cerebros no funcionan correctamente.

En 2015, el Sr. Anderson llamó mi atención

El Dr. Anderson es el centro de tratamiento de cáncer más famoso del mundo. Si usted es la reina de Inglaterra y tiene cáncer, obtiene el mejor tratamiento que el dinero puede comprar, tiene a la Clínica Mayo en su marcación rápida del teléfono. Recibirá el trato de nobleza para su cáncer donde quiera que vaya.

Sin embargo, si tiene uno de los 'chicos malos' (estoy hablando de cánceres que matan a las personas en un plazo de seis meses), incluso si lo envían a la Clínica Mayo, lo remitirán a la joya de la corona de todos los centros de tratamiento de cáncer: MD Anderson. Esta organización es líder mundial en formas innovadoras de tratar el cáncer.

Cuando MD. Anderson lanza un protocolo para pacientes con cáncer, el mundo médico debe sentarse y prestar atención.

Curiosamente, el Sr. Anderson no anunció su protocolo de cetosis recientemente implementado en ninguna conferencia médica. No leí sobre esta actualización en ninguna revista médica.

No.

En cambio, un paciente me susurró esta información. Era como si a ella le preocupara cómo respondería yo.

Esta información devastadora, compartida a través de la pequeña y silenciosa voz de mi paciente, ha cambiado todo mi enfoque hacia la atención al paciente.

A su madre le diagnosticaron un glioblastoma, una de las peores formas de cáncer cerebral. Su madre vivía en Texas, cerca del M. Anderson. En consecuencia, ella cayó en manos de uno de los científicos más innovadores en el tratamiento del cáncer en la actualidad. Cuando le dijeron a mi paciente que su madre no podía recibir la primera dosis de radiación hasta que hubiera estado en cetosis durante dos semanas, la hija hizo exactamente lo que yo habría hecho: hizo preguntas. Muchas preguntas.

Cuando sacó toda la información que podía obtener del personal médico que atendía a su madre, fue a la biblioteca.

Todavía escéptica sobre si su madre estaba recibiendo la mejor atención posible, me trajo sus preguntas a mí, su médico de atención primaria. Mi respuesta: una mirada en blanco sobre los bordes de mis anteojos mientras procesaba la palabra "cetosis".

No es uno de mis momentos estelares.

Esto pasa mucho. Los pacientes mencionan una sustancia química extremadamente extraña y promocionada por múltiples niveles de marketing. Me preguntan lo que pienso. La mayoría de las veces estos productos químicos son un desperdicio de dinero. Por lo general, los efectos de esos productos son tan pequeños que no dañarán a nadie. Pero ese no es siempre el caso, así que me tomo el tiempo para revisarlos.

La pregunta de la cetosis de este paciente realmente pateó mi cerebro a toda velocidad.

Para empezar, cuando dijo "cetosis", mi cerebro automáticamente escuchó "cetoacidosis". Mi mente regresó a ese paciente de la UCI en estado de coma. Han pasado quince años desde la última vez que me encontré con un paciente con cetoacidosis. De vuelta en la escuela de medicina, cada vez que me hice una prueba, preguntan sobre este síndrome súper aterrador de la cetoacidosis.

Mi respuesta reflexiva fue decirle "¡Demonios, eso suena aterrador!"

Excepto que la madre de esta mujer estaba en la joya de la corona de todos los centros de tratamiento de cáncer a nivel mundial. ¿Por qué le estarían pidiendo a esta mujer que orinara las cetonas antes de que le pisoteen el cerebro con una radiación que destruye el cáncer? Cada día que retrasaban la radioterapia, empeoraban sus posibilidades de supervivencia. Tenía que haber más a esta situación.

Me compré algo de tiempo y le pedí al paciente durante una semana que investigara la pregunta. Mi investigador de confianza inundó mi bandeja de entrada con una investigación de cetosis relacionada con el Dr. Anderson. Su investigación llevó a los artículos que cambiaron toda mi filosofía de la práctica.

Encontré la información referente al nuevo protocolo de cetosis en M.D. Anderson. Era una charla más bien técnica, de bioquímica avanzada. Recibí la esencia del mensaje de que las células cancerosas usaban azúcar en la sangre o glucosa como combustible. Las células cancerosas no usan cetonas como combustible. No tienen los productos celulares para usar cetonas.

Para empezar, ¿las cetonas son combustible? Hmm. Interesante. Aparentemente, las cetonas no son las moléculas súper aterradoras y ácidas que se sabe que envían a los pacientes a la unidad de cuidados intensivos.

Estoy seguro de que cubrimos esto en la escuela de medicina. Pero eso fue hace tanto tiempo que me pareció una nueva información. Había perdido ese hecho hace muchas células del cerebro.

Los artículos continuaron discutiendo que cuando alimentamos cetonas solo con animales llenos de cáncer, ciertas células cancerosas mueren de hambre. Sonaba demasiado bueno para ser verdad. Aún así, no estaba leyendo la última actualización autoeditada de hucksters, que venden sales que cambian el color de sus ojos. Esto venía directamente de una de las principales instituciones de investigación del cáncer del mundo.

He escaneado el informe en busca de efectos secundarios. Los pacientes en cetosis sometidos a radioterapia corren el riesgo de eliminar demasiadas células problemáticas a la vez. Esto puede obstruir su sistema de filtración con células cancerosas muertas.

¿Qué?

¡Qué fantástico problema para los pacientes con enfermedades terminales! Escogería ESE problema para mis pacientes cualquier día. ¿Matamos al cáncer demasiado bien? ¡Increíble!

DEPARTAMENTO DE DEFENSA

Mi alma de investigadora no detuvo la búsqueda allí. Ella me envió varios otros artículos. Un artículo del Departamento de Defensa me llamó la atención. Como médico, este único recurso se destacó porque el Departamento de Defensa NO toma usualmente dinero de la industria farmacéutica.

US Navy SEAL Seizure Protection Study

THE BENEFITS OF KETONE ESTER SUPPLEMENTS

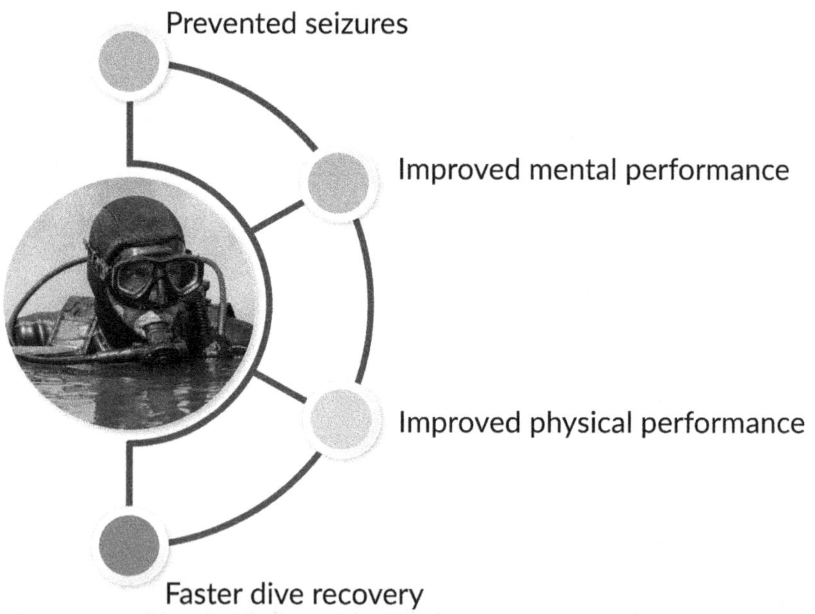

Am J Physiol Regul Integr Comp Physiol. 2013 May 15;304(10):R829-36. doi: 10.1152/ajpregu.00506.2012. Epub 2013 Apr 3.
Therapeutic ketosis with ketone ester delays central nervous system oxygen toxicity seizures in rats.
D'Agostino DP1, Pilla R, Held HE, Landon CS, Puchowicz M, Brunengraber H, Ari C, Arnold P, Dean JB.

La investigación médica requiere financiación. Alguien tiene que pagar la cuenta. Por lo general, esa persona tiene una buena razón para gastar su dinero. Solo averigüe quién financió el estudio y rápidamente sabrá los resultados antes de leer el informe. Llámeme cínica, pero así es como funcionan normalmente las cosas en el mundo de la industria farmacéutica o en las industrias de consumo directo.

Dicho de esta manera, si una empresa de marketing multinivel financia un estudio, no se sorprenda si el informe concluye que su producto salva al mundo. Qué coincidencia, ¿verdad? Esta es la razón por la que no me emociono con tanta facilidad cuando un nuevo "estudio innovador" comienza a circular. Para que me emocione, necesito algo mejor, algo objetivo.

Cuando se trata de objetividad, el DOD (Departamento de Defensa de los Estados Unidos) no juega. Es una de esas fuentes donde cualquier sesgo potencial es tan pequeño que casi puedes creer cada palabra que lees.

El Departamento de Defensa publicó un artículo que describe un estudio relacionado con la cetosis y sus buceadores.

Al principio, pensé: "Qué extraño". ¿Por qué un buceador de aguas profundas necesitaría la cetosis? La respuesta corta: convulsiones.

El recurso explicó que nuestros SEALS de la Marina pasan mucho tiempo bajo el agua. También se enorgullecen de no ser detectados. A los marinos les encanta saber todo sobre ataques furtivos. En consecuencia, no usan equipo de buceo estándar. Sus dispositivos de respiración no filtran burbujas. Si intentas esconderte del enemigo nadando bajo el agua, no puedes dejar un rastro de burbujas. Serían descubiertos.

Un respirador permite a los buceadores respirar el mismo aire una y otra vez sin fugas de burbujas. Calcula las concentraciones de gases de las partículas en el aire. Su suministro de oxígeno se mantiene estable, mientras que los niveles de gases tóxicos permanecen bajos.

Qué herramienta tan impresionante. ¿Verdad? ¡Vamos Marinos!

El respirador hace posible el buceo furtivo sin un rastro de burbujas, excepto por un problema: todos y cada uno de los marinos que usaron este dispositivo empezaron a tener ataques.

Ups.

Eso no va a funcionar. Hay una cosa peor que tener una convulsión: ¡Estar a 30 pies bajo el agua!

El equipo de investigación del DOD se dispuso rápidamente a descubrir cómo prevenir las convulsiones. El primer método que utilizaron fue exactamente el que usamos en aquellos niños pequeños que tienen cientos de convulsiones al día: medicamentos anticonvulsivos. Ellos recetaron estos medicamentos a los marinos. ¿Los resultados?

Marinos estúpidos.

En serio.

Los medicamentos ralentizaron mucho sus procesos cerebrales. Sus habilidades de sincronización y reacción se volvieron súper lentas y, lo que es peor, ¡no impidieron que se produjera ni un mísero ataque!

De vuelta a la lluvia de ideas.

Después de leer algunas publicaciones de la década de 1900, los miembros del equipo de investigación descubrieron que la mayoría de los estudios disponibles se centraban en los niños. Lamentablemente, a la mayoría de los niños se les recetó un medicamento que los dejó estupefactos. Resulta que este efecto fue por diseño. Los medicamentos anticonvulsivos más comunes funcionan de esta manera. Dado que las convulsiones se extienden a las corrientes de nuestro cerebro, disminuir la actividad eléctrica debe detener las convulsiones en un punto muerto.

Esta solución funciona para la mayoría de los niños con un gran sacrificio de velocidad mental y rendimiento.

¿Qué pasa cuando falla la medicación? Los investigadores del DOD desenterraron la respuesta: la dieta cetogénica.

El hecho de que el DOD publicara este informe hizo que me sentara y que prestara atención. Los resultados fueron sorprendentes. El escéptico en mí se preguntaba sobre las posibilidades de que este informe contenga su versión típica de la industria farmacéutica como el fervor por el aceite de serpiente. Es, después de todo, el DOD del que estamos hablando. Simplemente no pude poner al DOD en la misma categoría que la industria farmacéutica. El Departamento de Defensa no está exactamente en el negocio de entusiasmar al público con un nuevo tratamiento para las convulsiones. No hay conflicto de intereses, al menos, por lo que pude ver.

Gracias a este estudio, la cetosis permaneció pegada al techo de mi mente, algo difícil de alcanzar con el "cacao mental". Aún así, estaba buscando algo más convincente. El informe del DOD me abrió los ojos, pero algo me impidió recomendar la cetosis a mis pacientes.

GENTE MUERTA

Necesitaba otra fuente de datos. Algo que sé que ofrece poco margen de maniobra para las conclusiones promocionadas. Lo encontré en forma de autopsias. Sí. Los estudios de autopsia son muy útiles. Establece un estudio seleccionando un conjunto de pacientes que tienen un problema de la infancia y los sigue hasta la muerte.

Una vez muertos, examina sus cuerpos bajo un microscopio. Ese es mi tipo de estudio. Recuerda: soy un internista cuyo trabajo es predecir qué cosas te esperan en el futuro y las mejores estrategias para evitarlas.

Hay solo un problema con los estudios de autopsia en la infancia a largo plazo; Son muy muy muy raros. ¿Cómo? No es así como la mayoría de las investigaciones de drogas se realizan actualmente. Las compañías farmacéuticas odian este tipo de estudios. Tardan demasiado y son bastante caros. Para mantener los costos bajos, las compañías farmacéuticas comienzan con estudios en animales.

Podrían hacer un estudio de 2 años para ver qué tan bien funcionan sus medicamentos. A partir de ese momento, un estadístico realiza una extrapolación a largo plazo sobre los efectos futuros basándose en los datos de los dos años. Bla. Bla. Bla. ¿Qué está mal con esta imagen? ¿Qué tan confiables son los datos basados en algunos números tontos torcidos por un estadístico en la plantilla de una compañía farmacéutica? ¿Conflicto en su interés? Eh

Esta es la razón por la cual los pelos en la parte posterior de mi cuello se pusieron de punta cuando mi investigadora me llamó la atención sobre un estudio de autopsia relacionado con cetosis.

Los muertos no mienten ... tan a menudo.

¿Quiénes son los muertos que estamos viendo? No eran pacientes de cáncer.

No, estos fueron los niños de la década de 1950 y 1960 que recibieron una dieta cetogénica porque los medicamentos recetados no lograron que sus ataques desaparecieran.

¿Recuerdas esa lección que obtuve en la escuela de medicina? ¿El de los niños que sufren cientos de ataques? Sus ataques se detuvieron cuando comenzaron con una dieta extraña. Esos eran los niños de la cetosis. Y ahora se estaban muriendo. No de las convulsiones, claro. Estaban muriendo de edad avanzada o por problemas de salud no relacionados con las convulsiones. Cuando estos niños estaban en su adolescencia temprana y sufrían de trastornos convulsivos severos, sus médicos no habían podido controlar los ataques con medicamentos.

Después de quedarse sin otras opciones, se colocaron en una dieta cetogénica. Estos niños fueron hospitalizados y se sometieron a una transición de cetosis. Incluso sus familias fueron entrenadas por médicos para mantener a estos pacientes en una dieta cetogénica durante toda la vida.

Cuando los pacientes muertos regresaron al estudio 60 años después, aparecieron algunos hallazgos notables en los primeros cadáveres. Para empezar, sus cerebros eran unos de los cerebros más sanos que el patólogo había visto nunca.

Espere. Deténgase.

Eso suena totalmente al revés. Estos son los pacientes con convulsiones.

Las drogas les fallaron. Hicieron esta dieta como último recurso porque tienen cientos de convulsiones al día.

Si desea ver los peores cerebros humanos, eche un vistazo a las autopsias de los pacientes con convulsiones que sufrieron décadas de convulsiones no tratadas y no controladas. Los cerebros de los pacientes con convulsiones son conocidos por estar en muy mal estado en la autopsia. ¿Por qué los cerebros de los niños con cetosis son tan diferentes?

Incluso cuando controlamos las convulsiones, los cerebros de los pacientes con convulsiones envejecieron de manera diferente a los cerebros sanos normales. Tienden a ser más pequeños. El aislamiento que recubre los nervios en todo el cerebro de los pacientes con convulsiones suele ser más delgado. En lugar de las áreas lisas que se ven en los cerebros normales, los circuitos cerebrales de los pacientes con convulsiones tienen un patrón de puntos. En pocas palabras, las exploraciones típicas de los pacientes con convulsiones se parecen mucho a algunas de mis pacientes adictos a las drogas: rotos.

Los cerebros de estos niños ceto eran prístinos.

Las marañas de neurofibrillas, también llamadas placas cerebrales, son uno de los marcadores de enfermedad que vemos en los cerebros en la autopsia. Si alguna vez ha investigado la materia gris de las personas con Alzheimer, sabría qué es una maraña de neurofibrillas. Para aquellos que no han escuchado esta palabra antes, aquí está su curso acelerado de enredos neurofibrilares: piense en esto como "óxido" en su cerebro. Es una acumulación de masa pegajosa que está vinculada a muchas enfermedades cerebrales.

Los cerebros que luchan con las convulsiones, incluso los de bajo nivel, revelan muchos de estos enredos cuando se realizan autopsias.

Entonces, ¿por qué los cerebros de los niños ceto adultos se ven tan bien?

Parece imposible. ¿Cómo podría un cerebro convulsivo no tener enredos neurofibrilares?

En este punto, sentí una gran curiosidad por la cetosis.

Si la falta de daño cerebral entre los pacientes con cetosis fue reveladora, mi curiosidad se disparó cuando las autopsias mostraron que el grupo inicial de pacientes no tenía absolutamente ningún cáncer. Esto fue impactante para mí porque todos tienen cáncer.

Sí, odio tener que decírselo, pero todos tenemos algo de cáncer flotando en nuestros cuerpos. La pregunta real es qué tan bien podemos combatir ese cáncer y deshacer los errores celulares de nuestro cuerpo. Si fuera a realizar una autopsia a una persona mayor y me dijera que no tiene cáncer en absoluto en sus cuerpos, no le creería. Insistiría en que lo examinases de nuevo. Pensaría que querías decir que tienen una menor cantidad de cáncer. No puedo imaginar un cuerpo humano en la autopsia sin cáncer. Todo el mundo tiene un poco de cáncer.

En la década de 1920, aprendimos que las células tumorales no necesitan oxígeno para sobrevivir, pero ciertamente necesitan glucosa. Extraño. A esas células cancerosas no les gusta un alto nivel de oxígeno, pero necesitan su azúcar.

Aquí está el factor decisivo: las células cancerosas no tienen la capacidad de usar cetonas como combustible.

En este punto de mi investigación, solo una palabra se me vino a la mente: ¡acierto!

En 20 años de práctica, nunca he cerrado mi clínica para estudiar. Estudiar siempre llegaba en las horas extras de dirigir una práctica privada. Pero me encontré cancelando pacientes para poder entender mejor este fenómeno con el que había tropezado. Esto fue demasiado impactante como para dejar pasar otro día sin que yo entendiera, "¿Cuál es el asunto con la cetosis?"

Capítulo 4

Abuela Rose: SEMANA 1

Le dijimos al oncólogo: “Necesitamos un poco de tiempo. Volveremos en 6 semanas ". Tuvimos este breve tiempo hasta la próxima prueba de sangre. "Todo o nada" es la frase que se me vino a la mente. Podríamos hacer esto ... ¿verdad?

A pesar de la confianza de Mary Poppins en mí, tuve cuidado de no contarle a nadie lo que estábamos haciendo. Tenía una comprensión frágil de los entresijos de la cetosis. Mi lanzamiento fallido antes de mi pequeño éxito me dejó con un poco de confianza. No podía soportar más audiencia mientras continuaba dominando este tema.

Empezamos con una bolsa de basura y un barril en llamas. Mis errores dieron forma a mis recomendaciones para la abuela Rose.

EMPEZAMOS POR ELIMINAR LAS TENTACIONES

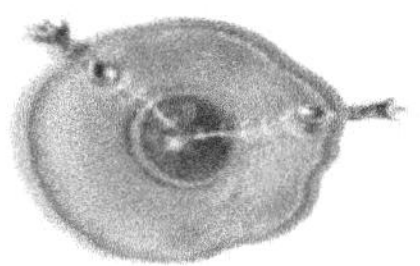

Simone BA, Champ CE, et al. Selectively starving cancer cells through dietary manipulation: Methods and clinical implications. Fut. Oncol, 2013.

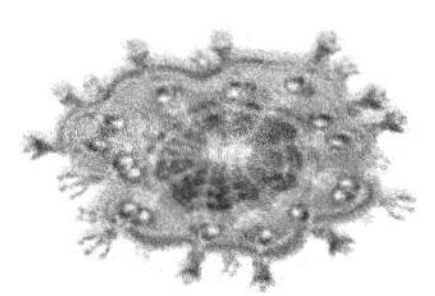

Células Normales		**Células Cancerosas**
Regular	FIGURA	Irregular
Pequeño y en proporción con la célula	NÚCLEO	Grande - Requiere de mucho combustible
Sistemático y predecible. Las células se dividen de manera predecible.	CRECIMIENTO	Sin control: La célula se divide descontroladamente.
Constante con las otras células	COMUNICACIÓN	No es constante con las otras células
No se esconde. Las protege el sistema inmunológico.	VISIBILIDAD	Invisibles al sistema inmunológico.
Solo crea vasos sanguíneos cuando necesitan reparación.	SUMINIS-TRO A LA SANGRE	Constantemente crea vasos sanguíneos para crecer con rapidez.
Les encanta el oxígeno.	OXÍGENO	Odian el oxigeno.
Estimula la reparación y crecimiento.	OXÍGENO HIPERBÁRI-CO	Mata / daña la célula
La célula puede usar la glucosa. Entra con un transportador.	GLUCOSA	Pide glucosa. Entra en la célula por una membrana.
Muy eficiente - >95%	EFICIENCIA DE ENERGÍA	Desperdicia energía - poco eficiente (<5%)
Alcalino - pH elevado	CÉLULA ACIDO/ BASE	Acido - pH bajo
Cetonas o glucosa- flexible	COMBUSTI-BLE DE PREFERENCIA	Solo glucosa
Se adapta a las cetonas cuando se reduce el consumo de los carbohidratos. Aumenta la protección contra el estrés.	MITOCON-DRIA	No se puede adaptar cuando se reduce el consumo de carbohidratos. Esta célula se muere.

Si alguna vez has ayudado a un alcohólico a deshacerse de su escondite para el alcohol, podrías comprender cuán inquietante fue para nosotros disponer de todo tipo de alimentos. La despensa de la abuela Rose se parecía a la de cualquier otro granjero en el condado: con suficientes carbohidratos procesados para sobrevivir a una hambruna de proporciones bíblicas. Del suelo al techo, sus estantes estaban llenos de comida que mataba la cetosis.

Rápidamente llenamos bolsas de basura con latas de maíz, guisantes, judías verdes, frijoles negros y mucha fruta enlatada. Echamos Bisquick, galletas, harina de maíz, harina de avena y arroz. Salió harina de trigo, harina blanca, harina de arroz, azúcar moreno, azúcar en polvo, azúcar blanca y miel cultivada en la granja. Purgamos su refrigerador de carbohidratos escondidos en salsa de tomate, mayonesa, salsa barbacoa, mantequilla de maní y leche baja en grasa. Todas las cosas bajas en grasa como los aderezos para ensaladas, las cremas para café y el queso bajo en grasa también se eliminaron. A continuación, retiramos todos los productos para hornear, como las chispas de chocolate, la leche evaporada, la leche condensada y la maicena. Fuera. Todo.

Cuando terminamos, teníamos tres cajas de productos enlatados para la organización benéfica local y cuatro bolsas de basura llenas de alimentos que ningún humano debería comer.

La despensa y los estantes de almacenamiento en el sótano pasaron de desbordarse a estériles. ¿Qué quedó?

Caldo de res, nueces y nueces de macadamia. Los pepinillos también. Lo mismo hicieron las aceitunas verdes en aceite.

Llenamos sus estantes con aceite de coco, latas de sardinas, ensalada de aceitunas en un frasco (mis favoritas es Muffuletta), mantequilla de almendras y estofado de hígado. La abuela Rose compró el cartón más grande de crema batida que pudo encontrar, cinco docenas de huevos, crema agria, queso crema y mantequilla. También compramos tiras de orina de cetona en una farmacia cuando regresábamos a la granja.

Para que la cetosis funcione, mis padres necesitaban cambiar tantos hábitos. Mis padres tenían más de setenta años de patrones de comida para relajarse. "Todo o nada."

Sabía que la abuela Rose fallaría sin apoyo. Reclutamos a papá en este frenesí alto en grasa con una lata de sardinas. Aparentemente, los años de mamá negándole las sardinas fueron suficientes. "Si me dices que puedo comer sardinas Y estofado de hígado, y dices que esto es saludable, no voy a discutir eso contigo".

Fijé su meta diaria de carbohidratos en 20 gramos de carbohidratos por día.

Cada mañana, orinaban en sus tiras para medir cetona y comparaban los resultados. Al final de la semana, tanto la abuela Rose como mi padre cruzaron el umbral de la cetosis. Como niños, me llamaron para compartir su emoción. Ver los resultados positivos en sus tiras de cetona les dio un extraño poder a ambos. Todos fuimos impulsados por su éxito inicial. Hasta ahora tan bueno.

Capítulo 5

Lecciones de la Dra. Bosworth:

SU ELECCIÓN DE COMBUSTIBLE ES IMPORTANTE

Mire lo que comió hoy en su primera comida. No importa a qué hora comió hoy, esa primera comida le rompió el ayuno. De ahí el nombre, "desayuno". Ahora, ordene los artículos de su primera comida en estas tres categorías:

Carbohidratos
Proteína
Grasa

Eso es. Estas son las únicas opciones en la vida que tenemos. Tres tipos de comida. Si comió dos huevos y tostadas con mantequilla para el desayuno, habría comido las tres categorías de nutrientes:

Huevos = proteína y grasa.
Mantequilla = grasa.
Tostadas = carbohidratos.

Cuando piense en comer un alimento, piense en estas tres opciones y vea en qué categoría se encuentra su comida. Por ejemplo, si tomó un tazón de avena con leche, comió principalmente carbohidratos con un chorrito de proteína. No hay grasa en esa comida.

¿Es un carbohidrato?
¿Es grasa?
¿O es proteína?

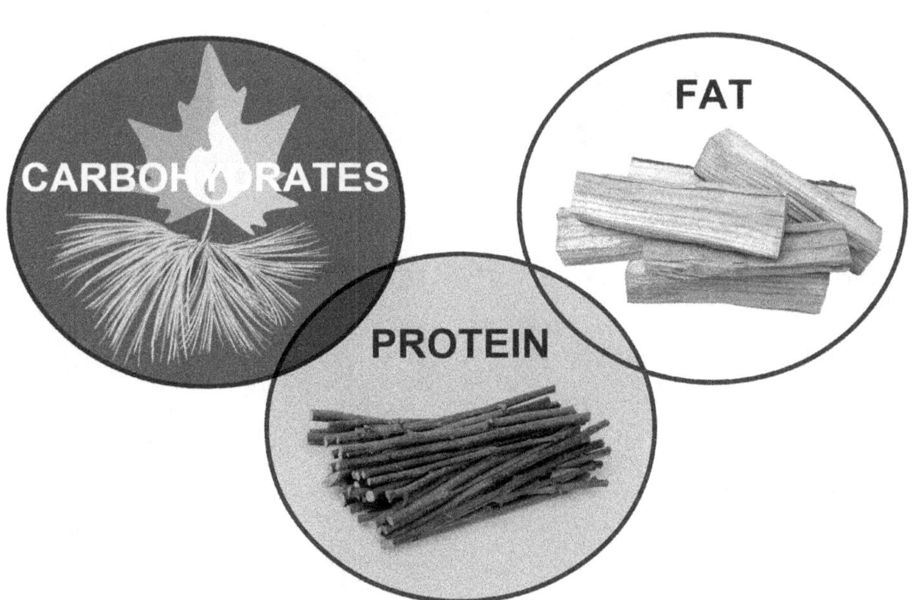

Estas tres categorías alimentan nuestros cuerpos. Hay un montón de ciencia en la que puedo entrar para tratar de explicar esto. Pero estoy manteniendo esto simple. Toda la comida cae en uno de estos tres cubos.

Comencemos con los baldes más fáciles: carbohidratos y grasas.

Los carbohidratos, también llamados hidratos de carbono, son alimentos que se convierten en azúcar dentro de su cuerpo. El azúcar en la sangre se llama glucosa o fructosa.

Su energía diaria depende de:

1) Qué tipo de combustible pones en tu cuerpo

2) ¿Qué química estaba ocurriendo dentro de tu cuerpo antes de agregar ese combustible?

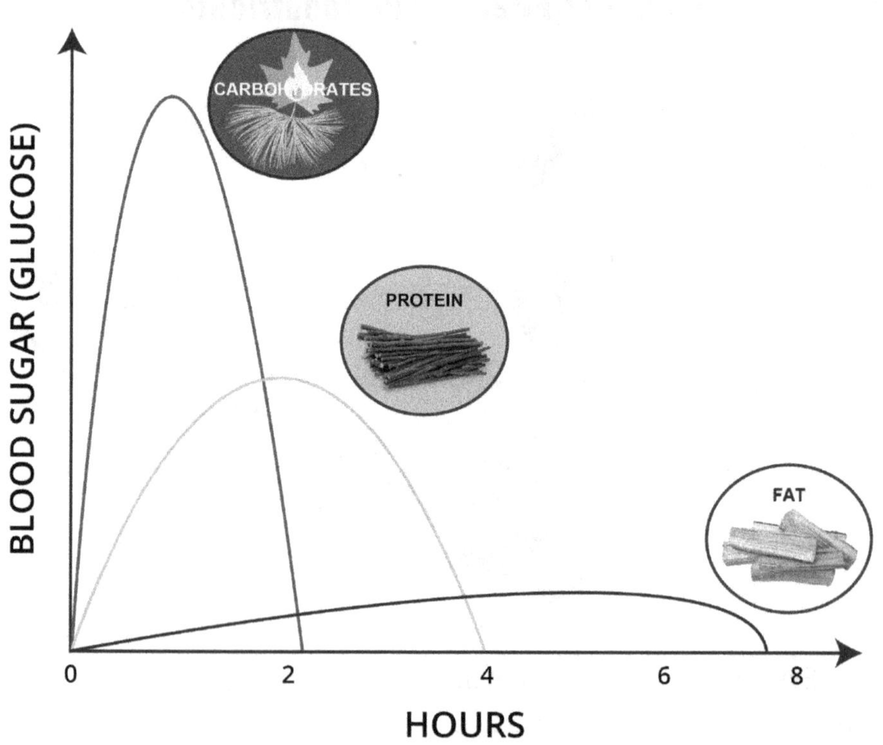

Una fogata proporciona una gran analogía sobre cómo las diferentes opciones de alimentos producen diferentes tipos de energía.

Rápido y corto

Después de juntar unas cuantas agujas de pino, colóquelas en una pila. Apenas necesita agregar una llama para ver cómo se enciende todo el montículo. Las agujas y hojas de pino muertas se enroscan del calor cercano y estallan en llamas. Algunos incluso vuelan en el aire porque el proceso ocurre muy rápido. Y entonces se acabó. El combustible se ha ido.

Así es como los carbohidratos alimentan tu cuerpo. Se disparan rápidamente sin mucho problema. La energía se quema intensamente pero no dura mucho tiempo. A esto le llamamos un subidón de azúcar.

¿Cómo se siente esto? ¿Una fiebre del azúcar? ¿Cómo se siente una fiebre del azúcar? Esto suena como una pregunta tonta, ¿verdad?

Sí, puede parecer una tontería hasta que pasa tiempo en una clínica con pacientes que desconocen sus altos niveles de azúcar. Estos pacientes pueden beber o comer una cantidad tremenda de azúcar sin experimentar un apuro.

¿Es usted uno de estos pacientes?

Es posible que no se dé cuenta de sus niveles elevados de azúcar en la sangre. Una descarga de azúcar debe ser fácil de sentir. Mañana por la mañana, después de no comer ni beber nada durante 12 horas, tome una taza de jugo de naranja. Esto debería enviar sus azúcares al alza. Es como beber una taza de agua azucarada. Cuando su nivel de azúcar en la sangre aumenta, debe sentir una oleada de energía. Si no se da cuenta de que su nivel de azúcar en la sangre está constantemente alto, no notará mucho. Para empezar, sus niveles de glucosa ya estaban altos, y ese jugo agregó solo una pequeña fracción a su total.

El precio que paga por este combustible barato y rápido es el choque de energía que sufre cuando se agota.

La grasa también alimenta su cuerpo.

La grasa alimenta su cuerpo de la misma manera que un ladrillo o un tronco sólido y denso alimenta un incendio. Si alguna vez has intentado encender una fogata con un tronco grueso como combustible, probablemente pasará la noche contemplando un fogón oscuro en el frío. Antes de que se queme el tronco, necesita el entorno correcto en el pozo de fuego.

La parte difícil es comenzar. Una vez que finalmente lo enciende, obtiene una fuente constante de calor, luz y energía para el resto de la noche. Así es como funciona la grasa dentro de su cuerpo.

La grasa, como el tronco, puede ser una tarea difícil de poner en marcha. Pero una vez que su cuerpo comienza a quemar grasa como combustible, obtiene energía estable, sostenible y sólida. El calor de un registro en combustión puede propagarse al siguiente registro, liberando aún más combustible. La grasa proporciona una fuente de energía constante y duradera para su cuerpo.

¿Cómo se siente la energía proveniente de la grasa?

Cuando envía grasa a las mitocondrias de sus células, surgen compuestos brillantes llamados cetonas. Una vez que comienza este proceso, al igual que la quema de troncos en una fogata, su fuente de combustible se vuelve estable y abundante.

Goteo. Goteo. Goteo.

Mediano y moderado

La energía de la proteína actúa como una fogata que usa ramitas. Las ramitas producen suficiente llama para ayudar al tronco o al ladrillo a producir calor.

Sin el tronco, los palos dejaron de arder. El combustible de las ramitas dura más que las agujas de pino, pero no puede sostener el fuego sin un tronco. Los palos necesitan una renovación constante de las agujas de pino o un suministro continuo de calor de un tronco para mantener el fuego.

Si los palos se queman sin un registro presente, o sin agregar varias veces el fuego, el fuego se apaga.

Si la proteína alimenta al cuerpo sin grasa como su combustible principal, su energía se agota. Si las moléculas de proteína [palos] se queman sin grasa [registro], la energía [fuego] se agota.

Cuando se comparan las agujas de pino [carbohidratos] con las ramitas [proteínas], las agujas y las varillas de pino se queman con bastante facilidad pero no duran mucho. El fuego de las agujas de pino estalla mucho más alto y más rápido que el fuego alimentado por palos, pero ninguno se quema por mucho tiempo sin ayuda.

Cuando se compara el combustible carburador con el combustible proteico, ambos suministran energía rápidamente al cuerpo, pero la energía se agota. Tanto los carburantes como los de proteínas se estrellan después de su pico, y los carbohidratos se estrellan mucho más pronto y con más fuerza. Las ramitas [proteínas] se desgastan si no hay un tronco [grasa] alrededor para sostener el fuego.

¿Qué tiene todo esto que ver con una dieta basada en cetosis?

Si su combustible proviene de la grasa, su cuerpo produce moléculas llamadas cetonas. Una cadena de grasa entra en el horno de nuestras células. Esta casa o horno de combustible celular se llama mitocondria. Escupe cetonas cuando se alimenta de grasa. Cuando las cetonas nadan en todo el cuerpo y en el torrente sanguíneo, provee a sus células con una fuente de energía estable, fuerte y confiable. Las cetonas aparecen en su sistema cuando las células usan grasa, en ausencia de carbohidratos, para obtener energía.

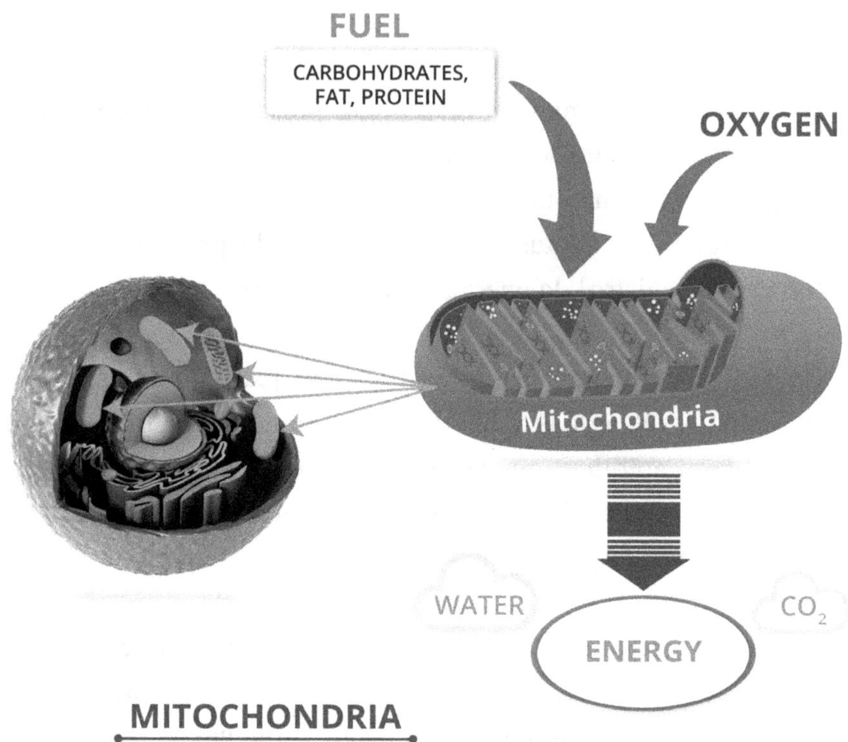

Cuando come carbohidratos, la glucosa y otras moléculas de azúcar aparecen en su sangre. Después de comer carbohidratos, la glucosa y la fructosa fluyen por el torrente sanguíneo, donde las mitocondrias los absorben en sus hornos. Estas moléculas se alinean frente a sus mitocondrias [horno] y se queman rápidamente. La glucosa, como las agujas de pino en el fuego, proporcionan energía rápida y rápida. Los hornos de sus células se queman rápidamente cuando se usa glucosa. Esta energía basada en la glucosa alcanza el nivel de calor más alto del que su cuerpo puede producir, solo para estrellarse cuando su glucosa se agota.

Una vez más. Los carbohidratos entran en su cuerpo, y las mitocondrias engullen su energía de rápida combustión, como una aguja de pino, para dejar el sistema fatigado y cansado después del choque. La grasa ingresa en el cuerpo y las cetonas alimentan las mitocondrias, lo que produce una fuente de energía constante y fuerte, al igual que los registros de fogatas.

REGLAS DEL ALMACÉN DE COMBUSTIBLE DE SU CUERPO

Regla # 1: la cetosis no puede comenzar si tiene exceso de azúcar en la sangre

No se activan las mitocondrias que queman grasa y que contienen cetonas hasta que se quemen sus azúcares [agujas de pino]. NO PUEDE usar esta opción para quemar grasa si tiene un montón de azúcares en su sistema.

Permítanme decir eso otra vez: el combustible proveniente de la glucosa o carbohidratos siempre se usa antes que el combustible de grasa. No hay forma de evitar esto. Esta regla siempre aplica.

A primera vista, es posible que desee llamar perezoso al cuerpo humano. Usar esos carbohidratos o agujas de pino como energía primero parece ser la salida fácil, pero hay más en la historia. Nuestro cuerpo debe usar esos carbohidratos primero. Verá, demasiado azúcar en su sangre daña su cuerpo. A medida que aumenten sus azúcares, su cuerpo lo protegerá de los niveles de azúcares tóxicos a toda costa. ¿Es tóxico el azúcar?

Cada molécula de azúcar atrae a casi 100 moléculas de agua mientras circula por su sistema. Esto crea un estado inflamatorio tóxico. A medida que los niveles de azúcar en la sangre aumentan y aumentan, también lo hace el nivel de inflamación. Si su sistema no reduce los azúcares, pronto todas las partes de su cuerpo se hincharán por la inflamación. Los resultados finales son un estado de coma y posteriormente, la muerte debido a la inflamación del cerebro inflamado por las cantidades tóxicas de azúcar.

Se defiende contra esta muerte tóxica mientras agita esos azúcares a través de sus hornos. Su glucosa en la sangre disminuye junto con la inflamación adicional. Ese nivel tóxico de azúcar desaparece al igual que la inflamación.

Regla # 2: la cetosis no puede comenzar con un alto nivel de insulina en la sangre

Cuando su nivel de azúcar en la sangre aumenta, manda una señal de alarma en todo su cuerpo que advierte sobre niveles de glucosa no controlados. Esta señal de alarma química se llama insulina.

La insulina es la hormona que su cuerpo utiliza para protegerse de los niveles de azúcares tóxicos y la inflamación asociada.

La insulina es la hormona más importante de su cuerpo. Nada habla más fuerte y gobierna más partes del cuerpo humano que la insulina. Cuando la insulina circula en la sangre, los azúcares desaparecen en sus células. La insulina señala la alarma hasta que los niveles de azúcar vuelven a ser "normales".

¿Cuánto tiempo pasa antes de que las mitocondrias pasen de usar carbohidratos a quemar grasas para obtener energía? Dicho de otra manera, ¿cuánto tiempo tarda la insulina en volver a disminuir y permitir que la grasa esté disponible para sus hornos?

RESPUESTA: Días.

Sí. A la mayoría de los estadounidenses les toma días. Tardan en que su azúcar extra almacenada se vuelva lo suficientemente baja como para que el páncreas finalmente cierre su llave de insulina. Las dietas altas en carbohidratos han intoxicado su cuerpo con azúcar seguido de insulina. Antes de poder ser rescatado por el poder de la cetona, sus azúcares e insulina deben volver a la normalidad.

Su dieta americana estándar garantiza que su sangre se acumule con insulina adicional. Antes de que sus mitocondrias activen el cambio de quema de carbohidratos a quema de grasa, primero debe disminuir la cantidad de insulina en su sangre. Esto significa reducir la ingesta de azúcar. Una vez más: cortar los carbohidratos.

¿Qué? ¿Tengo que pasar días sin mis carbohidratos para perder grasa? Doc, ¡esto suena como una pesadilla de hambre!

Aférrese . . . Sigua leyendo.

Regla # 3: Comer grasa para quemar grasa

Cuando deja de comer los carbohidratos, su sistema debe vaciar el azúcar almacenado que ha metido en su hígado. A medida que el almacenamiento se vacía, el nivel de azúcar en la sangre vuelve a subir. Al vaciar ese almacenamiento, el azúcar en la sangre se mantiene alto y eso sigue activando la insulina.

Pueden pasar varios días antes de que el contenedor de almacenamiento de hígado esté vacío. No importa si esos azúcares provienen de los carbohidratos que comes o del almacenamiento, la insulina entra en la ecuación y siempre detiene la cetosis. El enemigo de las cetonas es la insulina. Cuando la insulina está batiendo esos carbohidratos, no circula en su sistema ni siquiera una cetona. Bloques de insulina que se procesan hasta que los azúcares son lo suficientemente bajos. No se permiten las cetonas hasta que sus carbohidratos e insulina se hayan calmado.

Para salir de todo este desordenado ciclo de insulina y azúcares, coma grasa sin consumir carbohidratos. El único alimento que puede comer que indica que NO la insulina es la grasa. Detener los carbohidratos y comer grasa.

Deja de liberar insulina una vez que su nivel de azúcar desciende lo suficiente. Después de reducir tanto la insulina como los azúcares, las mitocondrias encienden sus hornos de quemar carbohidratos a quemar grasas. Ahí es cuando encontrará una cantidad de cetonas circulando en su sistema. Las cetonas te dan una energía estable y constante.

Regla # 4: Medir cetonas

¿Cómo sabrás cuando tus hornos cambien de combustible? ¡¡MÍDALO!!

Esta es mi parte favorita. No adivine qué combustible está utilizando, MÍDALO. Cuando su cuerpo produce cetonas mediante la alimentación con grasa, la orina y la sangre lo mostrarán. Pínchese el dedo para ver si hay cetonas en la sangre o, simplemente, orine con un bastón (tiritas) de cetonas en la orina. Puede comprarlos en su farmacia local. Estas tiritas lo harán saber rápidamente si has logrado la cetosis.

Recapitulemos.

Las mitocondrias producen energía en todo el cuerpo humano. Estos pequeños hornos dentro de sus células bombean la energía que su cuerpo necesita. Puede elegir la energía con la que funciona su cuerpo según la elección de los alimentos. Puede elegir su fuente de energía por el combustible que pone en sus hornos.

Si come carbohidratos, inundará su torrente sanguíneo con glucosa. La insulina persigue esos azúcares fuera de circulación y en sus células. Sus mitocondrias procesan rápidamente esos carbohidratos para producir energía caliente y rápida. Al igual que el fuego de las agujas de pino secas, esta energía de azúcar se dispara y se estrella en un corto período de tiempo. Ese fuego súper caliente se siente como una ráfaga al principio, pero con el tiempo esa llama repetitiva hace más daño que bien.

Deja de comer carbohidratos y alimenta tu cuerpo con grasa. En unos días, se alejará de la química de los carbohidratos y comenzará a quemar grasas. Cambiar el cuerpo a la producción de cetonas no comenzará hasta que reduzca significativamente su azúcar e insulina. Mientras su sistema vacía el azúcar almacenado por años de combustible de carburador, coma grasa para no producir insulina extra.

Capítulo 6

Abuela Rose: SEMANA 2-6

Mis errores del mes anterior aceleraron la producción de cetonas de la abuela Rose y de mi papá. Con dos niños de 70 años cortando todos sus carbohidratos, esperaba escuchar quejas sobre la "gripeceto". Papá guardó silencio. Estaba disfrutando el hecho de que se le permitió comer sardinas y tener un salero sobre su mesa de nuevo. Junto con sus otros médicos, durante años le había advertido que la sal empeora su presión arterial alta. La química ceto es diferente.

Se detuvo todo el azúcar y la glucosa que se escondían en sus frutas "saludables" y en salsas caseras. Al principio, la abuela Rose se sentía malhumorada y muy cansada. Ella comentó que era bueno que el carbohidrato más cercano estaba a millas de distancia o no lo habría logrado durante los primeros días. Poco después, nos sorprendió a ambos cuando su energía se disparó. Su hábito de una siesta por la mañana y una siesta por la tarde, de repente no eran necesarias.

"Me acosté como solía hacerlo, pero no podía quedarme dormida".

Los resultados de papá fueron espectaculares. Detuvimos dos de sus medicamentos para la presión arterial después de dos semanas de cetosis.

Mi liderazgo en la cetosis, los alentó a ver la sostenibilidad y los beneficios. Estos cambios no fueron menores. ¡Nunca me había sentido mejor! Podría concentrarme mejor en el trabajo y estudiar durante horas por la noche. Esto fue algo que pensé que nunca volvería a experimentar.

Durante las siguientes cinco semanas, papá perdió casi diez libras. ¡Guauu!

La abuela Rose y yo comimos demasiada crema y comimos demasiada mantequilla para perder peso. Sorprendentemente, tampoco ganamos peso. Ponemos mantequilla en nuestro café. Cocinamos con mantequilla. Comíamos verduras empapadas en mantequilla, usándolas como el vehículo de entrega para introducir esas grasas en nuestras entrañas. Y funcionó. Nos sentíamos muy bien. Nuestros niveles de cetona eran sólidos, nunca salimos de la cetosis. Todos los días durante cuarenta y cinco días producíamos cetonas.

TRATAMIENTO FAVORITO: La abuela Rose y yo tenemos un historial de helados por las noches. Ambas sabíamos que este hábito sería nuestra debilidad. Esta pequeña receta nos logró calmarnos y sobrellevar nuestro hábito tentador. Al principio, usamos esto todas las noches solo para asegurarnos de que no nos saliéramos del carril ceto.

2 paquetes de Truvia
4 cubos de aguacates congelados.
¼-½ taza de crema (nata)
¼-½ taza de crema de coco.

CONSEJO: Compre leche de coco enlatada. Guarde una lata en el refrigerador. Esto endurece la parte de crema de coco rellena de grasa del

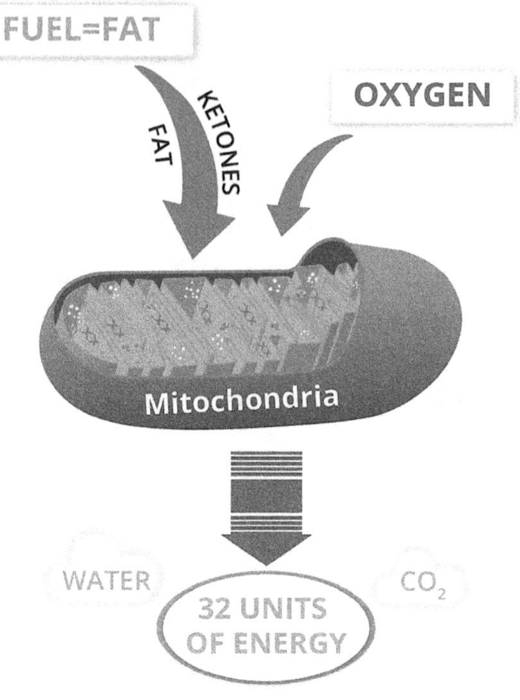
FUEL=FAT
FAT
KETONES
OXYGEN
Mitochondria
WATER
CO_2
32 UNITS
OF ENERGY

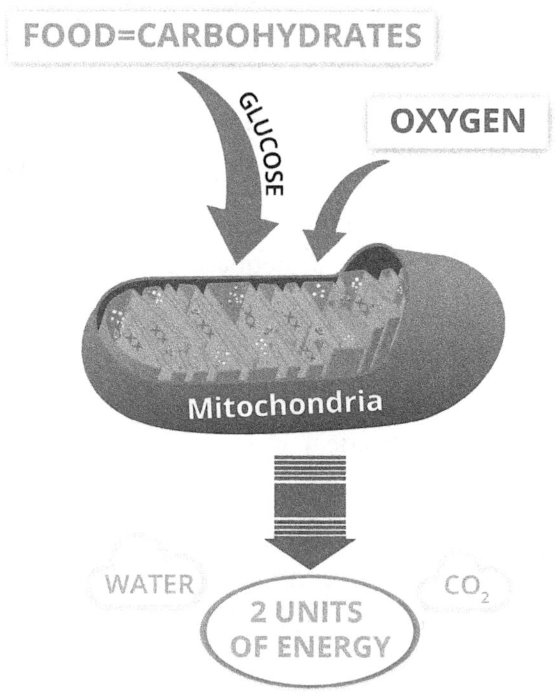
FOOD=CARBOHYDRATES
GLUCOSE
OXYGEN
Mitochondria
WATER
CO_2
2 UNITS
OF ENERGY

producto y le permite vaciar el agua de coco. Use solo la porción alta en grasa de la leche de coco.

2 cucharaditas de cacao en polvo.

Canela al gusto

¡Ponga todo lo anterior en una licuadora y licúelo para obtener el mejor helado que haya probado NUNCA!!

Capítulo 7

Lecciones de la Dra. Bosworth:

¡BAH! ¡HUMBUG!

¿Por qué teníamos tanto miedo de decirle al médico exactamente lo que estábamos haciendo? A primera vista, puede parecer cobardía. Después de todo, soy médico que da consejos a cientos de personas. ¿Qué me motivó a no decirle al médico de la abuela Rose?

En una palabra: tiempo. Simplemente no tuve tiempo para debatir la cetosis con ellos. Refutar las objeciones de la cetosis lleva tiempo. Cubro el más común de estos a lo largo de este libro, un "bah..." a la vez. Algunos o todos estos podrían estar pasando por su mente mientras lees esto. Escanee estas objeciones y vaya a las páginas donde respondo estas preguntas.

Objeción # 1: "¿No es la cetosis similar o igual a la cetoacidosis?"
Objeción # 2: "El cuerpo humano debe tener carbohidratos. ¡No podemos vivir sin ellos! "
Objeción # 3: "Los carbohidratos bajos causan depresión. Mi amigo lo hizo y se deprimió totalmente ".
Objeción # 4: "Doc, las calorías importan. ¿Por qué no nos está diciendo que contemos las calorías? "

Objeción # 5: "¿No es esta la dieta en la que su cuerpo está tan afectado que empieza a producir acetona para uñas?"
Objeción # 6: "Doc, no puedo hacer ceto, ¡tengo los riñones malos!"
Objeción # 7: "Las dietas bajas en carbohidratos causan colesterol alto".
Objeción # 8: "¿Qué pasa con el ejercicio? Estoy entrenando para una maratón, y uso carbohidratos, carbohidratos, carbohidratos para mi combustible ".
Objeción # 9: "Espera. ¿Por qué estaba comiendo 30 carbohidratos por día? ¿No viola esto la regla de los 20 gramos? "
Objeción # 10: "Si ayuno, me romperé y comenzaré a comer mis propios músculos".
Objeción # 11: "¿Esta dieta alta en grasas no obstruirá mis arterias y me dará un infarto?"
Objeción # 12: "Si comes toda esa grasa, ciertamente subirás de peso".

Vamos a hablar de las dos primeras en este capítulo

OBJECIÓN # 1: "¿No es la cetosis similar o similar a la cetoacidosis?"

A decir verdad, solo escucho esta objeción de los profesionales de la salud. Como yo, su cerebro salta al escenario cercano a la muerte de la cetoacidosis. La mayoría de mis pacientes nunca han oído hablar de ninguna de estas palabras. Antes de presentar esta idea a su médico, copie esta página y llévela a su visita.

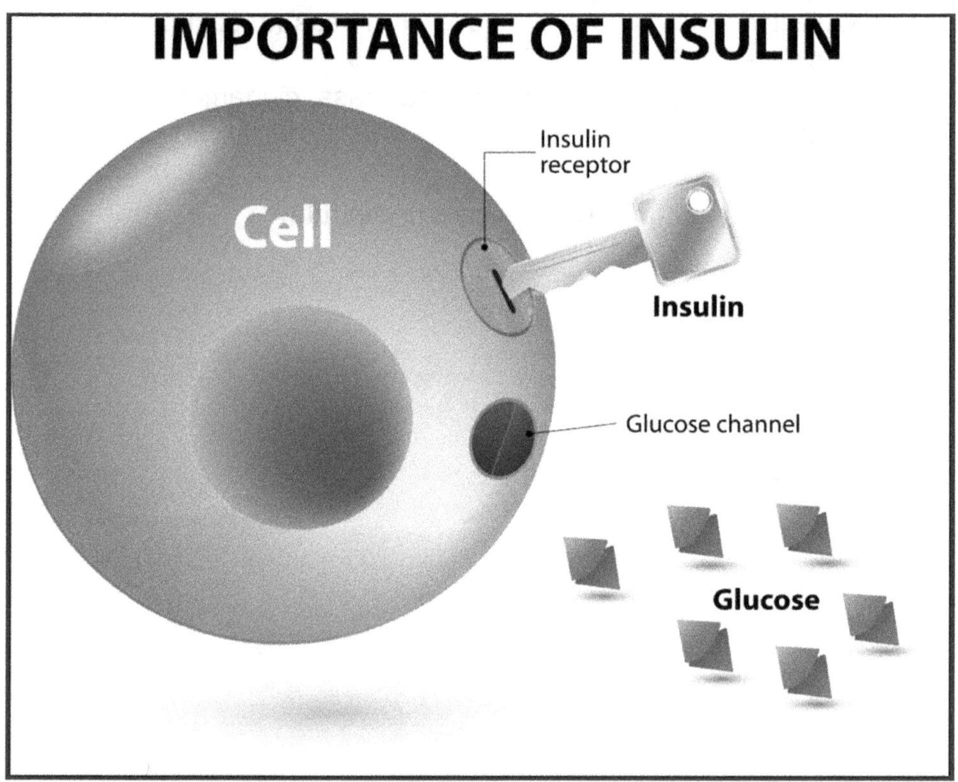

Cetoacidosis: PELIGROSO

Esta es una condición que amenaza la vida. A veces les sucede a los diabéticos tipo 1, personas que no pueden producir insulina. Su páncreas no produce esta hormona de manejo del azúcar cuando sus niveles de azúcar en la sangre aumentan. Sin la inyección de insulina, los diabéticos tipo 1 no pueden usar el azúcar en la sangre como combustible. La insulina dispara las células de su cuerpo para capturar el azúcar flotante libre en la sangre y enviarlo a sus hornos. Sólo entonces tus células pueden quemarlo como combustible. Sin insulina, los azúcares circulan continuamente y nunca entran en las células. La insulina es la clave química que permite que la glucosa ingrese a las células. Una vez dentro, las mitocondrias queman este compuesto de azúcar para obtener energía.

Cuando las mitocondrias no pueden acceder al combustible de azúcar de su torrente sanguíneo, su cuerpo cambia a cetonas. Como se dijo anteriormente, el enemigo de las cetonas es la insulina. Cuando no hay insulina en su cuerpo, la producción de cetona no tiene límite.

Las cetonas, como combustible, son excelentes para los diabéticos tipo 1. A diferencia de la glucosa, las cetonas no necesitan ayuda de su sangre a los hornos que se encuentran en el interior de sus células. Las cetonas se deslizan directamente a través de las paredes celulares y directamente a las mitocondrias para la producción de energía. Las cetonas son utilizables para un diabético. Sin inyecciones de insulina, los diabéticos tipo 1 cambian todas y cada una de las células a un horno de combustión de cetona. Con cada célula del cuerpo quemando troncos como combustible, una tremenda cantidad de energía acelera el sistema.

Con cada célula que se calienta con combustible de cetona, ¿cuál es el problema?

A medida que la diabetes tipo 1 alimenta todo el sistema con cetonas, la química de su cuerpo se sobrecalienta y se vuelve ácida. Pueden morir por esta situación. La acumulación de cetonas pesadas crea un ambiente ácido: la cetoACIdosis.

Cetoacidosis: PELIGROSO

Para aquellos de nosotros que normalmente producimos insulina, incluso después de meses de producir cetonas nunca tendremos el 100% de nuestros hornos quemando cetonas. Muchas de nuestras células usan cetonas como combustible, pero algunas células aún usan glucosa. La glucosa siempre supera a las grasas como combustible, siempre que haya insulina presente para ayudar a la glucosa con la entrada a la célula. Si la glucosa flota, la insulina hace que la célula tome la glucosa y la tire. Esa célula quema la glucosa mientras se detiene el combustible de la cetona. Esto deja un porcentaje de células en constante cambio que usan cetonas y glucosa al mismo tiempo.

Cetosis: NO PELIGROSO

La cetosis nutricional se refiere a la producción constante de cetonas que luego sus mitocondrias convierten en energía. La cetosis se desencadena por una fuerte caída del azúcar en la sangre dentro de la célula. Este bajo nivel de glucosa se hace posible al ayunar o recortar los carbohidratos. Sin la insulina, los diabéticos tipo 1 tienen un bajo nivel de glucosa en la sangre dentro de las células porque no tienen "llaves" de insulina que permitan la entrada.

Así es como normalmente funciona: una vez que deja de comer tantos carbohidratos, su cuerpo consume el azúcar almacenado.

Para aquellos de nosotros con insulina, nuestro cuerpo quema el combustible de glucosa que circula en su sangre. A continuación, se vacía el combustible almacenado en su hígado. Cuando todo eso se agota, su insulina y azúcares caen continuamente. Finalmente, la insulina casi desaparece.

Una por una, sus mitocondrias cambian de glucosa a cetonas como combustible. Mantienen el fuego encendido, pero la transición de los azúcares de combustión rápida a la grasa de combustión lenta. No todas las mitocondrias hacen el cambio, pero cada vez más de ellas hacen la transición a la quema de grasa. Unos cuantos azúcares ingresan a su sistema y se queman rápidamente cuando las mitocondrias cambian de un lado a otro.

Cuando come principalmente grasas, sus mitocondrias se vuelven eficientes al usar cualquiera de las dos opciones para obtener energía. Unos pocos están cambiando a azúcar y de nuevo a grasa cuando todo el azúcar se ha ido. Esta mezcla de grasa y azúcar mantiene los niveles de cetona dentro de un rango seguro. Sin insulina, cerca del 100% de sus células queman cetonas. Esto crea la situación de amenaza de la vida de cetoACIDosis.

OBJECIÓN # 2: "El cuerpo humano debe tener carbohidratos. ¡No podemos vivir sin ellos! "

No es verdad.

Se necesitan algunos nutrientes esenciales para mantener la vida. Revisémoslos.

Indispensable Para Vivir

1. AGUA
2. ENERGÍA (Su Combustible)
3. MINERALES/ELEMENTOS:
   ELEMENTOS PRINCIPALES incluyendo calcio, fósforo, potasio, azufre, sodio, cloro y magnesio.
   ELEMENTOS DE RASTRO: Los elementos de rastro son un poco más difíciles de encontrar. Estos son el hierro, yodo, cobre, zinc, magnesio, cobalto, cromo, selenio, molibdeno, flúor, estaño, silicio y vanadio.
4. AMINOÁCIDOS:
   Seleucia, leucina, lisina, metionina, fenilalanina, treonina, triptófano, tirosina, valina
5. ÁCIDOS GRASOS:
   Linoleico
6. VITAMINAS:
   SOLUBLES EN AGUA: Hiamina (B1), riboflavina (B2), piridoxina (B6), cobalamina (B12), niacina, ácido pantoténico, ácido fólico, biotina, ácido lipoico, Vitamina C
   SOLUBLES EN GRASA: Vitaminas A, D, E, K
7. MISCELÁNEO:
   Inositol, colina, carnitina

Harper AE. Defining the essentiality of nutrients. In Shils ME et al, eds. Modern Nutrition In Health and Disease. Baltimore, William & Wilkins 1999, pp. 3-10

CLASE DE BIOLOGÍA 101:

Los mamíferos necesitan consumir las siguientes cosas para mantenerse con vida.

1. el agua

2. ENERGÍA PARA COMBUSTIBLE

La energía puede provenir de los carbohidratos, proteínas o grasas.

3. MINERALES / ELEMENTOS

Estos minerales se encuentran en toda la naturaleza. Algunos de ellos son partes importantes de su dieta, otros son conocidos como oligoelementos minerales. Omita estos minerales durante demasiado tiempo y su cuerpo "no prosperará". Este es el lenguaje que usan los médicos cuando intentamos decir cortésmente "usted se está muriendo".

ELEMENTOS PRINCIPALES: incluyen calcio, fósforo, potasio, azufre, sodio, cloro y magnesio.

OLIGOELEMENTOS: los oligoelementos son un poco más difíciles de encontrar, pero sin ellos, no puedes continuar por mucho tiempo.

Solo necesita unos pocos bocados de alimentos densos en nutrientes cada semana para obtener la cuota de su cuerpo de estos oligoelementos. Una vez que cumpla con los requisitos mínimos de estos nutrientes, su cuerpo prospera.

4. AMINOÁCIDOS

Los aminoácidos provienen principalmente de proteínas y son muy importantes para la supervivencia. Tu cuerpo los necesita para crear y reparar tus tejidos.

5. ÁCIDOS GRASOS

Los ácidos grasos son grasas. Estos vienen en tres tipos naturales y uno adicional hecho por el hombre: saturado, mono saturado, polifenoles y grasas trans. Los tres primeros se encuentran en la naturaleza. Las grasas trans no se encuentran en la naturaleza. Se producen mediante procesos químicos que les permiten permanecer sólidos a temperatura ambiente. Su cuerpo produce la mayoría de las grasas que necesita de los alimentos que consume o de la energía almacenada dentro de sus células. Sin embargo, dos ácidos grasos son la excepción. Es esencial comer de estos porque no puedes generarlos usted mismo. Estas grasas esenciales se llaman ácidos grasos omega-3 y omega-6. El ácido graso omega-3 (un ácido muy corto también llamado linoleico) y el ácido graso omega-6 (un compuesto un poco más largo llamado linolénico) se requieren para la vida.

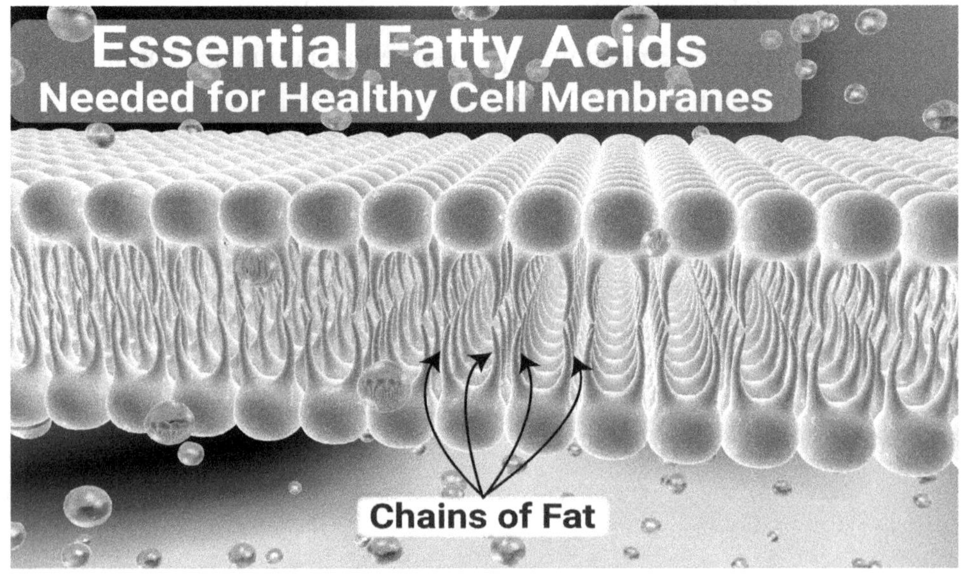

Sin omega-6, su cuerpo no puede producir las hormonas que activan su sistema inmunológico. El omega-3 ayuda en la comunicación celular, la coagulación sanguínea, la contracción y la relajación de las paredes arteriales y la inflamación. Las grasas omega-3 también son necesarias para la formación de membranas celulares.

Esta imagen muestra una sección transversal a través de la membrana que mantiene unidas sus células. Mire de cerca para ver la estructura repetitiva de una esfera con 2 colas alineadas en perfecta formación. Las colas que sobresalen de las esferas son cadenas de grasa. Este patrón es perfecto, libre de defectos, debido al amplio suministro de estas 2 grasas esenciales. Si su cuerpo produce células sin suficientes grasas omega-3, no pasará mucho tiempo antes de que encuentre células defectuosas y posteriormente cancerosas.

6. VITAMINAS

Estos nutrientes se disuelven en agua (vitaminas solubles en agua) o en aceite (vitaminas solubles en grasa). Sin estos compuestos, su sistema pronto dejará de funcionar, lo reparará y lo protegerá.

7. Misceláneo

Los 3 componentes restantes (inositol, colina y carnitina) también son vitales. No encajan en ninguna de las secciones anteriores.

¿Notó algo?

Eso es correcto: en ninguna parte de los siete elementos enumerados anteriormente encontrará que hidratos de carbono son esenciales.

No.

Ninguno. Simplemente no hay ningún nutriente que no podamos obtener de otras fuentes si dejamos de comer carbohidratos.

Si comienza el día con huevos, tomate y mantequilla, ya ha cargado vitaminas A, B, C, D, E y K, y todo tipo de otros nutrientes. Cuando su madre llame y le diga que debe comer fruta o morirá, muéstrele esta tabla. Pregúntele EXACTAMENTE qué nutriente esencial se necesita para mantener la vida.

Usted ganará este argumento cada vez.

Capítulo 8

Lecciones de la Dra. Bosworth: CETONAS DE POR VIDA

¿Alguna vez ha conocido a un dentista sin dientes? ¿Ha conocido a un veterinario que nunca hubiera tenido una mascota? ¿Qué tal un pastor que siempre estuviera preocupado?

Lo mismo sucede cuando se encuentra con un médico y su familia tienen hábitos poco saludables. Tienen sobrepeso, están estresados, toman medicamentos para la presión arterial alta, usan una máquina para ayudarlos a respirar... simplemente no están sanos. Puedo dibujar una línea clara para clasificar a los colegas que lo descubrieron y a los que no lo han hecho. El mismo proceso se aplica a los pacientes. Puedo trazar una línea entre mis pacientes que se han adaptado a una vida con alto contenido de grasa en comparación con los que aún se cargan de carbohidratos.

CETONAS DE POR VIDA

Cuando comencé esta aventura en el estilo de vida de Keto, pensé casi exclusivamente en mi madre y su batalla contra el cáncer. No pasó mucho tiempo en mi investigación que perdí la cuenta de todos los beneficios adicionales que este estilo de vida alto en grasa y bajo en carbohidratos tendría para mis pacientes. Mi lista sigue creciendo. Central a todos estos beneficios está el impacto de la cetosis en la INFLAMACIÓN.

En lugar de enumerar los miles de beneficios que ofrece la cetosis, solo he incluido los que me sorprendieron. Estos síntomas, en gran parte, me los enseñaron mis pacientes.

PÉRDIDA DE PESO

La mayor parte de este libro se centra en cómo la cetosis promueve la pérdida de peso. Desde el cambio de química necesaria para los que tienen sobrepeso hasta la quema de energía mejorada dentro de sus hornos celulares, esta dieta sirve para una pérdida de peso saludable y sostenible. Dicho esto, también lo incluí en esta sección porque nos sorprende a mis pacientes y a mí lo fácil que es perder de peso una vez que se está en cetosis.

EFECTOS MENTALES

Seré honesta. Esto es lo que me mantuvo en cetosis. No fue la pérdida de peso. Ciertamente, comencé la cetosis debido al cáncer de mi madre, pero sus beneficios contra el cáncer no son las razones por las que seguí adelante.

Mi agudeza mental me mantiene fiel a la producción de cetonas. De hecho, nunca hubiera podido escribir este libro si no fuera por los efectos de las cetonas en mi cerebro.

Es difícil creer que cambiar a una dieta ceto va a mejorar sus procesos mentales, especialmente durante la transición inicial de carbohidratos a grasas. A medida que su cerebro se adapta al uso de cetonas como combustible en lugar de glucosa, se suele tener sensación de mareo. A menudo, esto viene con un desplome notable en su procesamiento mental. Su estado de ánimo y su rendimiento mental disminuyen. Esto puede ser duro. He perdido a varios pacientes por esta depresión cuando no les advertí adecuadamente que esto mejora. A medida que esos primeros días lo llevan a su segunda semana de producción de cetonas, las cosas cambian dramáticamente.

Cuando me convertí en médico por primera vez, fue muy difícil para mí adivinar cómo los medicamentos que prescribía afectarían a los pacientes. Por ejemplo, cuando escribía una receta de un antidepresivo, los pacientes preguntaban en cuánto tiempo se sentirían mejor. La respuesta correcta era: "No lo sé". Las personas responden a los medicamentos de manera diferente. La profundidad de la depresión de una persona parece bastante similar a la de otras en el exterior, pero de hecho son muy diferentes en el interior. Algunos mejoran en dos meses, mientras que otros tardan mucho más. Al principio, prometí demasiado cómo se sentirían los pacientes. Les dije que notarían una mejoría sin entender adecuadamente qué tan mal estaba funcionando su cerebro y qué tan poco les serviría la medicación. Años de experiencia me han enseñado a responder con cuidado esa pregunta en función de muchos factores únicos para cada paciente.

Cuando hice la primera transición a la producción de cetonas, realmente no esperaba que mejorara mis funciones mentales o mi bienestar emocional. No sufría depresión ni ansiedad. Dormía bien. Yo, esencialmente, me sentía normal. De hecho, cualquier afirmación que había escuchado sobre la cetosis y la mejoría mental me recordó las expectativas sobre las prometidas que comenté a los pacientes hace dos décadas. Al final de la segunda semana, luché por creer en mi energía mejorada, el enfoque y el estado de ánimo de las cetonas que corrían por mis venas. Desde entonces, he continuado viendo solo una mejora en la función de mi cerebro. Siento que tengo 25 años otra vez. Puedo concentrarme en tareas complejas durante horas seguidas.

Walt es un paciente mío de 67 años que sufre de alcoholismo. Él ha luchado para mantenerse sobrio durante los últimos treinta años. La mejora más poderosa que Walt ha sentido llegó cuando eligió unirse a mi grupo de apoyo de keto. Las experiencias de Walt con sobriedad y cetoadaptación me obligan a compartir su testimonio con todos mis pacientes con adicciones.

Aquí está su historia:

Edad: 67 Estatura: 2.1 m en Peso: 122 Kg IMM: 36.07

Presión arterial: 4 medicamentos para mantenerla en los 130s / 80-90s.

A1C (Nivel promedio de azúcar en la sangre): 5.8 Glucosa promedio = 120

HsCRP: 4.2 (lo normal es menos de 1.0)

Razón hacer dieta KETO: dejar de beber.

Walt es un médico de 67 años, respetado por sus colegas por su extenso servicio y habilidades. Walt es muy inteligente y ha alcanzado la cima de su profesión. 2

metros de estatura y 122 kilos, solo su tamaño llama la atención. Agregue a esto su coeficiente intelectual y personalidad autorizada y es fácil ver por qué muchos lo consideran una fuerza de la naturaleza.

Durante 30 años, la kryptonita de Walt el alcohol. Los múltiples programas de tratamiento no lo curaron. Su inteligencia fue secuestrada por su hábito de beber. Una vez había celebrado tres años sin una gota y lo llamó estar sobrio.

Desafortunadamente, una mirada más cercana a este período "seco" revela otra adicción. Cuando el alcohol se detuvo, el azúcar comenzó. El azúcar lo ayudó a mantenerse alejado del alcohol, pero una recaída total de la adicción al alcohol lo consumió en los últimos tres años.

El imperio que él había construido, la clínica con su nombre, lo echó. Hace cuarenta años, había fundado esa clínica y formó un ejército al servicio de la comunidad bajo su liderazgo y nombre. Ahora, los socios votaron y se tuvo que ir.

Aquí, en mi clínica, vino a los 67 años de edad, fue expulsado de su carrera, su esposa estaba lista para dejarlo y su salud por los suelos.

Estar sobrio era algo que sabía hacer bien. Lo había hecho cientos de veces. Esta vez, optó por no gastar otros $ 40,000 en un tratamiento de alcohol para pacientes hospitalizados. Lo había hecho muchas veces antes, sin éxito. Su cerebro hinchado, empapado de alcohol, cortocircuitado por los antojos. Estos le daban pesadillas. Las pesadillas con la bebida duraron semanas, mientras él afirmaba la decisión de no beber. Entonces, un día, la parte de su cerebro que ansiaba desesperadamente consumir alcohol difundiría el mensaje para cubrir todos los cables en su mente.

Esta vez lo invité a nuestro grupo de apoyo semanal de ceto. Se burló de la idea de que cambiar su dieta tendría algún impacto en su alcoholismo. En lugar de discutir, le pedí que se mirara en el espejo. "Walt, mírese. Usted tiene un sobrepeso de 100 libras, con cuatro medicamentos para la presión arterial, es un diabético renegado con mejillas rosadas que anuncian su adicción a todos. No discuta conmigo, solo haga lo que le digo que haga. Si no se siente mejor en cuatro semanas bajo mis instrucciones, puede regresar a su vida anterior".

Se rindió. En esas cuatro semanas, me dio el 100% de su confianza. Al final de su primera semana de cetonas, Walt tomó dos de sus cuatro medicamentos para la presión arterial. Al final de la segunda semana, su patrón de sueño se había acomodado en el tipo de descanso profundo y reparador para nuestros cerebros. Cada semana, su peso y presión arterial disminuyeron. Más importante aún, continuó mejorando mentalmente a un ritmo que nunca había visto en mi carrera médica.

En cuatro semanas, este hombre asombroso, inteligente e impulsado que había querido suicidarse casi todos los días del mes anterior, se había transformado. Entró en el grupo con una sonrisa. No el tipo de sonrisa "pública" que ocultaba su tristeza. Se sintió auténticamente bien. Cada semana, sus antojos de azúcar y alcohol disminuían. Su primera semana de sobriedad se combinó con una pérdida de peso de 10 libras (4 kg). En el transcurso de las próximas tres semanas, perdió otras 20 libras (8 kg). Lo más importante, no estaba deseando alcohol.

Después de seis semanas de cetonas orales, Walt compartió esto: "Doc, sé que me ha dicho innumerables veces que mi cerebro se curará si dejo de beber. Era algo que escuché, pero nunca creí realmente. El mes pasado mi mente ha funcionado mejor que nunca en la última década ".

Nueve meses después de la sobriedad de Walt, le dijo al grupo que se sentía auténticamente seco. Informó que algo había cambiado de una manera que no creía posible. Walt perdió más de 40 libras (16 kg) en nueve meses y revirtió la edad de su cerebro en casi 40 años. Walt planea orinar las cetonas hasta que muera.

He acompañado a cientos de pacientes a través del proceso de recuperación de la adicción, no solo alcohol sino también heroína, cocaína, nicotina y, ahora, carbohidratos.

Químicamente, la adicción a los carbohidratos implica el mismo desorden repetitivo que vemos con otras adicciones. Obtiene un estallido de dopamina cuando come o bebe muchos carbohidratos. Esta oleada química premia tu comportamiento. El estallido de dopamina resultante se siente bien. Se siente tan bien, empiezas a desearlo. Luego ingieres más y más azúcar persiguiendo esa dopamina. En poco tiempo tu cerebro es adicto. Dependes de ese 'golpe' de azúcar para sentirte normal. Sin azúcar, experimentas un estado de "abstinencia" de dopamina: te sientes malhumorado, irritable e incluso deprimido.

La adicción a los carbohidratos o al azúcar es tan real como la adicción a la cocaína. Mis pacientes que dejan la heroína, la marihuana o el alcohol experimentan tristeza después de dejar de fumar. Incluso cuando realmente quieren parar, no pueden evitar echar de menos a su adicción.

Lo mismo sucede si comes carbohidratos para sentirte mejor. Usaste carbohidratos para aumentar tu dopamina, creando esa liberación para sentirte bien. Debes aprender una nueva forma de lograr este sentimiento. Su bienestar depende de una producción continua de dopamina. Los antojos de alimentos se derriten cuando cambia a un combustible a base de cetonas. Sin embargo, esto no aborda el mal humor provocado por la falta de dopamina. Este estado de ánimo restante sabotea a muchas personas que cambian a un estilo de vida ceto. Prepárese para esto

Por las mismas razones que recomiendo un grupo de apoyo basado en pares a mis alcohólicos, recomiendo que mis pacientes se unan a un grupo de apoyo de productores de cetona. Supere el cambio y reclame una vida de libertad más plena y feliz. Es una transición difícil, pero es factible.

La cetosis también revierte los síntomas de la depresión

Los pacientes informan que sus sueños se volvieron más vívidos después de la adaptación exitosa de ceto. Personalmente, creo que muchos de estos pacientes tenían una forma de depresión. Incluso si se resistieron a llevar la "etiqueta" de la depresión, y no los culpo por rechazar el término, la mejora en su estado cognitivo refleja la recuperación de los pacientes con depresión. Ver a un paciente salir de las profundidades de la depresión enseña al observador hasta dónde puede hundirse el cerebro y, sin embargo, recuperarse rápidamente y repararse a sí mismo. Si pudiera embotellar la fórmula secreta para ese despertar, la usaría cientos de veces al mes con los pacientes que atiendo.

Mis pacientes, severa y crónicamente deprimidos, se meten en el lodo de la oscuridad y la niebla cerebral durante meses, incluso años. Luchan por tomar decisiones. Cuando insisto en que cambien su dieta, incluso su perro gime con incredulidad. Un cambio de comportamiento exitoso parece una carga demasiado pesada. Esto me lleva a su cuidador. Su cónyuge, padre o madre, o incluso su hijo deben guiar el camino hacia esta nueva forma de comer. Al igual que cuando lideré el camino para la abuela Rose, la dieta será tan útil para el acompañante como para el paciente.

Cualquiera sea la razón por la que comenzaron a comer 80% de grasa, no me importa. Estoy asombrada de lo rápido que sus cerebros se vuelven a energizar.

Con Prozac o sin Prozac, cambio a todos mis pacientes de depresión a una dieta de cetosis. Los resultados han sido nada menos que impresionantes.

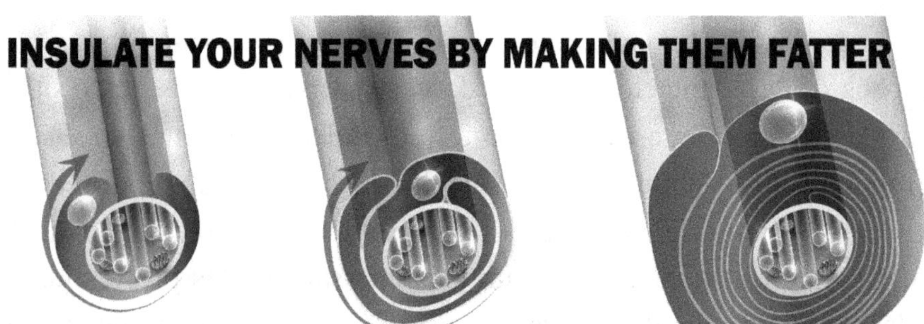

LIBIDO

ADVERTENCIA: esta dieta elevará o normalizará sus niveles hormonales.

Un signo revelador de un aumento hormonal en las mujeres es la menstruación. Si es una mujer en edad fértil, prepárese para una menstruación inesperada cuando coma mayormente de grasa.

Cuando las mujeres cambian a una dieta ceto, sus alimentos grasos proporcionan un cóctel de ricos nutrientes. Estos nutrientes, a su vez, ayudan a restaurar los niveles hormonales deprimidos o problemáticos. Las mujeres con niveles normales de estrógeno informan un aumento de esta hormona dentro de la primera semana de tratamiento con ceto. Después de 3-4 semanas, mis pacientes femeninas adaptadas a ceto reportan un aumento significativo en su libido.

¿Cómo?

Paciente tras paciente trae esto. Las células grasas del cuerpo humano están estrechamente relacionadas con la producción de y la testosterona. La grasa, específicamente el colesterol, es el compuesto de partida para muchas hormonas esteroides como el estrógeno, la testosterona, la progesterona, el cortisol y la aldosterona. La cetosis resulta en la conversión de mucha grasa corporal en energía. Este proceso también aumenta la producción de hormonas.

Creo que el aumento en el deseo sexual también ocurre por una razón diferente: la mejora de la función cerebral general por parte de la cetosis. Los orgasmos ocurren en el cerebro. Cuando su cerebro no recibe la nutrición y el descanso adecuados, su función mental comienza a deteriorarse. La falta de sueño y la desnutrición crónicas crecen el cerebro. Un cerebro inflamado es un cerebro roto. El procesamiento mental sufre mucho con la menor inflamación que afecta la materia gris. La libido y el deseo sexual están relacionados con la función cerebral. Si bien las hormonas desempeñan un papel importante, su deseo sexual puede deprimirse si su cerebro no funciona correctamente.

DORMIR

Mis paientes adaptadas a ceto reportan una mejor duración y calidad del sueño. Su cerebro necesita una buena nutrición para funcionar correctamente. Los cerebros están hechos de 70-80% de grasa. Cada circuito que serpentea a través de su cerebro está cubierto con una capa de grasa. En una dieta alta en carbohidratos y azúcar, la calidad de la grasa que produce su cuerpo sufre. La grasa producida dentro de su cerebro actúa como un revestimiento aislante para cada uno de los nervios en su cerebro. Durante los períodos de sueño profundo, continuamente repara y rellena la grasa que aísla cada vía.

Las altas cantidades de glucosa que se encuentran en la sangre y el cerebro atraen el agua. El agua y la "electricidad" no se mezclan. Este agua produce hinchazón e inflamación que interrumpe el procesamiento cerebral. Su función cerebral y su eficiencia se reducen gracias a esta hinchazón. Si hay un tejido graso en su cuerpo que debe siempre estar bien nutrido, es su cerebro.

La calidad de la grasa producida diariamente dentro de su cerebro depende de cuán bien nutridas estén las células productoras de grasa de su cerebro. Si estas células están inflamadas, la grasa que producen es débil y se descompone fácilmente. Durante la cetosis, la calidad de la grasa que reviste sus circuitos mentales mejora, al igual que la profundidad y la calidad de su sueño. Un cerebro inflamado se fatiga fácilmente, pero no duerme bien. Cuanto más tiempo esté expuesto su cerebro a cetonas más altos y niveles más bajos de azúcar en la sangre, mejor dormirá.

PIEL

Toque su cara. Esas células de la piel que está tocando se fabricaron hace 2-3 meses. Si desea una piel saludable y brillante que no tenga granos ni arrugas, mejore la calidad de las células de la piel que fabrica hoy. Mejore esas células en la base de la capa de su piel y observe cómo se revierte su edad durante los próximos 2 o 3 meses.

Un cambio predecible en su piel se desarrolla después de 2 meses de cetosis. Todo comienza con la eliminación de la inflamación. Primero, tus espinillas se desvanecen. No importa su edad, la cetosis evita que le salgan granos en su piel. A continuación, el enrojecimiento, la inflamación y la irritación se desvanecen lentamente. Su piel comenzará a brillar unos 90 días después de que produzca su primera cetona. Su piel mostrará un brillo juvenil que eclipsa fácilmente el aspecto que obtiene de una nueva capa de loción. En cambio, este grado de juventud proviene de un proceso mucho más sostenible. Las células de la piel formadas durante la cetosis se hicieron en ausencia de inflamación. En la raíz de cualquier problema de acné vive una gran cantidad de células que se empapan de la inflamación. Detener la inflamación y las superficies de la piel joven y radiante varias semanas después.

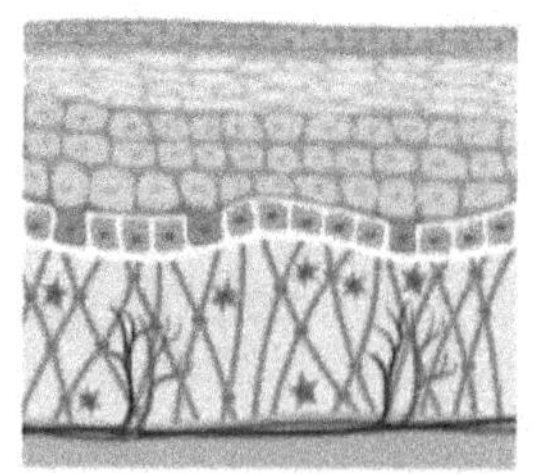

35 YEARS

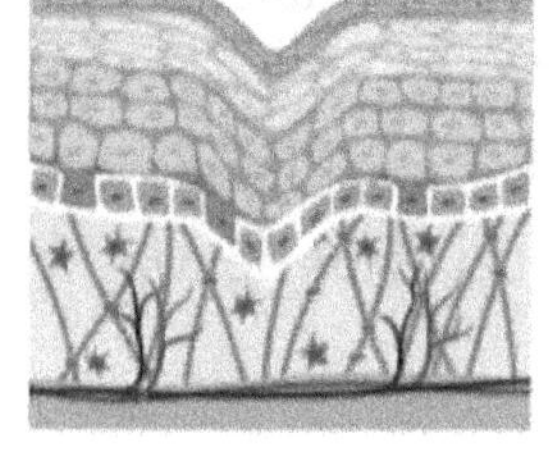

45 YEARS

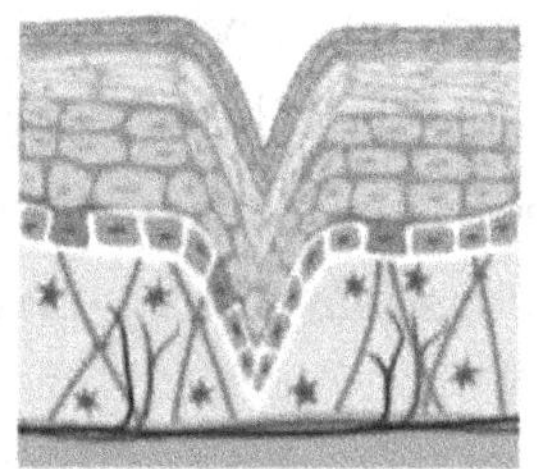

55 YEARS

¿Recuerda esa parte sobre las grasas esenciales que se menciona en la Objeción # 2? Mencioné cómo cada célula está forrada con estas grasas especiales que son esenciales para la vida. Sin la suficiente cantidad de esa grasa, sus membranas celulares no logran formar el patrón perfecto. Hay defectos en las membranas celulares. Las células de la piel que se rompen, se abren o se arrugan se hicieron con estos defectos en las células. La inflamación está en la raíz de estos problemas también. Una quemadura solar es un ejemplo de piel severamente inflamada y es fácil de ver. Las cantidades más bajas de inflamación de la piel no son tan obvias. La inflamación de bajo grado se produce a nivel microscópico. Las células inflamadas de la piel producen capas externas imperfectas. Estas células imperfectas no se apilan juntas, formando defectos en la piel. Estas son las arrugas.

En contraste, las células cutáneas bien hechas son flexibles y regordetas, lo que permite que la membrana celular se estire y se aplaste según sea necesario. A medida que envejecemos, nuestras células cutáneas defectuosas aumentan en número. Estos se replican y se dividen en células aún más defectuosas. Las células defectuosas tienden a hacer copias defectuosas. Esas arrugas alrededor de tus ojos aparecieron alrededor de cuando cumplió 30 años. Tal vez la inflamación comenzó después de una quemadura de sol. Tal vez se acumula en tiempos de alto estrés. De cualquier manera, esas células se arrugaron porque estaban defectuosas. Diez años después, esas arrugas son más profundas y más notables.

¿Te gustaría hacer algunas de estas células cutáneas flexibles, radiantes y juveniles? Llegue a la raíz de sus arrugas, patas de gallo, líneas de sonrisa, adelgazamiento de la piel y otros problemas de su piel. Orine cetonas durante 90 días..

ARTRITIS

Al quemar grasas como combustible, su cuerpo se baña en cetonas. Sus articulaciones absorben esta sustancia resbaladiza y lubricante que reduce la inflamación y la fricción. Las cetonas se cuelan en los espacios más pequeños de su cuerpo. Nuestras articulaciones atraviesan un poco de desgaste. Si bien tienen la capacidad de auto repararse, solo pueden hacerlo si no están inflamados. He tenido pacientes con artritis con ibuprofeno durante la mayor parte de una década que lo abandonaron una vez que cambiaron a un estilo de vida ceto. No les pedí que detuvieran el ibuprofeno. En su lugar, se volvieron relativamente libres de dolor unas 6 semanas después de hacer el cambio de ceto.

Zumbido en los Oídos

Tinitus es el término de lujo para zumbido en los oídos. La tinitus está casi siempre vinculado a una inflamación crónica en el oído. He pasado cientos de horas ayudando a pacientes con esta condición. Los pacientes sufren de un zumbido constante en sus oídos, sin escape. El zumbido es causado por la presencia de moléculas de agua adicionales dentro de las delicadas partes internas de su oído. El agua no pertenece allí, pero está atrapada en un ciclo de inflamación.

Recomendé la dieta de cetosis a un paciente mío que padecía la enfermedad de Parkinson. Tenía alrededor de ochenta libras de sobrepeso y también sufría de tinitus crónica. Pidió apoyo a su nieta que también estaba tratando de perder peso. Para mi sorpresa, no fueron las veinticinco libras de peso que perdió lo que más la emocionó. En su lugar, observó repetidamente cómo el zumbido en sus oídos desapareció casi dos meses después de ir a ceto. Debido a que este problema médico es una prueba tan solitario y difícil, como una prisión personal, contacté a otros dos pacientes y sugerí una dieta que produjera cetonas. Ambos de estos pacientes crónicos acordaron la transición a la cetosis durante un mínimo de tres meses. En su seguimiento de 90 días, uno tuvo una resolución completa de su tinitus y el otro dijo que tuvo varios días seguidos sin el zumbido, algo que no había experimentado en más de cinco años.

Si bien este no es un estudio formal que analice una conexión entre la cetosis y el tinitus, la diferencia que este consejo hizo en la vida de estos pacientes no tiene precio. Sostengo que el tinitus es uno de los muchos síntomas crónicos persistentes de la inflamación a largo plazo.

Cuando usted usa grasa para la fuente de energía de su cuerpo y dejas de consumir carbohidratos, la hinchazón desaparece porque ya no hay una gran cantidad de moléculas de glucosa que contienen agua de más. Al principio, la hinchazón más fácil desaparece, como la de los vasos sanguíneos y los músculos. Cuanto más tiempo permanezca en la cetosis, mejor drenará su cuerpo la inflamación crónica para resolver el tinitus.

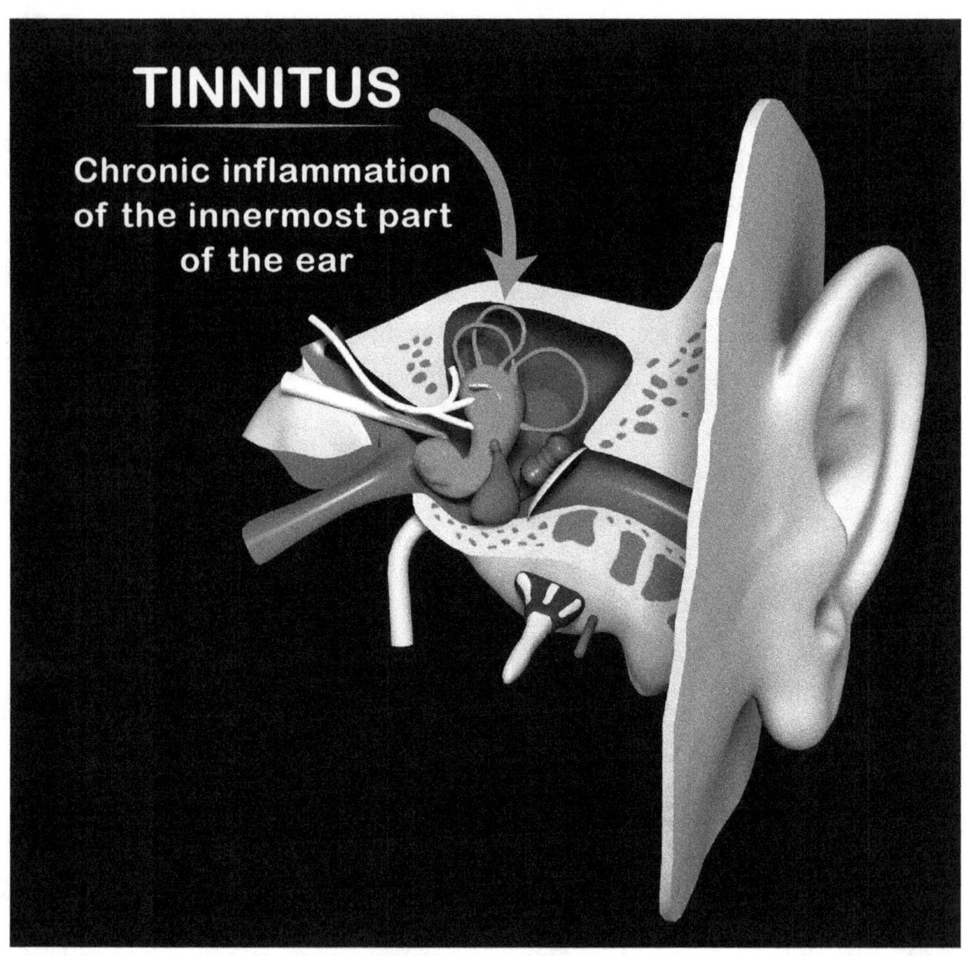

GINGIVITIS / HALITOSIS

La gingivitis se produce cuando las encías que recubren cada uno de sus dientes se hinchan. La halitosis significa mal aliento. Hablo de esto juntos porque están estrechamente vinculados. Los pacientes con dientes crónicos sensibles o enfermedad de las encías me dicen que producir cetonas ayudó a mejorar su salud bucal.

Al principio, los pacientes con ceto reportan mal aliento. Parte de esto se debe a la acetona, un subproducto de la cetosis, que están exhalando. El cambio en su respiración también refleja el cambio dramático en las bacterias de su boca. Antes de las cetonas, las bacterias dentro de la boca y en la saliva utilizan la glucosa y otros azúcares como su principal fuente de energía. Después del cambio, estos insectos mueren porque ya no tienen el combustible que necesitan para vivir. La muerte de las bacterias hambrientas de azúcar reduce la inflamación en las encías y el olor en la respiración.

Las células en una boca adaptada a ceto en comparación con alguien con encías inflamadas se parecen mucho a las células cutáneas mejoradas que mencioné anteriormente. Las celdas adaptadas a ceto son más gruesas, más flexibles y se ajustan entre sí con más fuerza. Esto protege contra las raíces de sus dientes.

ANALGÉSICOS / ANTIINFLAMATORIOS

Al ayudar a los pacientes a lidiar con el dolor, siempre puedo sacar el gran martillo de narcóticos como la morfina u oxicodona. Pero este martillo viene con el serio inconveniente de la adicción. Más a menudo, a los médicos les gusta recetar antiinflamatorios. El más intenso de estos son los esteroides. Cuando se comparan los esteroides con otros compuestos, estos eliminan la inflamación de la mejor manera.

Si bien a los médicos les gusta el poder de usar un medicamento esteroide para disipar la inflamación, estos químicos conllevan riesgos significativos cuando se usan a largo plazo. En su lugar, usaremos un antiinflamatorio no esteroide. Esto se abrevia como NSAID: medicamento antiinflamatorio no esteroideo como el ibuprofeno o el naproxeno. Estos son lo suficientemente seguros como para comprarlos en el mostrador, pero no son lo suficientemente buenos para reducir la inflamación en comparación con los esteroides. De hecho, estimamos que los medicamentos esteroides son diez veces más efectivos para eliminar la inflamación sobre los no esteroides.

A modo de comparación, cuando le digo a alguien que tome ibuprofeno por un dolor, les enseño que el medicamento ayudará a aliviar su dolor durante ocho horas. Cuando establezco expectativas acerca de cuánta mejora deberían esperar, les digo que es como un centavo. Sí, un centavo. Pueden usar ese ibuprofeno cada ocho horas y esperan una mejora de un níquel (5 centavos). Si necesitan más ayuda de la que puede ofrecer el ibuprofeno, le recetamos un esteroide, como prednisona. La prednisona dura veinticuatro horas y vale cincuenta centavos. Sí, es diez veces más potente que el ibuprofeno y solo lo toma una vez al día. Si toma esa prednisona varios días seguidos, en realidad aumenta de valor. El primer día ayuda a la inflamación por cincuenta centavos. El segundo día ayuda un poco más, unos cincuenta y dos centavos. Si se acumula prednisona día tras día, el poder para reducir la inflamación sigue aumentando hasta aproximadamente el día 10. Después de eso, se reduce constantemente a aproximadamente veinticinco centavos. El uso diario de esteroides también adelgaza los huesos y la piel, aumenta los azúcares y porteriormente confunde el estado de ánimo y el metabolismo.

La moraleja de esta historia es que el ibuprofeno es un antiinflamatorio seguro pero suave. Los esteroides recetados son mucho más potentes, pero después de un tiempo pierden gran parte de su poder y tienen graves consecuencias si se usan a largo plazo.

Curiosamente, se estima que las cetonas son diez veces más potentes que los medicamentos esteroides. ¡Produzca cetonas durante un mes y el efecto antiinflamatorio vale $ 5.00! Pongámoslo de esta manera, ¡el ceto es 100 veces más eficaz para reducir la inflamación que usar ibuprofeno! Produce cetonas por un año y se estima que vale $ 25.00!

¿Cómo es esto posible?

Cuando su cuerpo tiene exceso de agua, sus células se inflaman, se hinchan. En una dieta rica en carbohidratos, su sistema se llena con muchas moléculas de agua. Las moléculas de glucosa derivadas de carbohidratos en su sistema naturalmente se adhieren a las moléculas de agua. ¿De cuánto agua estamos hablando aquí? ¡Cientos de moléculas de agua por molécula de glucosa! Eso es mucho agua No es de extrañar, quienes sufren de artritis con dietas ricas en carbohidratos tienen ataques de inflamación desagradables.

Cuando su sistema deja de transportar glucosa extra, también deja ir el agua. Retire ese agua en alguien con artritis y sus articulaciones duelen menos. Se reduce la rigidez.

Además, los esteroides se hacen naturalmente dentro de su cuerpo. Las recetas de esteroides eliminan la inflamación porque imitan a los esteroides que produce su cuerpo. El cortisol es una de sus hormonas esteroides de fabricación propia que elimina la inflamación. Sus hormonas cortisol comenzaron como grasa. La cetosis nutricional aumenta la producción de hormonas en general. La cetosis sostenida mejora la producción de hormonas a base de grasa en su cuerpo, incluyendo la testosterona, el estrógeno, el cortisol y la aldosterona.

MIGRAÑA

Las migrañas son horribles. No solo arruinan el día en que ocurren, sino que también matan las células cerebrales. Eso no es una exageración. Cuando tenemos un dolor intenso y palpitante dura varias horas, las células cerebrales inflamadas mueren. Las migrañas causan daño cerebral al interrumpir el flujo sanguíneo, de manera muy similar a un mini accidente cerebrovascular. La interrupción repetida en el flujo sanguíneo cerebral mata a más células cerebrales. Deja de hacer eso a toda costa, especialmente si es usted un paciente con migraña crónica. Todavía tengo que ver a un paciente entrar a mi clínica y decir: "Quiero estar en la dieta de cetosis porque escuché que ayuda con las migrañas". Sin embargo, espero que este libro incluya a algunos de ellos. Enseñar a los pacientes a producir cetonas convertido en la forma más efectiva de sacar a mis pacientes de los medicamentos para la migraña y llevarlos a una vida saludable y sin dolor. La razón de la raíz es el efecto antiinflamatorio de la cetosis.

Al igual que otros problemas crónicos, las migrañas no causan daño cerebral durante la noche. Del mismo modo, la recuperación de años de tejido inflamado y dañado lleva tiempo. El auténtico antídoto para las migrañas comienza cuando el paciente se adapta completamente al ceto, aproximadamente de 4 a 6 semanas en la producción de cetonas. A medida que continúan practicando el estilo de vida y lo llevan a niveles cada vez más altos, vemos que los pacientes reportan un final completo de sus migrañas, generalmente dentro de los 6 meses de orinar en esa primera barra de cetona.

Cuanto más tiempo permanezca en la cetosis, más eliminará completamente la cantidad de agua adicional para la inflamación del cerebro. Al principio, el agua fácilmente se desprende de la hinchazón en las piernas y la hinchazón en el estómago. Durante los próximos meses, también experimentará la eliminación de agua en su piel, articulaciones, ojos y cerebro. No puede evitar observar lo siguiente: piel brillante, mejores movimientos de las articulaciones, reducción del dolor de cuello y mejor visión. Estas mejoras aparecen alrededor de los 3 a 6 meses, precisamente el momento en que desaparecen las migrañas de los pacientes.

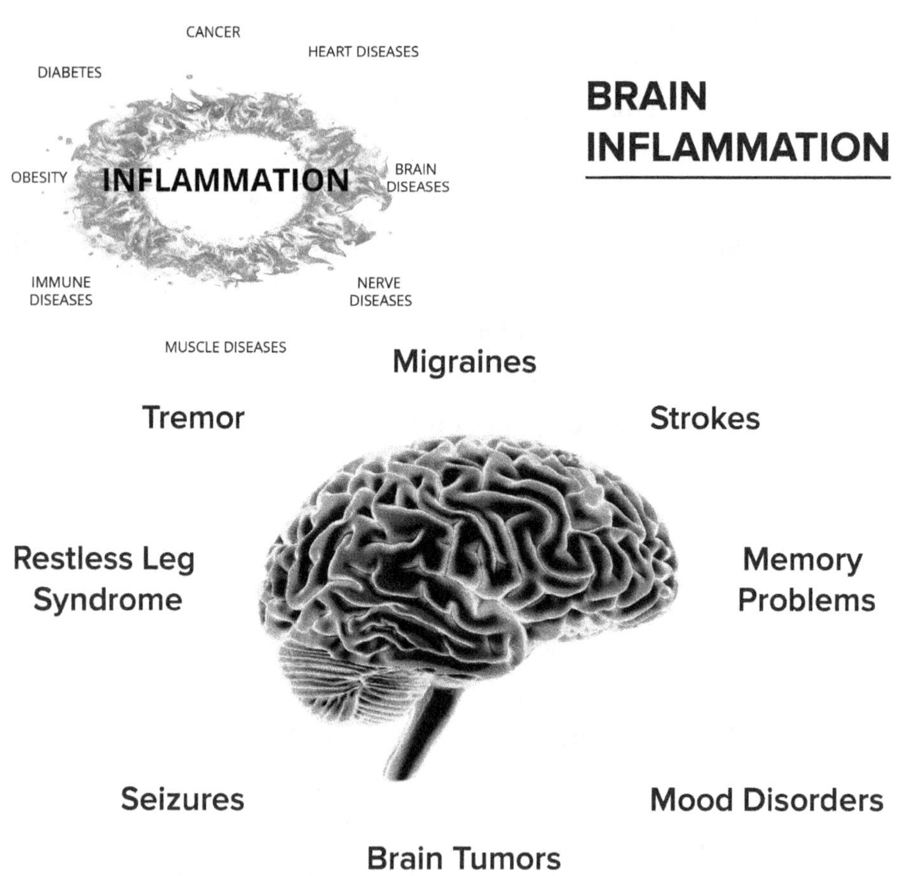

OBJECIÓN # 3: "Los carbohidratos bajos causan depresión. Mi amigo lo hizo y se deprimió totalmente."

Ciertamente, he visto la depresión, el letargo y el cansancio que ocurrían cuando los pacientes pasaban de una dieta rica en carbohidratos a una dieta baja en carbohidratos. Con la misma frecuencia, veo que algunos pacientes luchan con un aumento de la ira y la ansiedad cuando hacen la transición. Cambiar las fuentes de combustible de carbohidratos a grasas afecta todas las áreas del cuerpo, especialmente el cerebro. Ese cambio sorprendente es PARA BIEN. La transición es dura. No voy a mentir. ¿Las buenas noticias? Existen herramientas para ayudarlo a superar el cambio de la manera más rápida y exitosa posible.

Cuando la gente está cansada, irritable y tiene niebla mental, vienen a verme. O su familia los arrastra en una camilla. Después de descartar los problemas peligrosos y potencialmente mortales, a menudo los malestares cerebro se remontan al azúcar.

GUSTO

Planifique una explosión de sabores de tu comida. Tal vez esto viene de la dopamina mejorada producida por un cerebro bien nutrido. O tal vez desde el reinicio necesario después de años de inundar constantemente sus papilas gustativas con edulcorantes.

¡Extrañamente, los pacientes informan esto incluso cuando comen cada vez menos alimentos! La tendencia natural a comer menos cuando se alimenta el cuerpo con grasa ocurre en todos los pacientes. Una vez que su hambre se desvanece, solo se necesita un pequeño engaño para ayudarles a reconocer la diferencia entre comer porque el reloj lo dice en lugar de comer debido al hambre real.

Una vez que dejaron de lado la tradición de comer de acuerdo con el reloj, muchos de mis pacientes de cetosis comen solo una comida al día. A pesar de su menor frecuencia de alimentación, paciente tras paciente compartieron sus experiencias de alimentación intensamente gratificantes.

Capítulo 9

Abuela Rose: EL VEREDICTO

Llegamos al consultorio del médico especializado en cáncer dos horas antes para una nueva ronda de análisis de sangre. La enfermera extrajo la muestra de sangre de la abuela Rose. Luego nos sentamos en silencio esperando los resultados.

Pensé en los otros momentos en que la abuela Rose necesitaba quimioterapia, una vez en 2010 y otra en 2013.

Esta vez, las cosas eran diferentes. Claro, ella era mayor, pero cuando nos sentamos allí, no parecía tan enferma. La última vez que nos sentamos allí, ella parecía hueca. Ella había estado luchando contra una infección tras otra. Esas infecciones constantes la ataron como si hubieran sido miles de hebras de hilo dental tirándola hacia abajo. Cada infección individual tenía una pequeña cantidad de poder. Cuando ocurrieron juntas, hicieron un golpe de gracia que era simplemente demasiado, incluso para Mary Poppins.

Antes de la CLL, bloqueaba fácilmente las infecciones invasoras, pero su CLL seguía atacando a Mary Poppins. Cuando su CLL tardó cinco meses en duplicarse, necesitaba antibióticos dos semanas de cada cuatro. Luego creció más rápido y se duplicó en seis semanas. No pudo dejar de tomar los antibióticos hasta que la quimioterapia redujera su carga de cáncer. En ambas ocasiones, el tratamiento fue duro.

Cada ciclo de quimio terminó con mejores resultados de laboratorio. Todos sus resultados se veían mejor después de la quimioterapia, pero el viaje la transformó en una versión más antigua, más débil y menos resistente de la abuela Rose.

Mi mente bailaba de un lado a otro preguntándome si la abuela Rose necesitaría quimioterapia nuevamente. Los números tomarían la decisión.

¿Se han duplicado en las últimas seis semanas? ¿Triplicado?

La recordé la última vez que esperábamos escuchar si se necesitaba quimioterapia. Una sombra gris acechaba bajo su piel y susurró la preocupación de la muerte. No había sombra ese día. Tal vez mi mente me jugó una mala pasada para alejarme de la preocupación.

Incluso si la quimioterapia estaba a la vuelta de la esquina, ciertamente estaba más sana de alguna manera. Hace seis semanas, produjo su primera cetona, y en la sala de espera me di cuenta de que no había necesitado antibióticos en las últimas 5 semanas. ¿Coincidencia? ¿O comprobante?

Estaba preparada para hoy, lo que sea que trajera. Tal vez nuestro vínculo se había fortalecido aún más cuando abordamos esta extraña dieta juntas. Algo me dijo que esta vez era más fuerte.

Finalmente, llegó el médico.

No era usual en él llegar atrasado. Se sentó en su taburete y le hizo sus preguntas habituales. Su voz tenía un inconfundible tono de curiosidad. Me puso nerviosa.

"Me he atrasado un poco porque llamé al laboratorio y les pedí que repitieran los números hoy. Ambos saben que la CLL no mejora con el tiempo. Se acelera con el tiempo. Hace seis semanas, sus números se habían duplicado". solo dos meses. Hoy, las cifras no se han duplicado. Ni siquiera han aumentado en un 50%. Ni siquiera han aumentado en un 10% ".

"¡Han disminuido en un treinta por ciento!"

Sorprendidos en lágrimas, nuestra excitación advirtió al médico de algo sospechoso.

"Esto nunca pasa. ¿Qué has estado haciendo?"

Con los ojos abiertos, ambos nos lanzamos la misma mirada y no dijimos nada.

Esperó en suspenso. Esperamos con la esperanza de que él continuara con su ocupado día lleno pacientes.

Hizo una pausa más larga.

Juntas, mentimos, "Nada".

Dejamos el terreno moral de Mary Poppins y le mentimos directamente al médico. Él no fue engañado.

Él sonrió y dijo: "Hagas lo que hagas, sigue así. Te veré de nuevo en tres meses.

Capítulo 10

Lecciones de la Dra. Bosworth:
LA FRUTA ES MALVADA

Si no le gustan las ciencias y las matemáticas, saltese este capítulo. Sí, eso es correcto. Solo lea el título, créalo ... y pase al siguiente capítulo.

Para el resto de ustedes, les demostraré matemáticamente que la fruta es mala.

Comencemos con una historia antigua donde el hombre fue tentado por los males de la fruta. Sí, estoy hablando de Adán y Eva y del árbol con el fruto prohibido. Desde el principio de los tiempos, hemos escuchado historias de que Satanás está asociado con las frutas.

Bueno, esa historia sigue viva. Los mercaderes enseñaron a mi generación y a muchos antes de la mía que las frutas son esenciales para la vida. Esto simplemente no es cierto. No me malinterprete, como la mayoría de los pecados, hay un dulce, jugoso y celestial que viene después de una maravillosa fruta. Aun así, la matemática de la química de tu cuerpo prueba que la fruta es mala.

Comencemos con un pequeño experimento en tu cuerpo.

Paso 1) Ve a tu armario y encuentra una de las sustancias más dulces y ricas en azúcar que puedas. Mire la etiqueta, encuentre el mayor contenido de carbohidratos o azúcares que pueda. ¿Puedo sugerir un frasco de mermelada, miel o un pedacito de tu barra de chocolate favorita?

Paso 2) Coma 2 tazas llenas de esa comida en este momento. El "fuego de la aguja de pino" comenzará a arder en tan solo 10 minutos. Tu azúcar en la sangre se disparará como un cohete.

Paso 3) Justo antes de que el azúcar en aumento dispare su insulina para que salga del páncreas, pínchese el dedo para obtener una gota de sangre. Digamos que una gota de sangre mide su nivel de glucosa en 100 miligramos por decilitro. Su azúcar en la sangre fue de 100 mg / dl.

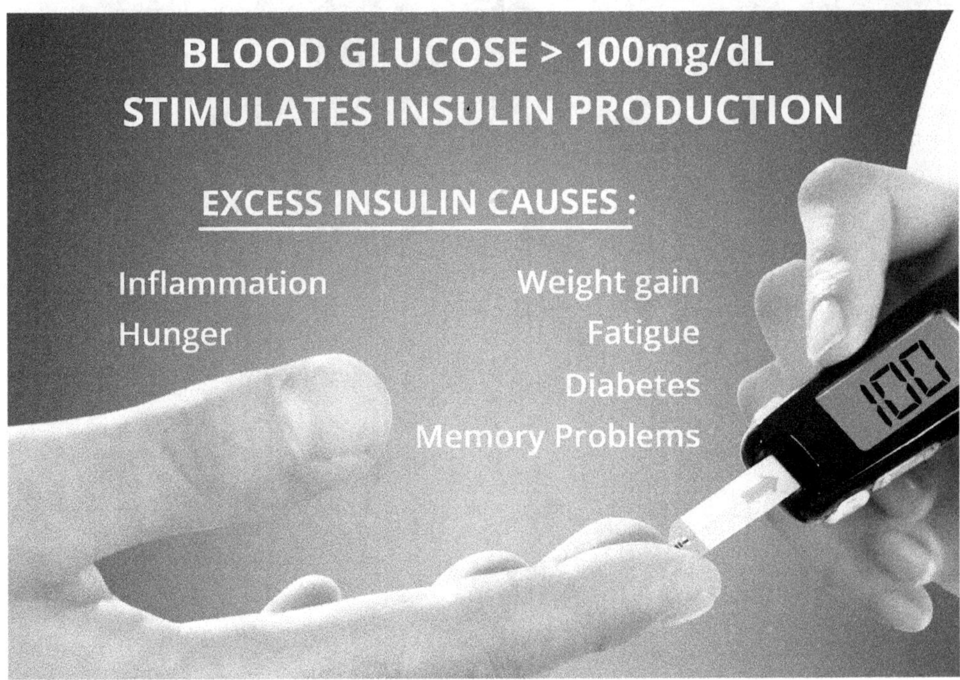

Paso 4) Luego, drene toda la sangre de su cuerpo para que podamos medir su volumen de sangre.

Está bien, está bien, me estoy dejando llevar. Para su seguridad, estimaremos el volumen total de sangre que se encuentra dentro de todas las arterias y venas de su cuerpo. El suministro completo de sangre de la mayoría de las personas oscila entre cinco y siete litros.

Le pinchamos el dedo y revisamos su glucosa en sangre en el momento justo para encontrar 100 miligramos de azúcar en cada decilitro de su sangre. Este es el momento justo antes de que su cuerpo active la insulina maligna.

Su cuerpo tiene aproximadamente siete litros de sangre.

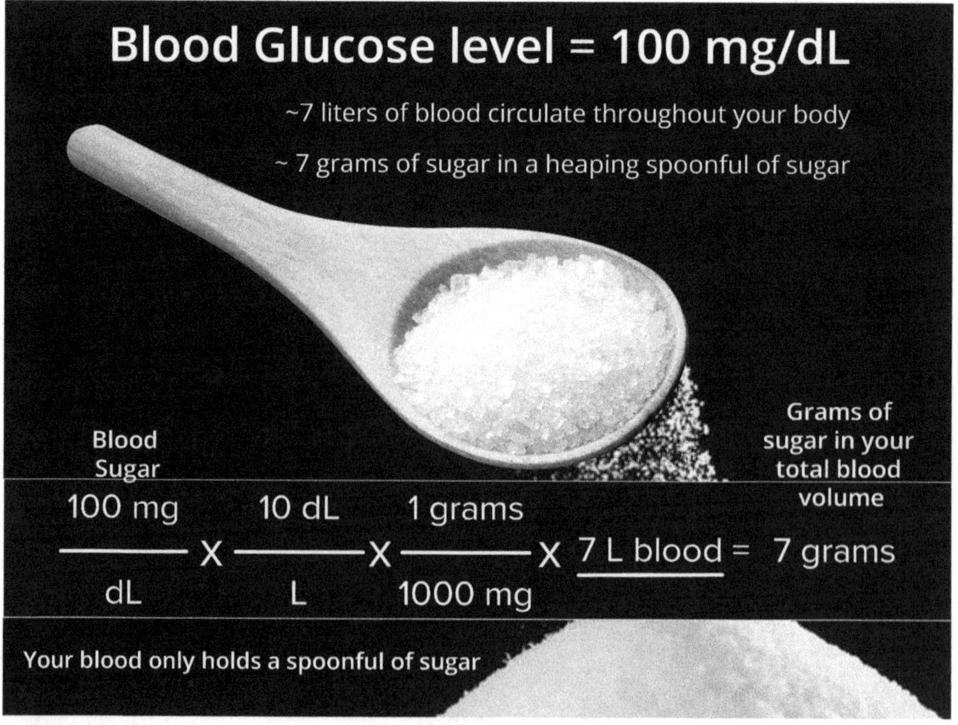

¿Cuántas cucharadas de azúcar se pueden disolver en su cuerpo antes de activar la producción de insulina? Recuerde, la insulina es lo que mata la producción de cetonas.

Vamos a hacer los cálculos. Observe este desglose.

Piense en su clase de álgebra de sexto grado. Convierta todas sus etiquetas de ida y vuelta con miligramos a gramos y decilitros a litros. Sus 7 litros de sangre contienen alrededor de 7 gramos de azúcar, también conocida como una cucharadita colmada de azúcar.

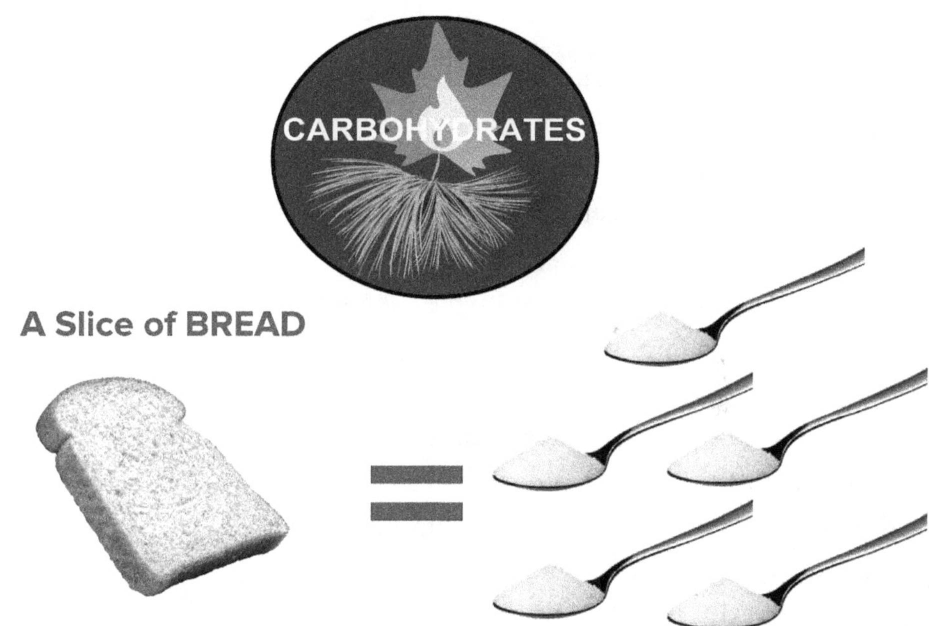

1 slice of bread = 5 spoons of sugar

¿Qué diablos tiene esto que ver con el espíritu maligno de la fruta? Espere…

Una cucharadita de azúcar es un poco más de 4 gramos de carbohidratos.

Una cucharadita redondeada es de 6-7 gramos de carbohidratos.

A SU PANCREAS NO les importa si los carbohidratos provienen del azúcar de caña o de ese pedazo de pan esponjoso, o de la compota manzana. Su cuerpo convertirá todos esos carbohidratos en azúcares para que sus mitocondrias se quemen en caliente y rápido.

Coma una rebanada de pan y agregue aproximadamente 20 gramos de carbohidratos o 5 cucharaditas de azúcar a su torrente sanguíneo. Eso significa que una de esas cucharadas del azúcar que se encuentra en esa rebanada de pan circulará en el torrente sanguíneo en forma de glucosa, pero la insulina maligna batirá las otras 4 cucharaditas de azúcar en bolsas de almacenamiento en todo el cuerpo.

Sí, la insulina empuja esos carbohidratos extra a las células de almacenamiento. Por lo general, estas células de almacenamiento son sus células grasas. Y los carbohidratos almacenados permanecen allí, hasta que usted elija orinar las cetonas.

¿Ve por qué a algunos pacientes les puede llevar días orinar su primera cetona? ¡Han estado almacenando azúcar por años!

Seguir la corriente. Vaya a comprar las tiras de cetonas en orina. Son baratas, alrededor de $ 15 por 50 tiras. Los encontrará en su farmacia local. No se necesita receta médica. Simplemente dígale al farmacéutico que necesita tiras de cetonas en la orina.

No cambie la forma en que alimenta su cuerpo.

Ahora orine en una de esas barritas de cetona 3-4 veces al día solo para ver si una vez, en una semana completa, enciende la cetona que produce parte de su cuerpo.

Sabrá que está produciendo cetonas si su tira se vuelve rosa. Incluso un toque de rosa significa que gana.

Lo más probable es que no produzca cetonas. La mayoría de mis pacientes no lo hacen. Ni siquiera saben cómo.

Vamos a usar otro ejemplo. Tome un plato de arroz. Un poco más de una taza de arroz contiene 15 cucharaditas de azúcar. Eso es 60 gramos de carbohidratos en ella.

Cambie a un tazón de pasta y tendrá 20 cucharaditas de azúcar u 80 gramos de carbohidratos.

1 serving of rice = 15 spoons of sugar

Vamos a hacer el paso final para cerrar este bucle. Tome nota de la tabla al final de este capítulo.

Esta es una lista de frutas y la cantidad de carbohidratos que se encuentran en una taza de 1/2 de cada artículo. Mira la columna más a la derecha. Verás los gramos de carbohidratos que contiene cada porción.

½ TAZA DE FRUTA	CALO RÍAS	GRA-SA (gra-mo)	CARBO-HIDRATOS (gramo)	½ TAZA DE FRUTA	CALORÍAS	GRA-SA (gra-mo)	CARBO-HIDRATOS (gramo)
Manzana	33	0	9	Mango	54	0	14
Aguacate	120	11	6	Nectarina	31	0	8
Banana	67	0	17	Naranja	42	0	11
Arándano Azul	42	0	11	Papaya	27	0	7
Melon	27	0	11	Durazno o Melocotón	30	0	7
Cereza	48	0	12	Pera	41	0	11
Higos secos	186	1	48	Piña	39	0	10
Higo Grande (1 grande)	47	0	12	Ciruela	38	0	9
Toronja o Pomelo	38	0	10	Ciruela Pasa	204	0	54
Uvas	55	0	14	Granada (½ fruta)	52	0	13
Guayaba	56	1	12	Pasas (½ taza, de paquete)	247	0	65
Melón verde	31	0	8	Frambuesa	32	0	7
Kiwi	54	0	13	Carambola	17	0	4
Naranja China (6 medianas)	81	1	18	Fresas	27	0	6
Limón	31	0	10	Mandarinas	52	0	13
Lima (1 mediana)	20	0	7	Sandía	23	0	6

Recuerda, nuestra cucharadita nivelada de azúcar contenía 4 gramos de carbohidratos. Si redondeamos la cucharadita de azúcar, estaba más cerca de 5-7 gramos de carbohidratos.

Línea 1: una media taza de manzana contiene 9 gramos de carbohidratos. Vaya a ver el tamaño de media taza. Esto no se ajustará a una manzana entera. Una manzana entera nos da entre 18 y 25 carbohidratos.

Línea 2 - La mitad de una taza de un plátano tiene 17 carbohidratos.

Eche un vistazo a las frutas secas. ¡Ay! Durante años les he dicho a los pacientes y a mis hijos que comieran esto por la fibra.

Mal. Mis hijos comieron esas pasas y su azúcar en la sangre se disparó, lo que provocó la producción de insulina. Sus cuerpos dieron vuelta a 4 de los 65 carbohidratos de pasas que se encuentran en esa ½ taza en energía similar a una aguja de pino. Los otros 61 fueron almacenados en forma de grasa.

¿Veredicto? La fruta es mala.

Las frutas se han vendido a todos nosotros como saludables y nutritivas. La verdad es lo opuesto. Nos han vendido una lista de bienes. Las frutas están llenas de carbohidratos azucarados.

Las frutas no tienen ningún ingrediente esencial para la vida. Son golosinas que solo deben comerse 3 o 4 veces al año. La cantidad de azúcar que se encuentra en las frutas que comemos hoy supera con creces lo que nuestra corriente sanguínea puede contener. Metemos ese azúcar extra en todo tipo de espacios de almacenamiento desagradables en el nombre de la 'vida sana'.

El exceso de azúcar envejece nuestro cuerpo, causa enfermedades cardíacas y debilita nuestros cerebros.

¿La solución? Alimentar su cuerpo con cetonas durante una semana.

No se arrepentirá.

Capítulo 11

Lecciones de la Dra. Bosworth:

LAS REGLAS DE INSULINA

Personalmente continúo alimentando mi cuerpo con cetonas debido a su efecto en la función cerebral. El principal atractivo de la cetosis para la mayoría de las personas es su capacidad para producir una pérdida de peso suave y casi sin esfuerzo.

La cetosis hace que la pérdida de peso sea más rápida y más fácil. De hecho, perder peso con una dieta ceto es fácil para muchas personas. ¿Cómo? En resumen, por la insulina. La insulina abre y cierra las puertas de todas tus células de grasa.

Si hay insulina cerca de una célula de almacenamiento de grasa, toda la grasa se queda encerrada en su interior. Si desea utilizar la energía de sus células grasas, la insulina debe abandonar la escena. La insulina es también el mensajero químico que permite que la glucosa entre en la célula. Sin insulina, esas moléculas de glucosa adicionales nunca tendrán acceso a sus hornos. Permanecen en su torrente sanguíneo, fuera de sus células.

EL PAPEL QUE JUEGA LA INSULINA EN LA PÉRDIDA DE PESO

Cuando un paciente pide ayuda para perder peso, a menudo no hace falta decir que están pidiendo ayuda para deshacerse de su exceso de grasa. Nadie me ha pedido que los ayude a perder peso recortando el tejido muscular. Perder peso significa deshacerse de los contenidos de las células que almacenan grasa. Estas células caen bajo el liderazgo dominante de un gobernante muy poderoso: la INSULINA. Tenga en cuenta las siguientes reglas.

Regla # 1: La insulina es la reina

El almacenamiento de energía está controlado por la insulina. La insulina es la reina de las hormonas. Si hay insulina, las moléculas de glucosa se evacúan de la sangre.

'¡QUE SE VAYA!' ¿A dónde van las moléculas de glucosa? Una de las dos opciones:

LA GLUCOSA COMO COMBUSTIBLE: La insulina desvía la glucosa desde el torrente sanguíneo hacia el interior de sus células. Estas células pueden estar en su cerebro, hígado, músculos, piel o cualquier otro tejido. Todos usarán la glucosa para obtener energía.

LA GLUCOSA COMO ALMACENAMIENTO: La insulina activa sus células de almacenamiento para succionar cualquier glucosa extra de su torrente sanguíneo y almacenarlas. La mayoría de la glucosa se almacena como grasa. La insulina ordena a todas las células de grasa cercanas que bloqueen todas sus salidas. La insulina ordena a las células grasas que no liberen ninguna energía nueva en el sistema.

A sus células grasas no les importa el origen de la glucosa en su sangre. Solo siguen el comando de su poderoso dictador, la insulina. Hace dos horas, lavaste una manzana con un poco de jugo de naranja. Su nivel de azúcar en la sangre y la insulina chorrearon en su sistema. Debido a esa insulina, cualquier azúcar que se encuentre en su sistema será succionada fuera del torrente sanguíneo y colocada en la celda de almacenamiento más cercana.

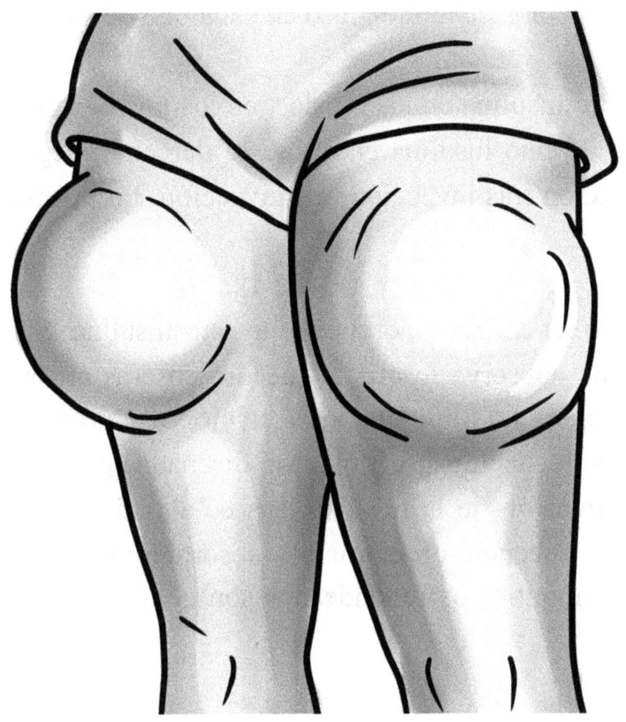

Las células de grasa no pueden vaciarse cuando hay insulina alrededor. No puede usar su grasa almacenada como combustible mientras esté presente la insulina.

Este dibujo está inspirado en una vieja imagen del libro de texto médico que muestra a un hombre cuyo cuerpo no produjo insulina. Afortunadamente, vivió durante un tiempo en el que había insulina inyectable disponible.

Hablo de que la insulina es malvada. No todo es maldad. Juega un papel necesario en las operaciones normales y saludables de su cuerpo.

Su cuerpo necesita un mínimo de insulina para comerciar, almacenar e intercambiar energía. Esta hormona es necesaria para la vida. Si no la produce, morirá joven a menos que se lo inyecte. Este hombre tiene dos grandes montículos de tejido graso en cada uno de sus muslos.

Se inyectó insulina en los muslos, en los mismos puntos. A través de los años, se inyectó insulina en el muslo derecho, luego en el muslo izquierdo, inyección tras inyección tras inyección. La insulina le salvó la vida.

No murió de diabetes porque se inyectó insulina. Su páncreas no produjo insulina. ¿Observa lo que le sucedió en esas áreas cerca de los puntos de inyección? La grasa creció. Y creció y creció y creció. Las células musculares de sus muslos no fueron diseñadas para almacenar grasa. Pero bajo dirección de la insulina, sus células de grasa cercanas siguieron órdenes. Encendieron el vacío y absorbieron la glucosa para almacenarla. Esos montículos redondeados son células de grasa sobrecargadas.

La inyección de insulina cambió esa área de predominantemente células musculares a toda la grasa. Sus células de grasa eran cientos de veces más grandes de lo que se suponía que eran porque fueron repetidamente influenciadas por dosis de insulina inyectada. En el transcurso de varias décadas, la insulina atrapó la grasa dentro de esas células grasas. Nunca estuvo más de 24 horas sin inyectarse. La grasa que se almacenaba en esas células se mantuvo durante décadas. La siguiente imagen cuenta una historia similar.

Este paciente se inyectó insulina en los mismos dos puntos de su abdomen. La insulina ordenó a esas células que almacenaran grasa. Después de muchos años de inyecciones de insulina, ordenó químicamente que esas células crecieran demasiado y se llenaran de grasa.

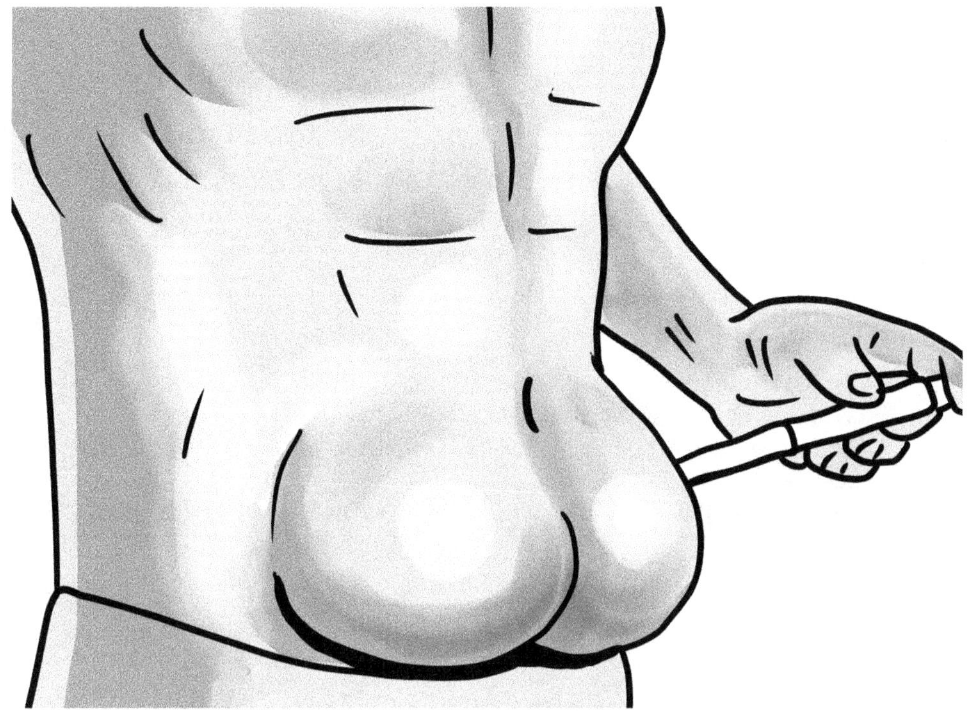

Esta es una puerta de una sola vía, a menos que se quede sin insulina durante varios días. La única manera de liberar la grasa de esas células es dejar de ordenar el almacenamiento de grasa a través de la inyección de insulina.

Antes de que las inyecciones de insulina estuvieran disponibles, las dietas bajas en carbohidratos mantenían con vida a los diabéticos tipo 1.

Aquí hay un ejemplo de su distribución diaria de nutrientes recomendada de 1915:

10 gramos de carbohidratos, 40 calorías
75 gramos de proteína, 300 calorías
150 gramos de grasa, 1350 calorías.
15 gramos de alcohol

QUANTITY OF FOOD Required by a Severe Diabetic Patient Weighing 60 kilograms, (Joslin.)

Food	Quantity Grams	Calories per Gram	Total Calories
Carbohydrate	10	4	40
Protein	75	7	300
Fat	150	9	1,350
Alcohol	15	7	105
			1,795

STRICT DIET. (Foods without sugar.) Meats, Poultry, Game, Fish, Clear Soups, Gelatine, Eggs, Butter, Olive Oil, Coffee, Tea and Cracked Cocoa.

FOOD ARRANGED APPROXIMATELY ACCORDING TO CONTENT OF CARBOHYDRATES

	5% ±	10% ±	15% ±	20% ±
VEGETABLES	Lettuce Spinach Sauerkraut String Beans Celery Asparagus Cucumbers Brussels Sprouts Sorrel Endive Dandelion Greens Swiss Chard Vegetable Marrow Cauliflower Tomatoes Rhubarb Egg Plant Beet Greens Water Cress Cabbage Radishes Pumpkin Kohl-Rabi Son Kale	Onions Squash Turnip Carrots Okra Mushrooms Beets	Green Peas Artichokes Parsnips Canned Lima Beans	Potatoes Shell Beans Baked Beans Green Corn Boiled Rice Boiled Macaroni
FRUITS	Ripe Olives (20 per cent. Fat) Grape Fruit	Lemons Oranges Cranberries Strawberries Blackberries Gooseberries Peaches Pineapples Watermelon	Apples Pears Apricots Blueberries Cherries Currants Raspberries Huckleberries	Plums Bananas
NUTS	Butternuts Pignolias	Brazil Nuts Black Walnuts Hickory Pecans Filberts	Almonds Walnuts (Eng.) Beechnuts Pistachios Pine Nuts	Peanuts **40% ±** Chestnuts
Miscellaneous	Unsweetened and Unspiced Pickle Clams Scallops Fish Roe Oysters Liver			

Casi todas las calorías provienen de la grasa. No estoy muy segura de por qué agregaron 15 gramos de alcohol, pero eso también estaba en la dieta. Probablemente era alcohol destilado que no contiene carbohidratos. El alcohol detiene completamente la producción de cetonas en el hígado. El alcohol, como una cetona, ingresa a las células sin insulina. Sin insulina, no entra la glucosa en las células. La glucosa dentro de la célula detiene la producción de cetonas. Sin insulina para transportar la glucosa dentro de sus células, estos diabéticos de 1915 no tenían "frenos" para su producción de cetona, excepto el alcohol. La inclusión del alcohol en su dieta podría haber prevenido la cetoacidosis, la peligrosa acumulación de exceso de cetonas en el cuerpo que puede llevar al coma y la muerte.

Normalmente, la insulina se segrega de su páncreas cada vez que sus tripas detectan los carbohidratos. Por ejemplo, la leche tiene azúcar llamada lactosa. Tan pronto como su intestino detecta esa lactosa, dispara su páncreas para exprimir un poco de insulina. Luego, la insulina impregna el cuerpo y ordena a las células que aspiren el azúcar de la sangre, lo que hace que su nivel de azúcar en la sangre baje. Como la insulina instruye a sus células a absorber los azúcares. También fluye más allá de las células grasas. La insulina les ordena a las células de la grasa que cierren sus salidas y aspiren cualquier energía cercana. La energía almacenada no puede dejar las células de grasa. Las puertas de entrada a las células de grasa todavía funcionan; las salidas no lo hacen.

Si desea vaciar sus células de grasa, debe apagar el vacío y atraer su energía a estas células. El interruptor de encendido / apagado para el vacío de sus células grasas es la insulina. Para vaciar las células de almacenamiento de grasa de su cuerpo, deje de producir insulina.

¿Cómo deja de producir insulina? Deje de comer carbohidratos.

A continuación, se enumeran algunos alimentos comunes y su impacto en la cetosis. Si quieres menos grasa para aislar tu cuerpo, deja de producir tanta insulina. Menos insulina significa pérdida de peso, específicamente de sus células grasas. Los siguientes alimentos que engordan bloquean sus células grasas para que no liberen ninguna de las grasas almacenadas.

COMIDAS QUE ENGORDAN

Pan: Cualquier cosa hecha de harina de trigo, harina blanca, harina de centeno, tortillas, *waffles*, rollos, pasta, pan de pasas.

Cereales y Granos: Cereales de salvado, cereales cocidos, relleno, cereales sin azúcar, harina de maíz, cuscús, granola, uva, sémola, pasta, quinua, arroz, arroz integral, trigo triturado, cereales de azúcar

Jugos de Fruta: Todos los jugos asociados con frutas, excepto los de limón o lima en pequeñas cantidades.

Fruta: Manzana, salsa de manzana, manzana seca, albaricoques, plátanos, melón, cerezas, toronjas, uvas, kiwi, miel, mangos, mandarinas, nectarinas, naranjas, papaya, melocotones, peras, piñas, pasas, mandarinas, frutas secas

Frijoles, guisantes y nueces: frijoles al horno, frijoles negros, guisantes, garbanzos, frijoles pintos, frijoles rojos, frijoles blancos, frijoles blancos, frijoles de ojo negro, frijoles lima, anacardos, castañas, tofu, soja

Leche: Leche desnatada, leche de chocolate, leche evaporada, leche descremada, leche entera, leche de soja, yogur sin grasa.

Vegetales que son hidratos malos: judías, patatas, squash, mermeladas, camote

Refrigerios: galletas, saltinas (galleta salada/tostaditas), saltinas en forma de concha, maíz tostado, palomitas de maíz, galletas sándwich, chips, chips de tortilla, papas fritas.

Dulces: Cualquier cosa que contenga azúcar, miel u otros endulzantes. bizcocho, tarta, galletas, *brownies*, caramelo, chocolate, salsas, donuts, helado, mermeladas, jaleas, ketchup, *pie*, merengue.

COMIDA PARA LA PÉRDIDA DE PESO: Coma esto para bajar de peso.

Grasa: Irónicamente, para perder peso, necesita comer grasa. ¿Por qué? Porque no hay carbohidratos en la grasa. No se produce insulina cuando se consume grasa. Solo asegúrese de no agregar azúcares (o ningún otro tipo de carbohidrato) a la grasa que consume.

CARNES: res, cerdo, jamón, cordero, ternera, tocino, chicharrón, cualquier carne de caza (conejo, alce, venado de caza).

> **ADVERTENCIA**: El exceso de proteína, lo hará producir insulina.

Carnes Procesadas: salami, salchichón, salchicha, *Spam*, hígado, mortadela, perro caliente, tocino, jamón. Asegúrese de que estén cargados de grasa y que no sean la versión light.

AVES : pollo, pavo, pato, faisán o cualquier otro ave de caza.

NOTA: Coma También la piel que es donde se encuentra la mayor parte de la grasa. ¿Quiere apanadura sin carbohidratos? Use chicharrones crujientes.

MARISCO: marisco. Aquí tiene una lista completa: salmón, halibut, bacalao, cangrejo, gambas, camarones, langostinos, almejas, ostras, mejillones, calamar, pulpo, pescado ahumado, pescado deshidratado, pescado enlatado /marisco enlatado (sardinas, atún).

HUEVOS: HUEVOS ENTEROS. Ante la duda, agregue yemas.
¿Es usted alérgico a los huevos? Consulte con su doctor acerca de la posibilidad de comerse solo las yemas. La proteína de la clara es la que contiene la mayoría de los alérgenos.

ENSALADA/HOJAS : (contienen entre 0.5–5 carbohidratos por cada taza) hojas verdes, dientes de león, remolachas, coles, semillas de mostaza, nabo, rúcula, achicoria, endibias, escarola, hinojo, lechuga, acedera, espinaca, col rizada, acelga, perejil, cebolla, puerro, alfalfa, brotes, algas.

Vegetales:

Verduras crucíferas: (rangos de 3 a 6 gramos de carbohidratos por 1 taza) Coles de Bruselas, brócoli, col, coliflor, nabos, berros de jardín, terciopelo

Verduras crudas que crecen sobre el suelo: (2 a 4 gramos de carbohidratos por 1 taza) Apio, pepino, calabacín, cebolleta, puerro, espárrago, berenjena

Verduras crudas con mayor contenido de carbohidratos, solo con moderación: (3 a 7 gramos de carbohidratos por taza) espárragos, champiñones, brotes de bambú, brotes de soja, pimiento, guisantes, castañas de agua, rábanos, jícama, judías verdes, habas de cera tomates.

Verduras cocidas: (15-25 gramos de carbohidratos por 1 taza-- ADVERTENCIA: estas verduras sacan a la mayoría de las personas de la cetosis). Coma una vez cada 6 semanas. Guisantes, alcachofas, quingombas, zanahorias, remolachas y chirivías.

No se exceda con las verduras, ya que contienen carbohidratos. En su lugar, piensa en ellos como "vehículos" nutricionales que llevan la grasa a sus entrañas. Agregue aceite de oliva, crema agria, mantequilla u otras grasas a sus vegetales. Asegúrese de no cocerlos demasiado.

Productos Lácteos:

Queso: elija quesos con mucha grasa, no los bajos en grasa. Los quesos altos en grasa y duros tienen menos carbohidratos.

Quesos enteros: (0.5 a 1.5 gramos de carbohidratos por una onza o aproximadamente 1/4 de taza) Gouda, Brie, Edam, Cheddar, Colby, queso de cabra, queso suizo

Quesos añejos: Cheddar, Gruyere, Manchego, Gouda y Parmesano (Parmigiano-Reggiano / Grana Padano Such)

Quesos blandos: Camembert, brie, azul, queso feta, suizo, queso de cabra, gato de Monterrey, mozzarella

Productos lácteos: crema batida pesada, crema agria

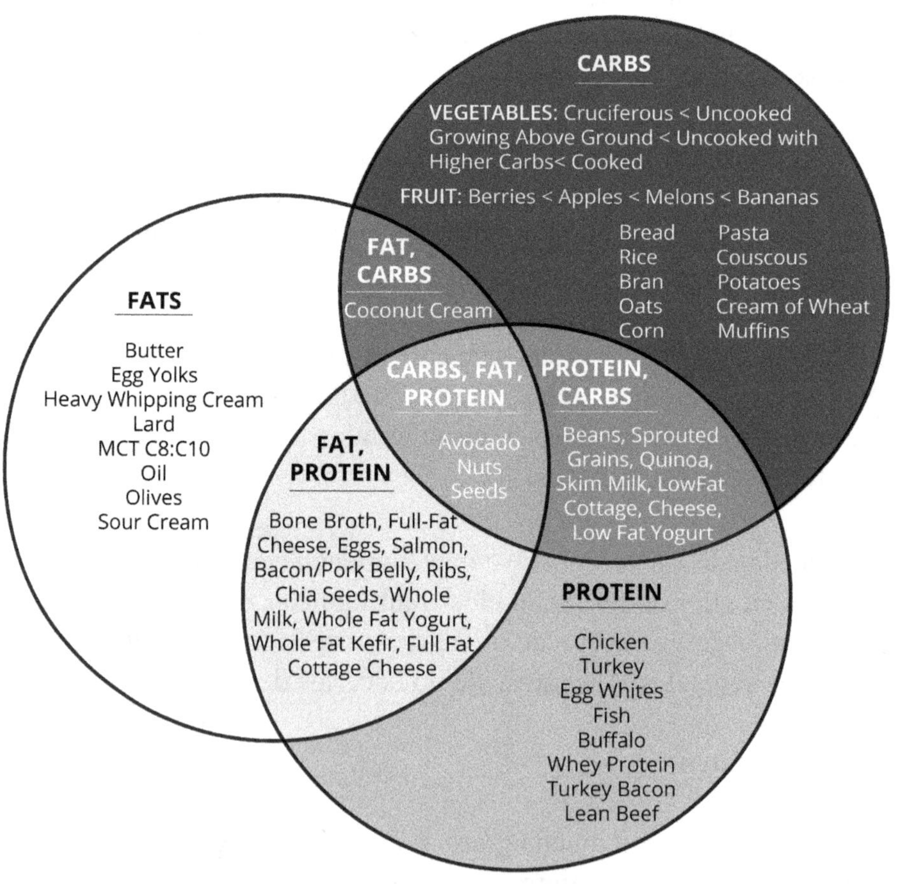

Si desea vaciar sus células de grasa, cambie la química de su cuerpo para desbloquear las puertas de salida. Disminuye la insulina primero. La insulina bloquea la pérdida de peso.

Capítulo 12

Abuela Rose: AL INICIO TUVIMOS ÉXITO ...

"Lo que sea que estén haciendo, sigan así. Las veré de nuevo en tres meses.

¿Nosotras hicimos eso? ¿Éramos nosotras?

¿Han revertido, las seis semanas de cetosis, el crecimiento del cáncer de la abuela Rose? ¿La cetosis disminuyó sus números en un 30%?

El doctor en mí dijo: "De ninguna manera".

Sin embargo, una mirada hacia ella y mi escéptico interior se sorprendió. Mis ojos observaron a una mujer arrebatada del pasado y traída al *aquí y ahora* como si fuera a través de un viaje en el tiempo.

No había considerado la opción de que sus números disminuirían. Esperé y oré para que no aumentaran tanto, pero nunca consideré que pudieran disminuir.

Aceptamos el éxito y lo celebramos con las bombas de chocolate keto. Nuestros días de comer crema batida pesada, controlar las cetonas y evitar los carbohidratos habían dado sus frutos. Estábamos realmente orgullosas. Agradecidas. Habíamos cambiado el curso de su cáncer.

Mi alegría pronto se desvaneció en ira. ¿Por qué nadie más sabía de esto? ¿Por qué el universo no lo recomienda a todos los pacientes con cáncer?

Fue mi culpa. Estoy en el mejor momento de mi carrera como médico de medicina interna. ¿Por qué tuve que toparme con el riesgo de muerte tan cercana de mi madre para que aprendiera sobre esto? Lamentablemente, capté la idea en la voz baja de mi paciente. Mi curiosidad creció después de escuchar más sobre la cetosis de un *podcast* en lugar de una revista médica o un anuncio de servicio público.

'Todo o nada.'

Al enfrentarnos a la muerte, nuestro enfoque y disciplina produjeron un cuadro de mando perfecto. Pero al igual que con cualquier cambio en los hábitos, nuestro éxito en alcanzar esa meta a corto plazo nos dejó un poco perdidos la primera semana después de su cita. Decir que vas a hacer keto para siempre es una cosa, especialmente si "para siempre" está a solo seis semanas. Adherirse a un estilo de vida ceto indefinidamente es otra cuestión completamente. Nos enfrentamos a algunas luchas.

Tomemos el ejemplo de la cerveza. Ambas habíamos renunciado a la cerveza durante ese momento de crisis inicial. No fue un gran sacrificio cuando solo consideramos que sería durante las próximas 6 semanas. En nuestra cuenta regresiva para el gran chequeo, estábamos estrictamente libres de alcohol. Muy motivadas por la amenaza del cáncer, ninguna de las dos estaba dispuesta a sacrificar un día por cetosis por una cerveza tonta. Pero ahora que nos encontramos al otro lado de nuestra meta, una cerveza parecía una buena idea otra vez.

Una sola cerveza me sacó de la cetosis. ¡Uf!. No hay cetonas.

Esperaba un retorno instantáneo de cetonas después de ese experimento de cerveza. En cambio, pasaron tres días antes de que mi tira de cetona se volviera rosa otra vez. Extraño.

¿Por qué? Al leer las reglas y la literatura, aprendí que los licores destilados como el tequila, el ron o la ginebra no contenían carbohidratos.

Resultó que ninguno de nosotros toleraba tales bebidas "fuertes". Esos tipos de alcohol provocaban un dolor de cabeza al día siguiente de probar los licores destilados. Beber alcohol concentrado inflamó tanto el cerebro de la abuela Rose que sus migrañas de décadas atrás regresaron.

Con la cerveza fuera de la lista y los licores fuertes demasiado intensos para cualquiera de las dos, recurrimos al vino tinto. ¿Alguna vez has tratado de ver los carbohidratos en una copa de vino? Sí, no están allí. A nadie le importó cuántos carbohidratos había en su copa de vino.

No fui la primera persona en tener este problema. Cuando se trata de vinos, cuanto más dulce es el vino, mayor es la cantidad de carbohidratos. Cuanto más seco es el vino, más bajos son los carbohidratos. Esto también se correlaciona con el pH o la relación ácido-base del vino.

Exploramos completamente este vacío cuando entramos en una tienda de licores y le pedimos al asistente que nos mostrara el vino con menos carbohidratos que vendieran.

Sí, el asistente estaba despistado.

Cambiamos de estrategia y preguntamos por sus vinos "más secos". No hay tal suerte tampoco. Compramos su recomendación de un vino llamado 'seco' y cada uno bebió un vaso. Ninguna de las dos produjo cetonas durante dos días.

VINOS *DRY FARM*: Si desea una solución al rompecabezas del vino bajo en carbohidratos, eche un vistazo a esta compañía. *Dry Farm Wines* pruebe los vinos secos que tienen. Mire su contenido de azúcar o carbohidratos para cada lote específico de vino.
No deje que esa palabra "seco" lo confunda para que crea que es un vino sin alcohol. No, esta empresa atiende elmercado de la cetosis mediante la prueba de los niveles de carbohidratos de los vinos. Una vez que han identificado un vino bajo en carbohidratos, lo comercializan con personas que desean permanecer en la cetosis y a la vez, poder disfrutar de una copa de vino.

Dos meses después de nuestro informe positivo del oncólogo, la abuela y yo nos encontramos un poco flojas en las reglas de ceto. Las dos dejamos de revisar las cetonas con la misma frecuencia de antes. Nos dijimos que las das podíamos sentir cuando estábamos en cetosis. Eso era solo cierto en parte.

Sin nuestro objetivo de 'todo o nada', era fácil autoengañarnos. Es fácil decirse a si mismo la verdad que uno quiere creer. Cuando no estaba revisando las cetonas, me convencí a mí mismo de que estaba bien que no las revisara. Estaba bien que a veces no lograra la cetosis porque previamente habíamos alcanzado esa meta.

También luchamos con nuestro uso de sustitutos del azúcar: stevia, xilitol, Truvia, eritritol, etc. Al comenzar mi estilo de vida de cetosis, mi deseo de dulces parecía casi irresistible.

Mi título de médico no me protegió de querer esa porción de carbohidratos por la noche. Este viejo hábito de comer bocadillos reconfortantes todas las noches arruinó mi plan. Mi familia tiene un tazón de helado que va más allá de las generaciones. Además, podría comer sin pensar 3 tazas de nueces de macadamia "saludables". Quien hace eso

Aparentemente lo hice cuando se descartaron mis comodidades predeterminadas. A pesar de que las nueces de macadamia estaban en la lista de ceto "realmente bueno para ti", tuve que dejar de comprarlas. No pude resistir la tentación una vez que comencé.

Decididos a no fallar, encontramos varias recetas que usaban polvo de cacao o polvo de mantequilla de maní con crema batida y uno de los sustitutos del azúcar. Estas recetas llenas de sustitutos con alto contenido de grasa y azúcar se denominan "bombas de grasa" en el mundo del ceto. Todos estaban 'seguros'. Todavía orinaríamos a la mañana siguiente, y eso era suficientemente para nosotros.

Una noche, mi uso extremo de sustituto de azúcar alcanzó un nivel tóxico. Tuve un día particularmente estresante y acepté mi gusto por lo dulce en nombre de la terapia. Eliminé estratégicamente todas mis opciones de alto contenido de carbohidratos por exactamente este motivo. Cuando me pongo irritable y quisiera azúcar, por favor, no la ponga a mi alcance. Podría arrancarle la mano.

Ahí estaba en medio de la cocina, irritable, malhumorada, y solo quería un poco de consuelo instantáneo gracias al azúcar. Comencé a sacar cosas del armario para hacer una receta reconfortante favorita. Necesitaba 3 tazas de azúcar mezclada con la mitad de harina. Busqué en Google cómo convertir la receta en una receta ceto. Usé harina de almendra junto con harina de coco en lugar de harina de trigo. Luego calculé cómo sustituir el eritritol por las tres tazas de azúcar.

Lo mezclé y lo metí en el horno. Cuarenta minutos más tarde, salió el recuerdo con el mejor olor.

Preparé un poco de crema batida con aún más eritritol. Invité a la familia a acompañarme en mi miseria. Todos dejaron de comer después de un par de bocados. Yo no. Comí tres trozos.

Me fui a la cama sintiéndome solo un poco avergonzada por lo lejos que me dejaba llevar el ansia por azúcar. Cualquier culpa o vergüenza que reprimí surgió de mis entrañas a las dos de la mañana. Me lancé de la cama apenas llegando al baño. Cada bocado de ese experimento científico explotó de mi parte trasera durante el resto de la noche. La fiesta dentro de mis entrañas me persiguió hasta el día siguiente como castigo por mi atracón de azúcar. Hinchada y llena de suficiente gas para alumbrar una pequeña ciudad, juré no volver a hacerlo.

En la octava semana después de la última cita oncóloga de la abuela Rose, me encontré usando más y más sustitutos de azúcar. A diferencia de mi explosión inicial de diarrea, su efecto no fue tan desagradable cuando aumenté gradualmente la dosis de sustitutos del azúcar. Aun así, su sabor dulce encendería mis antojos de más azúcar o dulces. Mi resistencia al azúcar comenzó a desmoronarse.

Capítulo 13

Lecciones de la Dra. Bosworth: EMPEZAMOS SU VIAJE DE KETO

Paso 1: Eliminar el azúcar. Eliminar el almidón rico en grasas.

El mejor resumen de esta dieta es "eliminar el azúcar, eliminar el almidón, con alto contenido de grasa". Diga esas palabras en voz alta. Otra vez. Eliminar el azúcar. Eliminar el almidón rico en grasas.

Paso 2: recuerde el número 20

Esto es realmente importante como explicaré más adelante. Por ahora, confirme este número en la memoria: 20

Paso 3: Comprar tiras para medir cetonas en la orina

Odio tener que decir esto, pero le recomiendo que compre algo. Sí, como médico que ha sido sometido a más lanzamientos de marketing multinivel de los que puedo admitir, el escribir esta recomendación me hace sentir incómoda. Pero es absolutamente necesario.

Para tener éxito al cambiar su fuente de combustible de azúcar a grasa, debe saber si está produciendo cetonas. Gaste algo de dinero las tiras de cetona suelen costar alrededor de $15. Compre la menor cantidad que pueda. Yo Compro botellas de 50 tiras. Los he puesto en cada baño en mi clínica y en mi casa. Incluso se sabe que dejé una botella en la casa de una amiga porque ella se quejaba constantemente de que no podía perder peso.

¡Esto es super importante porque la dieta ceto es medible! Esta es mi parte favorita.

He entrenado a pacientes durante décadas que vienen y dicen: "Doctor, doctor, la dieta no me funciona". Y tienen razón. La balanza no cambió ...

Estos cambios parecen extraños para la mayoría de las personas a quienes aconsejo. Las tiras de ceto me permiten medir el cumplimiento de los pacientes. Más importante aún, las tiras permiten a los propios pacientes monitorear su progreso.

En las primeras dos semanas, quiero que orine cetonas lo más rápido posible. La quema de grasa como combustible es la base de esta dieta. Llegar al otro lado ha demostrado ser único para cada paciente. Necesitará saber que lo está logrando en SU situación específica, a SU ritmo y eso lo correcto para usted.

Algunos pacientes, generalmente hombres, tropiezan con la cetosis. Orinan cetonas dentro de las 24 horas de cambiar los hábitos. Es posible que no siempre se queden allí, pero pueden orinar una cetona rápidamente.

Otros pacientes pueden tardar varias semanas en quemar el azúcar almacenado y luchar con la química de su cuerpo debido a la resistencia a la insulina.

A veces esto es porque no saben lo que están haciendo. Pero la mayoría de las veces, sus cuerpos simplemente estaban obligados a usar solo azúcar como combustible durante años, si no décadas. Algunos han estado viviendo con niveles de insulina crónicamente altos durante años. Puede llevar semanas quemar toda la glucosa de más almacenada en el cuerpo y finalmente ver que su insulina vuelve a caer al rango normal. Recuerde, no puede producir cetonas hasta que su nivel de azúcar en la sangre y su insulina bajen.

¿Qué tan resistente es tu cuerpo a la insulina?

Hay una prueba de sangre que puede tomar para obtener la respuesta. Les ofrezco esto a mis pacientes cuando los veo en la clínica, pero no lo recomiendo rutinariamente. La prueba es costosa y, junto con el costo de una visita al médico. No le dirá nada que ya no sepa: es adicto al azúcar y lo ha sido durante mucho tiempo. Ha aumentado de peso y parece que no puede perderlo debido al ciclo de insulina de su cuerpo.

Lo pasará muy mal al principio de renunciar a los carbohidratos. La mayoría de las personas no necesitan un análisis de sangre para decírselo. Gaste sus esfuerzos y dinero midiendo algo que sí importa: el tiempo que le tomó comenzar a producir cetonas. ¡Empieza a usar esos palitos de orina! Si se vuelven rosas, significa que produjo cetonas. Dese una palmada en la espalda, anote cuánto tiempo le tomó orinar esa primera cetona ... ¡y continúe!

Paso 3.5: Comprar MCT C8: C10

Más adelante veremos cómo usar este suplemento de grasa en polvo. Por ahora, simplemente haga clic en COMPRAR y envíelo a su casa. No es probable que las tiendas locales tengan esto a mano, por lo que recomiendo buscar en Internet para la entrega directa. Buscar estas palabras: MCT C8: C10

Paso 4: Vacíe sus armarios

Este es un gran paso. Vacíe sus armarios.

Uno de los cambios más difíciles que tendrá que hacer cuando se ajuste a una dieta alta en grasas y baja en carbohidratos es lidiar con las tentaciones. Debe poner mucha distancia entre usted y los alimentos altos en carbohidratos que antes le gustaba comer. Hágase un gran favor y libere su hogar de estas distracciones y tentaciones. Limpia los lugares que controlas. Cuando los adictos hacen su plan de recuperación, comenzamos por pedirle a un amigo que los ayude a limpiar sus entornos. Esto significa deshacerse de todas las señales que lo tienten a volver a sus viejos hábitos.

Para un alcohólico, esto significa botellas de alcohol escondidas en los lugares más tontos. Para un drogadicto, se trata de agujas, cucharas y encendedores. Para un adicto a los carbohidratos, su enemigo es la comida procesada. Cuanta más procesada sea la comida, más rápido terminará en la boca. Momentos más tarde, su sistema estará repleto de moléculas de glucosa que arruinarán su cetosis. Al aumentar la insulina, la producción de cetonas se detiene.

Incluso cuando haya limpiado las áreas que controla, prepárese para la tentación. El diablo ha colocado carbohidratos en todas partes, desde gasolineras hasta cafeterías y lugares de trabajo. Protéjase en el santuario de su hogar. Mantenga los carbohidratos fuera.

¿Cómo sabe qué alimentos tirar cuando revuelve su armario?

Vea la etiqueta de cada artículo. Cualquier artículo con un alto nivel de carbohidratos o azúcares debe ser desechado o donado. Al tratar de decidir mantener o tirar algo, otra regla de oro se centra en el procesamiento. Si la comida está altamente procesada, tírela. En nuestra familia, tomamos una caja y todo lo que es hecho con harina, arroz, maíz o azúcar, simplemente lo pusimos en la caja y lo llevamos a la despensa de alimentos de la comunidad. Esto fue terapéutico para mi hogar. Mis hijos ayudaron con esto. Si consideraron mantenerlo, les pedí que contaran cuántos ingredientes había en el producto. Si tenía más de 8 ingredientes, lo tiramos.

Esto puede ser muy estresante. Haga esto con un amigo y asegúrese de no desistir hasta que haya terminado.

Aquí hay algunas cosas que terminaron en la caja que donamos a la despensa de alimentos:

Condimentos de hamburguesa
Bolsas o paquetes de pasta
Bolsas de arroz
Harina
Azúcar
Frijoles refritos
Latas de maíz
Latas de peras y otras frutas (recuerde, la fruta es mala)
Salsa de tomate

Paso 5: PAUSA

Después de que los armarios estén vacíos, PARE. CALMA. No apresure los próximos pasos. Las compras de comestibles todavía estarán allí mañana. Simplemente haga una pausa el tiempo suficiente para entender estos próximos pasos.

No puedo más clara con esto… CALMA.

Paso 6: ¿Recuerdas Ese Número?

¿Cuál era ese número que se suponía que debías recordar?
Sí: veinte. 20.

Para comenzar su camino hacia la cetosis, se le permiten 20 gramos de carbohidratos por día.

Lo único que quiero que cuente en un día son los carbohidratos. No calorías. No gramos de fibra o grasa o proteína. No libras ni pulgadas. Sólo quiero que se concentre en los gramos de carbohidratos.

Olvídese de los carbohidratos netos. Olvídese de la fibra dietética. No se distraiga con los "azúcares". ¡Solo recuerde el 20 y comience a contar los carbohidratos! Limítese a solo 20 gramos de carbohidratos por día.

La transición de los comportamientos de las personas comienza con instrucciones claras y algo que se puede medir.

¿Las instrucciones están claras?
20 gramos de carbohidratos por día.

¿El factor medible?
Orinar cetonas.

Aquí hay una objeción que generalmente recibo cuando discuto este paso con mis pacientes:

OBJECIÓN # 4: "Doc, las calorías importan. ¿Por qué no nos está diciendo que contemos las calorías? "

Durante las últimas cuatro décadas, el establecimiento médico en los Estados Unidos ha estado predicando que las calorías son importantes. ¿La verdad? No importan cuando la insulina gobierna su cuerpo. Podemos hablar sobre el balance de calorías después de que esté adaptado a keto. Pero lo primero en lo que debe centrarse es en reducir el nivel de insulina en el torrente sanguíneo, y eso significa MUCHAS GRASAS, POCOS CARBOHIDRATOS. ¡Su misión en este momento es deshacerse de esos carbohidratos!

Esto es lo que distingue a esta dieta: ¡no hay inanición! No hay necesidad de comer. No estoy exagerando. Con este enfoque, hay suficiente grasa alimentando a su cuerpo para que no sienta hambre. Su cerebro recibe un poderoso mensaje químico de plenitud de su sistema. Este proceso comienza cuando come grasa después de eliminar el azúcar o los carbohidratos.

Si no me cree tiene mi permiso para comenzar su día mañana comiendo una barra de mantequilla. Sí. Leyó correctamente. Después de no comer nada durante varias horas (porque estaba dormido) puede tomar un trozo de mantequilla para el desayuno. Agregue sal para agregar sabor si lo desea. Combínelo con agua o café negro. Aun así, la única 'comida' que debe comer es la mantequilla. No se imagine esta historia. Hágalo. Escuche atentamente lo que su cuerpo le dice. ¿Nota la sensación que su cerebro envía a su cuerpo? Su cerebro detecta la señal de que está lleno cuando la grasa llena su estómago.

No es de extrañar que muchos de mis pacientes se jacten de lo sostenible y satisfactoria que es la dieta cetogénica.

Paso 8: Coma Solo Cuando Tenga Hambre

No sabotee la transición química de su sistema de azúcar a grasa al picar innecesariamente.

Sus hábitos pueden parecer tan automáticos que apenas se da cuenta de que está comiendo hasta que la bolsa está vacía. Reconocer estos hábitos. Saca el hábito de su subconsciente, manteniendo un registro de alimentos.

Mi caída fue el desayuno de la mañana. Durante tanto tiempo me dije que el desayuno era la comida más importante del día. No me detuve a preguntarme si realmente tenía hambre o solo estaba desayunando por costumbre. Después de dos meses de comer ceto, me desafié a mí misma: sin calorías hasta que sentí hambre. Cuando me golpeaba el hambre, tomaba primero mis comidas favoritas: café con crema batida. En poco tiempo, dejé de desayunar y tomé mi café favorito con crema hasta bien entrada la tarde.

Si sufre de ansiedad o estrés, asegúrese de comer solo cuando tenga hambre en lugar de comer por comodidad. Si elige comer un bocadillo, coma grasa en lugar de carbohidratos.

Paso 9: Restringir la Proteína

Casi todas las personas a las que he entrenado en algún momento han consumido proteínas. Confunden el aumentar las grasas con la carga de proteínas. Perfectamente comprensible La noción de una dieta alta en proteínas como una opción saludable ha existido durante mucho tiempo. Los culturistas y los promotores de alimentos saludables tienen un suplemento de proteínas para ayudarlo a mantenerse saludable. En nuestra mente, parecería natural que la proteína sea saludable. Esas mismas personas piensan que las dietas altas en grasas no son naturales. De acuerdo con esta 'sabiduría convencional', es seguro comer mucha proteína y no es saludable acumular grasa.

¿Qué está pasando aquí? Lipofobia: el miedo a la grasa. Los medios ganaron este juego. Nos asustaron con éxito y tememos disfrutar de la grasa.

Corrijo este pensamiento al educar a los pacientes e informarles que estamos resolviendo un rompecabezas de bioquímica humana. La química de nuestro cuerpo controla la pérdida de peso. La pieza más importante del rompecabezas es la insulina. Mantener la insulina baja, y la pérdida de peso ocurre.

En ausencia de carbohidratos, la grasa no aumenta la insulina. La grasa también envía un fuerte mensaje hormonal a tu cerebro para que deje de comer. Este cambio químico es lo que hace que la dieta ceto sea tan poderosa y efectiva. La grasa no aumenta la insulina. Los carbohidratos aumentan la insulina. El exceso de proteínas aumenta la insulina, también. Para mí, el objeto de despensa más difícil de desechar fue el polvo de proteína.

En una dieta cetogénica, ¿cuánta proteína se necesita para aumentar la insulina?

Aquí está la fórmula que le enseño a mis pacientes: escriba su peso ideal, el peso que desea tener. Mido 1'70 y me encantaría pesar 56 kg. otra vez. Calcule su peso en kilos. Este es el mayor número de gramos de proteínas por día que debe comer. En mi caso eso es alrededor de 56 gramos de proteína por día. Está bien comer menos que eso, pero no exceda ese número. Si me mantengo por debajo de ese objetivo durante el día, mi insulina no aumentará. El primer mes cuando fallé y fallé y no logré producir mi primera cetona, estaba agregando una cucharada de proteína en polvo a la nata. Esa cucharada tenía 50 gramos de proteína y bloqueaba la caída de mi insulina. No hay cetosis.

El número 20 fue el único número que necesita recordar. Insisto en que se limite a eso por ahora. Este número de proteína solo aparece cuando los pacientes tienen problemas. Si está en la semana 2 y todavía no produce cetonas, tiene un problema. ¿El culpable? Probablemente esta comiendo una dieta alta en proteínas en lugar de alta en grasas. Este es el error más común que veo.

Come demasiadas proteínas y su cuerpo comenzará a expulsar la insulina. La insulina es la enemiga de las cetonas.

Capítulo 14

Lecciones de la Dra. Bosworth

ÉXITO KETO = MEDICIONES REGULARES DE CETONAS

Mida sus cetonas. Es lo que separa este estilo de vida de los últimos quince intentos que tuvo para mejorar su salud. Las personas fallan cuando cambian de hábitos sin una retroalimentación precisa en tiempo real. Las cetonas son únicas. No empieza a producir cetonas por casualidad. Mídalas. Demuéstrese a sí mismo (y a su médico) que modificó su estilo de vida lo suficiente como para producir cetonas.

Cómo medir las cetonas

Hay tres formas de verificar si está produciendo cetonas: sangre, orina y respiración. Estas pruebas verifican tres tipos de moléculas: Acetoacetato, Beta-Hidroxibutirato y Acetona.

Todos de estos compuestos químicos son fuentes de energía o combustible para su cuerpo: AcetoAcetate y Beta-HydroxyButyrate. Su cuerpo produce acetona como un subproducto a medida que procesa las cetonas.

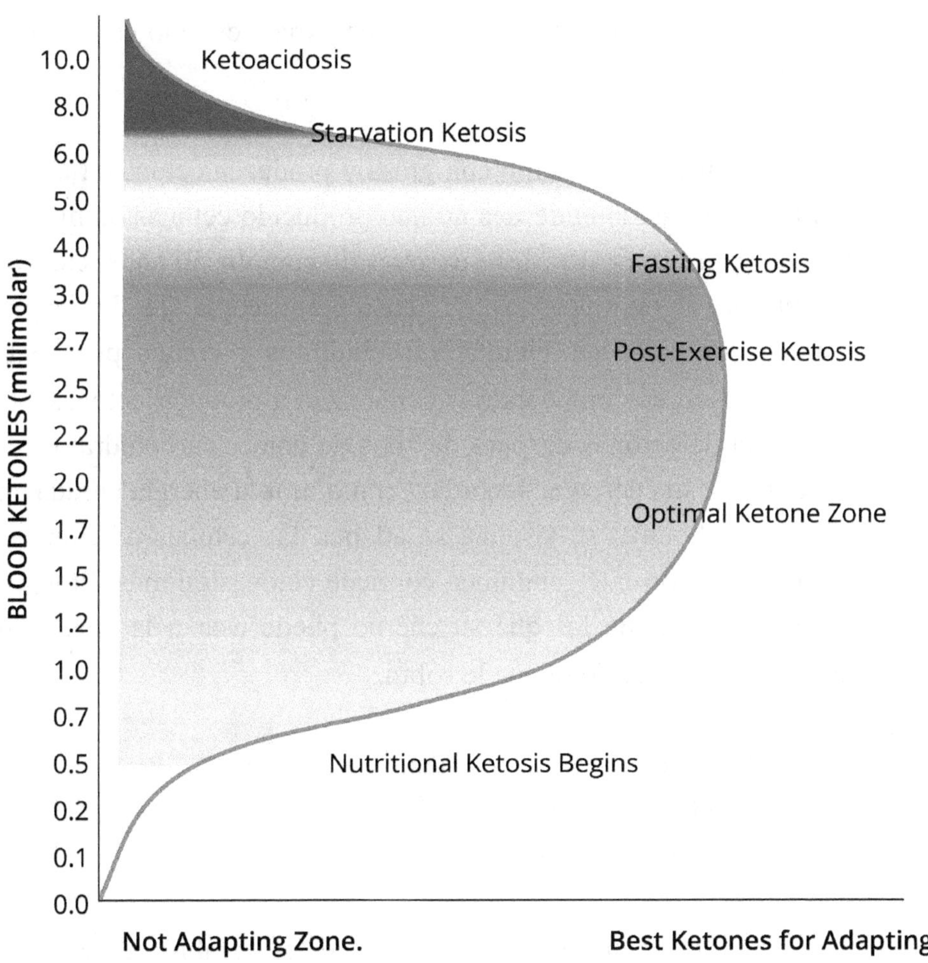

OBJECIÓN # 5: "¿No es esta la dieta en la que su cuerpo se ve tan afectado que empieza a producir acetona para las uñas?"...

Esta objeción realmente me hizo reír. Pero, la pregunta tiene algo de verdad. La pregunta hace referencia con precisión a la ACETONA como el compuesto que exhala cuando está en cetosis nutricional.

Alimente su cuerpo con grasa y produzca cetonas. La mayoría de los estadounidenses no han producido cetonas en mucho tiempo. Quizá una vez, justo después de cumplir 50 años, cuando celebraron el cumpleaños con una colonoscopia de detección. Cuando los pacientes pierden carbohidratos y comen principalmente grasas, sus mitocondrias comienzan a producir cetonas. La presencia de cetonas después de años de comer carbohidratos altos obliga a su cuerpo a "recordar" cómo usar la energía basada en la grasa. Mientras su sistema se adapta, las cetonas adicionales circulan. Su torrente sanguíneo contiene cetonas de más. Produzca más cetonas de las que su cuerpo puede usar a la vez, y tu cuerpo se deshace de lo que le sobra.

Puede expulsarlos por medio de la orina.
Puede exhalarlos.
Incluso puede sudarlos.

Acetoacetato, abreviado AcAc, es el nombre de las cetonas extra que se desperdician en su orina. En su aliento, la cetona AcAc se descompone más a la acetona.

Sí, ESA acetona, el mismo químico que se encuentra en el removedor de esmalte de uñas. La acetona transmitida por el aliento es lo que fomenta este mito urbano, menos todo el drama.

Acetoacetato (AcAc)

Esta cetona es una de las dos cetonas que se encuentran en la sangre. Se hace dentro de las mitocondrias de las células del hígado. Aceto-Acetate sale de las células del hígado y entra en su circulación para alimentar a otras células en busca de energía. Después de semanas de hacer cetonas, casi todas las células de su cuerpo serán entrenadas para usarlas como energía. Este estado se llama cetoadaptación. Cuando su hígado se ocupa de producir combustible de la grasa, puede encontrar demasiado de este compuesto en el torrente sanguíneo. Cuando sube demasiado, tu cuerpo necesita hacer algo.

Un exceso de cetonas en el torrente sanguíneo es peligroso y su cuerpo tiene protección integrada para no permitir eso. Su cuerpo tiene varias formas de eliminar el exceso de cetonas de su sistema antes de que creen un desorden bioquímico, tóxico y tóxico, llamado cetoacidosis.

Una opción es eliminar el acetoacetato a través de la orina. Cuando orinas en tiras de orina de cetona que se vuelven de color rosa, Aceto-Acetato provoca esa reacción química. Cada vez que veo que mi tira de orina de cetona se vuelve positiva, me recuerda a mí misma que estas son calorías adicionales que acabo de orinar. El titular de la pérdida de peso debería leer: 'Cetosis: Eche un vistazo a esas calorías extra grasas'.

Beta-hidroxibutirato (BHB)

Al igual que el AcAc, esta cetona es un combustible que circula en la sangre. También viaja desde las células del hígado a las mitocondrias de otras células. Una vez en los hornos, BHB se convierte en energía. Los análisis de sangre de cetona miden la cantidad de este compuesto en su circulación. Esta es la medida más precisa de la cetosis nutricional.

Acetona

No es un combustible. La acetona es un producto de desecho producido por el exceso de acetoacetato, AcAc, en el torrente sanguíneo. La acetona se escapa del cuerpo a través de nuestra respiración.

¿Cuál es la mejor manera de medir tus cetonas? ¿Orina, sangre o aliento?

ORINA

Les digo a todos los pacientes que comiencen con tiras de orina. Estas tiras son baratas y portátiles. Son bastante confiables en la primera transición de la glucosa a las cetonas. Durante las primeras semanas, esto es todo lo que recomiendo. Personalmente, utilicé este método durante más de seis meses, antes de derrochar en un kit de análisis de sangre.

¿Cómo? En las primeras semanas de cualquier cambio de comportamiento, tenga cuidado con sus patrones de comportamiento anteriores.

Elija cualquier cosa que haya intentado cambiar: fumar, beber, mejorar sus hábitos de sueño, hacer ejercicio, tratar con un compañero de trabajo molestoso...

La mayor amenaza para su comportamiento cambiado proviene de sus hábitos pasados. El cambio de comportamiento se mantiene por un tiempo, pero cuando el estrés o el aburrimiento le golpean, vuelven a aparecer sus viejas costumbres. En poco tiempo, su nuevo hábito ha desaparecido. Dada esta realidad, quiero que los pacientes estén atentos a sus hábitos pasados.

¿Cómo ayudas a alguien a tomar conciencia de algo que parece automático? Compruebe las cetonas en la orina para asegurarse de que está evitando los viejos patrones. El control de las cetonas en la orina es una forma indolora, barata y portátil de ser responsable. Verifique el estado de la cetona colocando algunas tiras de cetona en el bolsillo al inicio de cada día. Conviértalo en una PRIORIDAD durante los primeros meses de su nuevo estilo de vida ceto.

RESPIRACIÓN

Los alcoholímetros especiales pueden detectar moléculas de acetona en el aire que fluye a través de ellas. La presencia de acetona en el aire que sale de sus pulmones significa que tiene cetonas adicionales. Cuando la acetona está en su respiración estás en cetosis. Esta herramienta innovadora tiene muchas ventajas y probablemente seguirá creciendo en popularidad.

SANGRE

La medición de las cetonas en la sangre es la mejor manera de saber si se encuentra en cetosis. A diferencia de las cetonas de más que se encuentran en la orina o el aliento, las cetonas en la sangre son una medida directa de su suministro de energía de la cetona. Esta prueba mide la cetona beta-hidroxibutirato, BHB abreviado.

Afortunadamente, no es necesario ir a un laboratorio u hospital para medir el BHB. Los monitores para el hogar, como los que usan los diabéticos para medir los niveles de azúcar en la sangre, están disponibles sin receta. Pincha tu dedo y evalúa tu nivel de cetona en esa gota de sangre. En segundos, tienes tu respuesta. Retroalimentación precisa en tiempo real. En la primera mención de pincharse los dedos y autoevaluarse, muchos pacientes se ponen fríos. No lo haga. El proceso puede parecer invasivo a primera vista. Sin embargo, mis pacientes más exitosos aceptaron la responsabilidad hecha posible por el autocontrol. Al igual que subirse a una báscula, proporciona retroalimentación, al igual que las pruebas de cetonas en sangre y glucosa.

Los niveles de cetonas en sangre oscilan entre 0,5 y 10 milimoles por litro. Cualquier número mayor a 0.5 mmol / L se traduce en cetosis nutricional. ¡Buen trabajo!

Después de cruzar por primera vez el umbral de la cetosis, sus números de cetonas en sangre pueden elevarse a un rango alto de 3.0-6.0 mmol / L. A medida que sus células recuerdan cómo procesar un 'nuevo' tipo de combustible, sus números BHB se asientan en el rango de 0.5-1.5 mmol / L.

Los niveles de cetonas en sangre tienen diferentes rangos para diferentes objetivos. Las barritas de cetonas en orina se vuelven positivas cuando las cetonas en sangre son de 0.5 mmol / L o más. Mis recomendaciones son:

Pérdida de peso: por encima de 0.5 mmol / L

Rendimiento atlético mejorado: por encima de 0.5 mmol / L

Rendimiento mental mejorado: 1.0-3 mmol / L

Terapéutico (por ejemplo, para ayudar con problemas médicos específicos): 2-6 mmol / L

Para ayudarlo a decidir qué método de prueba usar, aquí están los pros y los contras de cada uno de los tres métodos.

MEDIR LAS CETONAS CON EL ALIENTO	
PRO	CONTRA
Muy facil de realizar.	Disponibilidad limitada. Estos aparatos se suelen vender solo por internet.
Se puede hacer en cualquier parte.	No todo el mundo tiene la capacidad pulmonar para soplar durante 10 a 30 segundos.
No es tan preciso como el de la sangre pero sí es bastante preciso.	Mide las cetonas de desperdicio y no las que hay disponibles.
No duele.	
A pesar de que tiene que comprar la máquina para hacer la prueba, después de haberla comprado, se puede hacer la prueba las veces que quiera sin gastar dinero adicional.	

TEST DE CETONAS EN LA SANGRE	
PRO	CONTRA
El más preciso. Mide directamente las cetonas, no solo como método de combustible.	Las tiritas para medir cetonas en sangre son caras, cuestan entre $4-$10 POR tirita.
Resultados confiables.	Disponibilidad limitada. Se consiguen por internet. No se consiguen en tiendas locales.
Los investigadores usan este método. Método más científico.	Necesita pincharse el dedo.
Yo empecé a hacerme la prueba en la sangre después de 6 meses. Necesitaba precisión y resultados en tiempo real.	

<table>
<tr><th colspan="2">Medir las Cetonas en la Orina</th></tr>
<tr><th>PROS</th><th>CONTRAS</th></tr>
<tr><td>La opción menos costosa</td><td>Las tiritas para medir las cetonas, las miden como un desperdicio, no como combustible disponible para sus células.</td></tr>
<tr><td>No duele</td><td>Las tiritas para la orina no son siempre precisas. Si son expuestas al aire demasiado tiempo, se ponen malas. Cómprelas en cantidades pequeñas y asegúrese de cerrar bien el frasco.</td></tr>
<tr><td rowspan="2">Obtiene los resultados en segundos.
Lleve 3 o 4 tiritas para medir en el bolsillo
Cuando necesite ir al baño, use las tiritas</td><td>No siempre se puede fiar de los resultados negativos. Tiene potencial para que sea un falso negativo. Después de la cetoadaptación, su sistema usará las cetonas de manera más eficiente. Podrá usar las cetonas como combustible pero no tener ninguna como desperdicio en su orina. Esto hará que no salga ninguna cetona en su orina pero que su cuerpo aun así las está produciendo.</td></tr>
<tr><td>El momento en el que se hace el test de orina, puede afectar el resultado. A medida que se va almacenando la orina en su vejiga, las cetonas que se han traspasado a la vejiga harán que el test sea positivo. Si se levanta por la mañana y encuentra cetonas en su orina, no le dice cuando su cuerpo está en cetosis. Solo le dice que produjo cetonas desde la última vez que orinó.</td></tr>
<tr><td colspan="2">Deberá siempre poder hacer que la tirita se ponga al menos un poco rosa. Las tiritas para medir cetonas en la orina funcionan bien para demostrar que usted está en cetosis. No son mucho de fiar para medir la cantidad exacta de cetonas que está usted produciendo. Una vez que esta cetoadaptado, no podrá confiar en la cantidad medida con las tiritas, solo podrá comprobar el hecho de si está en cetosis o no. Personalmente, el nivel de cetonas es una distracción para la mayoría de mis pacientes. Manténgase concentrado en producir cetonas. Eso es todo.</td></tr>
</table>

Capítulo 15

Abuela Rose: ... Y luego fallamos

Con el espíritu de vivir el resto de su vida al máximo, la abuela Rose planeaba cumplir algunas cosas de su lista de deseos. Ver un espectáculo de Broadway en vivo encabezó su lista. Caminar en la ciudad de Nueva York estaba por cumplirse hasta que tuvo un juanete paralizante en el pie derecho. Tomó en serio mis repetidas advertencias de cirugía y había evitado pasar por el quirófano durante toda su vida adulta. Durante diez años, su juanete evolucionó hasta convertirse en una enorme maraña de dedos entrecruzados. Antes de su gran viaje, ella eligió corregir quirúrgicamente esa deformación.

No hay nada como una complicación quirúrgica para llamar mi atención. Cuando el cirujano salió después de tres horas en la sala de operaciones por un procedimiento que debería haberle llevado 15 minutos, lo supe.

"¿Alguna vez ha puesto un tornillo en un tablero de partículas suave y húmedo?" Así es como el cirujano describió los huesos de la abuela Rose en su pie. Su intento de anclar la corrección de su juanete fue descarrilado por sus huesos "blandos".

Lo que debería haber sido un procedimiento común y simple ahora se había convertido en seis semanas sin apoyo para su peso corporal, con muletas y un sistema inmunológico de mala calidad.

La cirugía a los 72 años siempre implica preocupación por alguna infección. El dedo del pie de la abuela Rose proporcionó una tierra de ensueño para los insectos que buscan una comida fácil y un refugio. Debido a que los tornillos no podían sujetar su pie, el cirujano deslizó varios cables a través de sus huesos blandos. Estos cables pasaron por su pie y anclaron los dedos de los pies a la jaula que rodeaba su pie.

En teoría, la jaula formó la estructura inamovible que mantenía los cables en su lugar hasta que sus huesos comenzaron a tejerse de nuevo. La falla en esta teoría nos hizo ver a todos la primera vez que la abuela Rose golpeó su jaula. El dolor vibraba por los cables que sacudían los túneles internos de los huesos de sus dedos. En caso de que eso no fuera suficiente, estos cables también proporcionaron una vía directa para las infecciones.

Cada cirugía deja una entrada vulnerable para que entren las infecciones. El bisturí cortó su mejor defensa contra la invasión: su piel. El cuerpo de un joven sano sellaría esa incisión en unos pocos días. La edad ralentizó el proceso de sellado de la abuela Rose. También lo hizo su sistema inmunológico de CLL. Lo mismo hizo la hinchazón.

Seis semanas. Sin golpearse el pie. Sin soportar peso alguno sobre su pie. Sin estar expuesta a infecciones viviendo en una granja. Ah, y no lo olvidemos: sin permitir que su CLL empeore.

Cetosis a toda velocidad, aquí vamos de nuevo.

"Doc, ¿qué haría?"

Mientras esa pregunta daba vueltas dentro de mi mente, me regañé a mí misma por permitirle que se sometiera a la cirugía. Esos dedos destrozados no la habrían matado. Pero este lío podría. Mientras consideraba toda su situación, ella enfrentaba una posibilidad incómodamente alta de amputación. Sus riesgos para estos resultados extremos disminuyeron si no contrajo una infección, si la hinchazón se revirtió y si sus huesos se curaron sin complicaciones. Parecían ser demasiado para pedir en su situación.

Mi mejor respuesta: ceto comer la mitad de una lata de sardinas todos los días durante seis semanas.

Sí. Agregamos sardinas a los alimentos diarios de la abuela Rose. De verdad. No solo era una fuente muy alta de calcio absorbible para ayudar a esos huesos blandos, sino que las sardinas en aceite eran ceto. Como un soldado, la abuela Rose se dijo a sí misma que aprendería a que le gusten las sardinas. Con el regreso de estas complicaciones, papá estaba dispuesto a volver a subir al carro del ceto. Con gusto se comió la otra mitad de sus sardinas.

Las semanas que siguieron demostraron ser la parte más enseñable del viaje de la abuela Rose. Las minas terrestres que acribillaron su camino permanecieron ocultas porque nunca sucedieron. No hay manera de que ella debería haberlo hecho tan bien como lo hizo después de esta debacle. El nivel de peligro en su situación apuntaba al desastre, sin importar cómo lo abordara. Con dos décadas de práctica de la habilidad de predecir desastres médicos, este caso fue un éxito. A los 72 años de edad, la abuela Rose tenía un dedo del pie lleno de huesos blandos y desmenuzados, una herida abierta con cables que guiaban la infección hacia una de las partes más estériles del cuerpo humano y un sistema inmunológico que funcionaba tan mal que no se podía confiar que la defendiera contra el más débil de los invasores. La abuela Rose tenía un 100% de posibilidades de un mal resultado.

Pero la transformación que ocurre a nivel celular resultó en repetidas bendiciones. Ocurrió algo mucho más profundo en lo profundo de su cuerpo desde que comenzó a producir cetonas. Ella se curó completamente, sin fallas y sin una sola complicación. Imposible.

Tres meses después de la cirugía de los dedos blandos, justo antes de Navidad, la abuela Rose eliminó ese programa de Broadway de su lista. Con la ayuda de sus cetonas y sardinas, su dedo se había arreglado perfectamente.

Sus números de CLL continuaron aumentando lentamente.

Su renovada disciplina para orinar las cetonas comenzó a producir otros beneficios que eran mucho menos importantes para nosotros, pero notables.

La abuela Rose había perdido 25 libras desde que fue ceto. Habían pasado casi siete meses desde el inicio de su transición ceto. Ella perdió peso lentamente, pero sin esfuerzo. A pesar del crecimiento de sus células inmunes en descomposición, su piel brillaba con el resplandor que coincidía con la imagen que vi en la foto de su boda. Su enfoque y memoria eran tan nítidos como antes de que ella desarrollara cáncer. Encierre a una mujer de 72 años en un sillón reclinable durante seis semanas sin soportar peso mientras está aislada en una granja rural e incluso Mary Poppins se arriesga a la depresión.

Pero ella lo hizo bien. Muy bien. Su mente, energía y estado de ánimo me asombraron.

Todos estos pequeños cambios se notaban en la abuela Rose. Ella se veía y se sentía y se comportaba como la mujer que recuerdo cuando era adolescente. Estaba radiante.

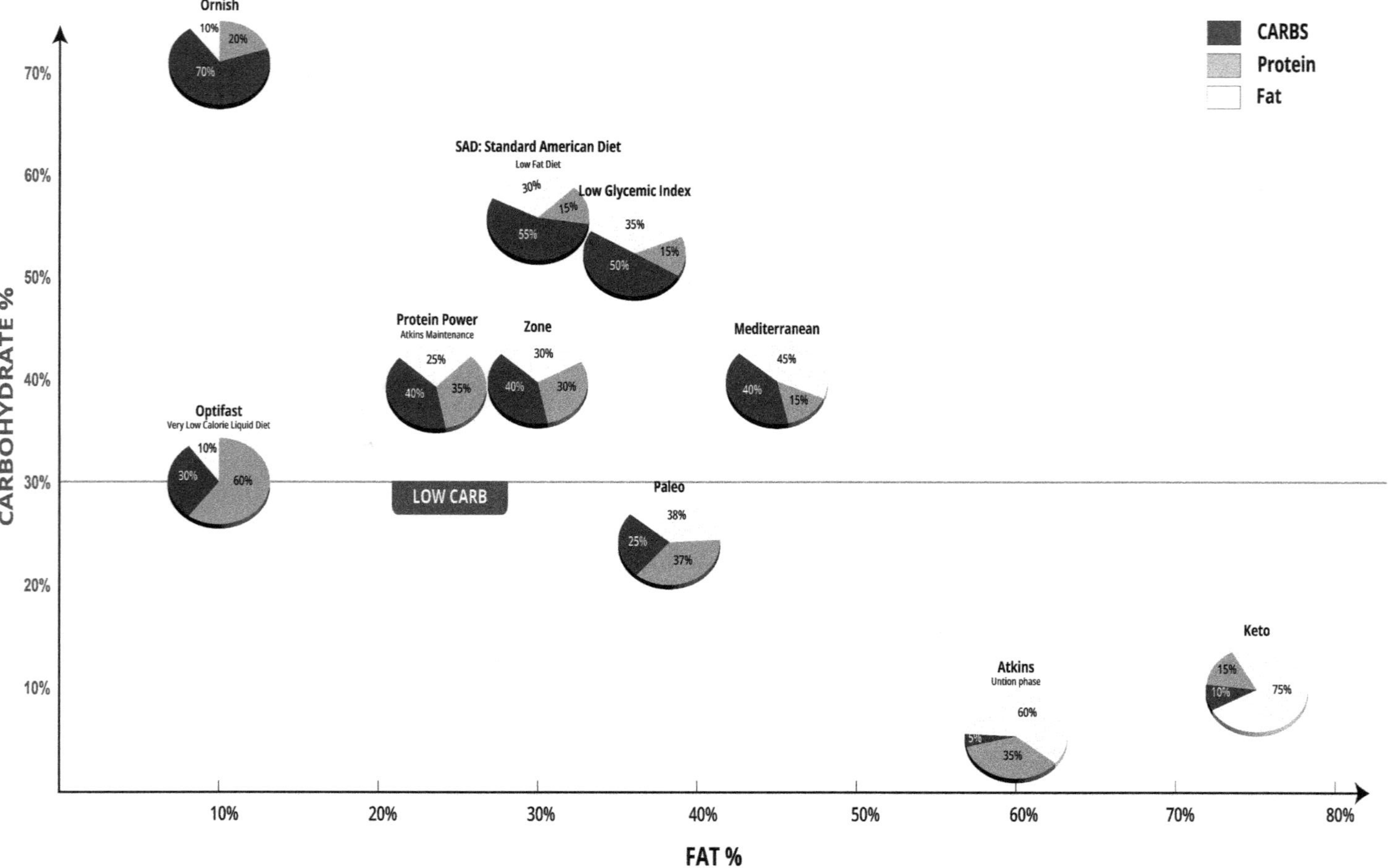
CARBS
Protein
Fat
Ornish
10%
20%
70%
SAD: Standard American Diet
Low Fat Diet
30%
15%
55%
Low Glycemic Index
35%
15%
50%
Protein Power
Atkins Maintenance
25%
35%
40%
Zone
30%
30%
40%
Mediterranean
45%
15%
40%
Optifast
Very Low Calorie Liquid Diet
10%
60%
30%
LOW CARB
Paleo
38%
37%
25%
Atkins
Untion phase
60%
35%
5%
Keto
15%
10%
75%
CARBOHYDRATE %
70%
60%
50%
40%
30%
20%
10%
FAT %
10%
20%
30%
40%
50%
60%
70%
80%

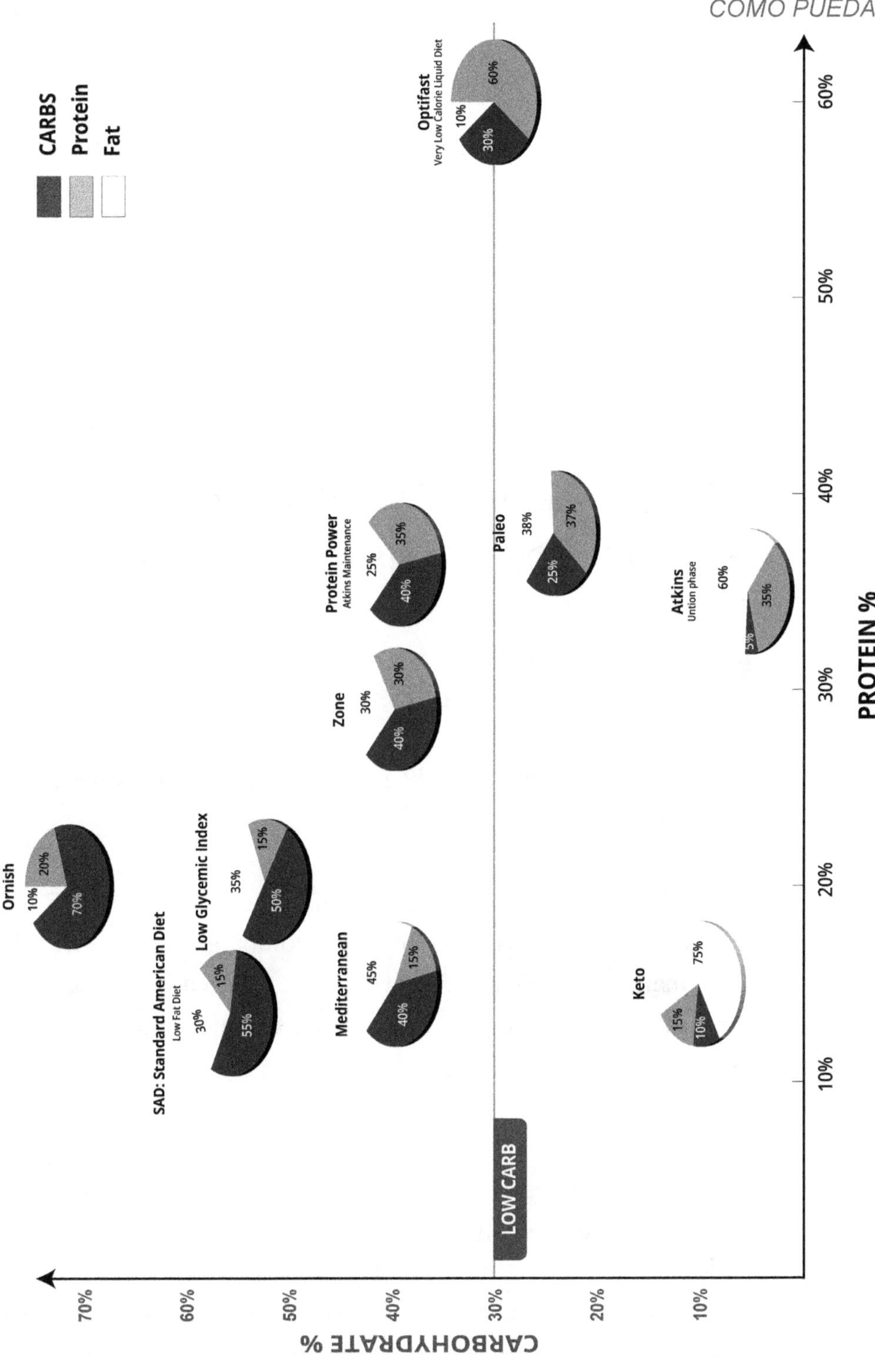
CARBS
Protein
Fat
Optifast
Very Low Calorie Liquid Diet
10%
30%
60%
Ornish
10%
20%
70%
SAD: Standard American Diet
Low Fat Diet
30%
15%
55%
Low Glycemic Index
35%
15%
50%
Mediterranean
45%
40%
15%
Zone
30%
40%
30%
Protein Power
Atkins Maintenance
25%
40%
35%
Paleo
38%
25%
37%
Keto
75%
15%
10%
Atkins
Untion phase
60%
5%
35%
LOW CARB
CARBOHYDRATE %
70%
60%
50%
40%
30%
20%
10%
PROTEIN %
10%
20%
30%
40%
50%
60%

Capítulo 16

Lecciones de la Dra. Bosworth:

SU MAPA DE TRANSICIÓN KETO

Si la cetosis o las dietas cetogénicas son IMPRESIONANTES, ¿por qué no llevamos todo este tipo de dieta?

RESPUESTA: La transición de la glucosa a la grasa puede ser difícil para muchos.

Compara los dos cuadros de la página anterior. Ambos gráficos trazan algunas de las dietas más comunes y las comparan entre sí. El primer cuadro compara el porcentaje de carbohidratos en cada dieta con el porcentaje de proteínas. El segundo, traza el porcentaje de grasas en la parte inferior con el porcentaje de carbohidratos a la izquierda.

Observe la dieta americana estándar (SAD) en ambos gráficos. En la SAD, los carbohidratos representan el 60% de su combustible. Esta dieta contiene 300 gramos de combustible a base de azúcar en su cuerpo. Cada célula de su cuerpo se alimenta de glucosa cuando come de esta manera. Desde su cerebro hasta su piel, su sistema usa azúcar para obtener energía. Eso es un montón de agujas de pino ardiendo. Cambie de azúcar a grasa, y ese cambio en la fuente de energía puede hacer que una persona se ponga de muy mal genio.

Muchos de mis pacientes han hecho la dieta PALEO. Esta dieta generalmente limita los carbohidratos a menos del 30% del total de los alimentos. Los pacientes se benefician de esta menor cantidad de carbohidratos, pero nunca llegan completamente al entorno químico mejorado que se encuentra con la cetosis. Si la persona a dieta es delgada, a menudo tiene muchos elogios que decir sobre la dieta paleo. Sin embargo, si tienen más de unos pocos kilos de sobrepeso, su sistema de insulina se sobrepasa produciendo mucha más insulina de la necesaria. Han estado inyectando insulina en carbohidratos extra durante años. Sus niveles de insulina son lo suficientemente altos como para bloquear la grasa dentro de esa capa de pudín. Esas células de grasa se rellenan y quedan para quedarse hasta que la insulina descienda lo suficiente. Esa insulina continuamente elevada los deja con antojos y un ciclo constante de insulina que persigue a los carbohidratos.

Cuando reduce drásticamente su recuento de carbohidratos, su cuerpo experimenta un cambio hormonal: la insulina es líder. El ciclo se detiene con la casi eliminación de carbohidratos.

Algunos pacientes comen hasta 300 o 400 gramos de carbohidratos en un día cuando llegan a mi clínica por primera vez. Veinte carbohidratos por día es una caída masiva para la mayoría de los estadounidenses. Cuando deja de comer carbohidratos, comienza la transición ceto.

COMO TRANSICIÓN A UN SISTEMA CON COMBUSTIBLE KETO

Hacer el cambio involucra las fases descritas a continuación. Cada fase involucra cambios marcados en la química de su sangre y ocurre en diferentes momentos.

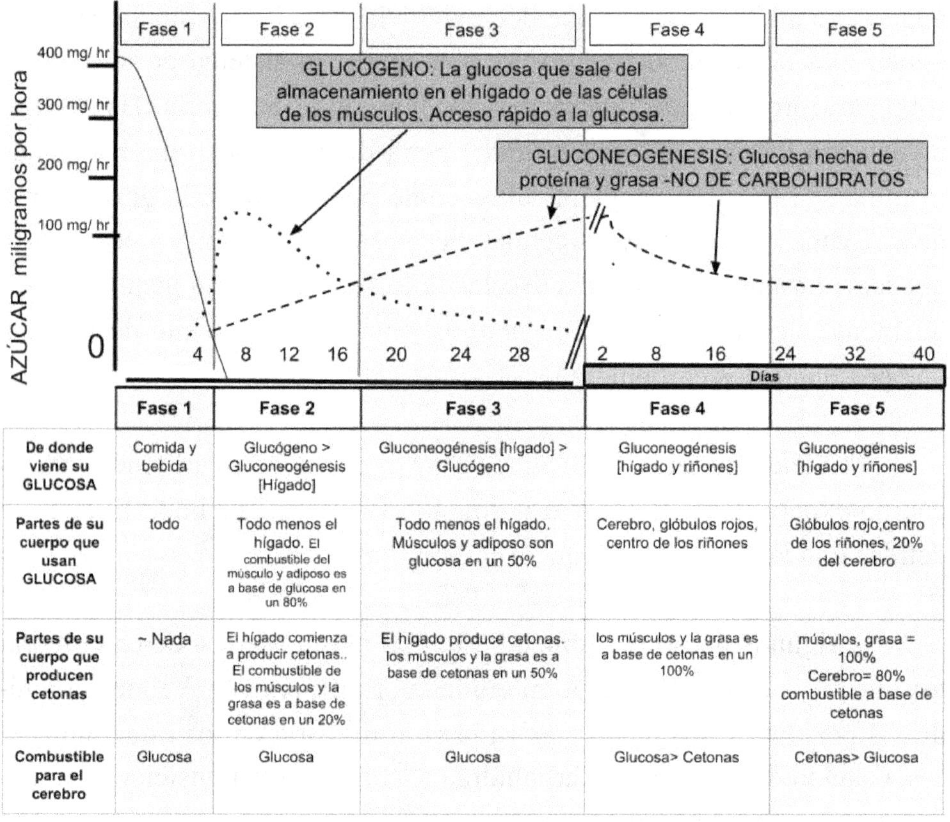

	Fase 1	Fase 2	Fase 3	Fase 4	Fase 5
De donde viene su GLUCOSA	Comida y bebida	Glucógeno > Gluconeogénesis [Hígado]	Gluconeogénesis [hígado] > Glucógeno	Gluconeogénesis [hígado y riñones]	Gluconeogénesis [hígado y riñones]
Partes de su cuerpo que usan GLUCOSA	todo	Todo menos el hígado. El combustible del músculo y adiposo es a base de glucosa en un 80%	Todo menos el hígado. Músculos y adiposo son glucosa en un 50%	Cerebro, glóbulos rojos, centro de los riñones	Glóbulos rojo,centro de los riñones, 20% del cerebro
Partes de su cuerpo que producen cetonas	~ Nada	El hígado comienza a producir cetonas.. El combustible de los músculos y la grasa es a base de cetonas en un 20%	El hígado produce cetonas. los músculos y la grasa es a base de cetonas en un 50%	los músculos y la grasa es a base de cetonas en un 100%	músculos, grasa = 100% Cerebro= 80% combustible a base de cetonas
Combustible para el cerebro	Glucosa	Glucosa	Glucosa	Glucosa> Cetonas	Cetonas> Glucosa

FASE 1 UTILIZA AZÚCAR EN SANGRE

QUEMAR A TRAVÉS DEL AZÚCAR EN TU SANGRE

TIEMPO REQUERIDO: 4 HORAS
ESTADO: Su combustible es 100% glucosa. Viene de los carbohidratos que acabas de comer o beber. NI UNA sección de su cuerpo se sale de las cetonas.
CEREBRO: Alimentado solo por la glucosa.

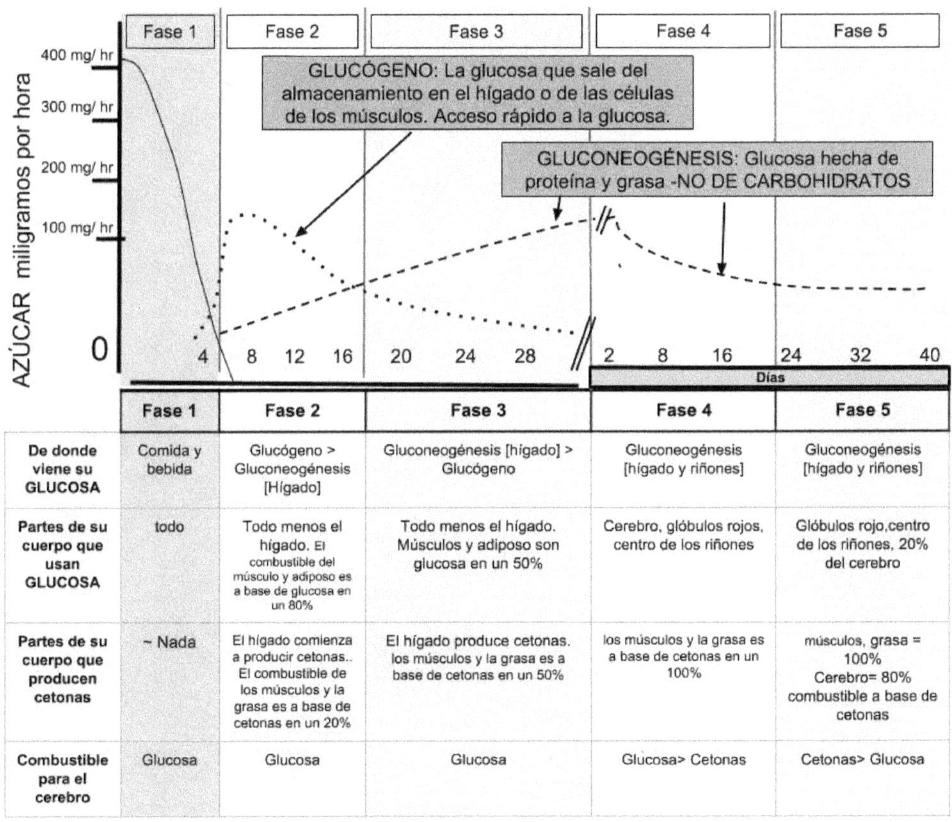

	Fase 1	Fase 2	Fase 3	Fase 4	Fase 5
De donde viene su GLUCOSA	Comida y bebida	Glucógeno > Gluconeogénesis [Hígado]	Gluconeogénesis [hígado] > Glucógeno	Gluconeogénesis [hígado y riñones]	Gluconeogénesis [hígado y riñones]
Partes de su cuerpo que usan GLUCOSA	todo	Todo menos el hígado. El combustible del músculo y adiposo es a base de glucosa en un 80%	Todo menos el hígado. Músculos y adiposo son glucosa en un 50%	Cerebro, glóbulos rojos, centro de los riñones	Glóbulos rojo,centro de los riñones, 20% del cerebro
Partes de su cuerpo que producen cetonas	~ Nada	El hígado comienza a producir cetonas.. El combustible de los músculos y la grasa es a base de cetonas en un 20%	El hígado produce cetonas. los músculos y la grasa es a base de cetonas en un 50%	los músculos y la grasa es a base de cetonas en un 100%	músculos, grasa = 100% Cerebro= 80% combustible a base de cetonas
Combustible para el cerebro	Glucosa	Glucosa	Glucosa	Glucosa> Cetonas	Cetonas> Glucosa

Entrar en la fase 1 es la parte más fácil de este proceso. Simplemente consume el azúcar que está actualmente en el torrente sanguíneo. Cada vez que come más de una cucharada de azúcar o un puñado de carbohidratos, restablece su sistema al comienzo de la Fase 1.

La fase 1 comienza con el procesamiento de la glucosa que ya está en su sangre. Esta glucosa proviene de los alimentos que comió en las últimas 4 horas. La fase 1 es corta. Termina después de 4 horas, a menos que reinicie las cosas comiendo más carbohidratos. Entonces comienza de nuevo. No lo haga.

Acuéstese dos horas después de su último carbohidrato. Antes de que despierte, habrá terminado la Fase 1.

Felicidades.

FASE 2 QUEMA DE AZÚCAR ALMACENADO EN EL HÍGADO

SU HÍGADO PRODUCE GLUCOSA VACIANDO SU AZÚCAR ALMACENADO
TIEMPO: 12+ HORAS
ESTADO: Su combustible aún es 100% de glucosa, pero ahora su carburador proviene de su azúcar almacenada llamada glucógeno.
CEREBRO: alimentado solo por glucosa.

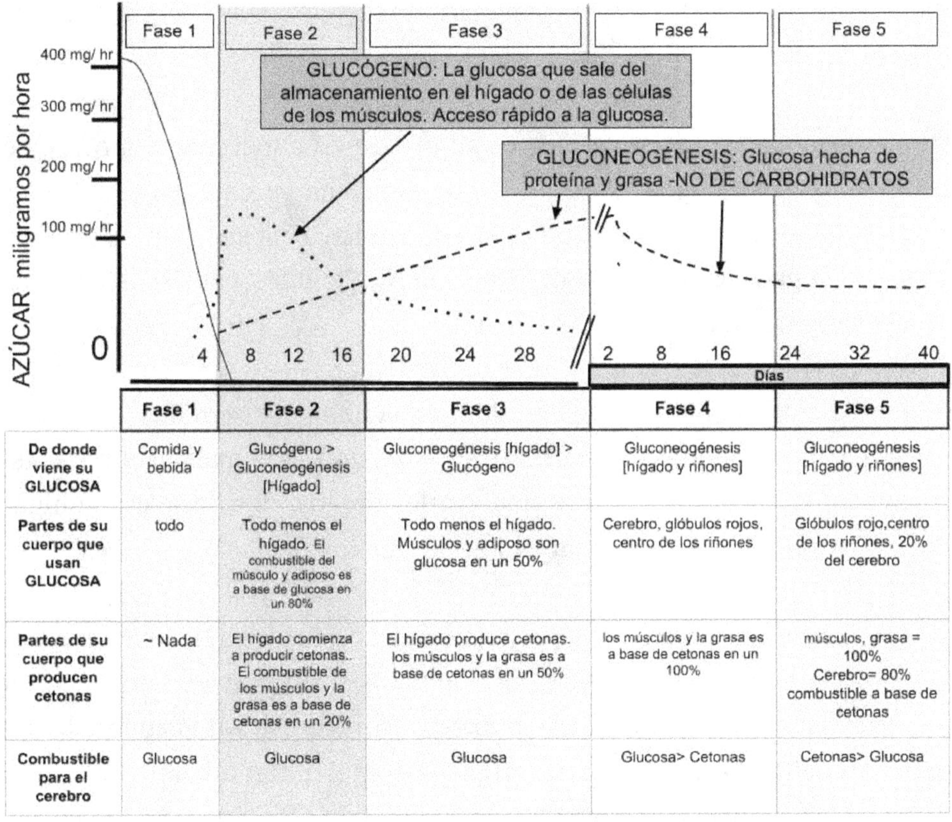

	Fase 1	Fase 2	Fase 3	Fase 4	Fase 5
De donde viene su GLUCOSA	Comida y bebida	Glucógeno > Gluconeogénesis [Hígado]	Gluconeogénesis [hígado] > Glucógeno	Gluconeogénesis [hígado y riñones]	Gluconeogénesis [hígado y riñones]
Partes de su cuerpo que usan GLUCOSA	todo	Todo menos el hígado. El combustible del músculo y adiposo es a base de glucosa en un 80%	Todo menos el hígado. Músculos y adiposo son glucosa en un 50%	Cerebro, glóbulos rojos, centro de los riñones	Glóbulos rojo,centro de los riñones, 20% del cerebro
Partes de su cuerpo que producen cetonas	~ Nada	El hígado comienza a producir cetonas.. El combustible de los músculos y la grasa es a base de cetonas en un 20%	El hígado produce cetonas. los músculos y la grasa es a base de cetonas en un 50%	los músculos y la grasa es a base de cetonas en un 100%	músculos, grasa = 100% Cerebro= 80% combustible a base de cetonas
Combustible para el cerebro	Glucosa	Glucosa	Glucosa	Glucosa> Cetonas	Cetonas> Glucosa

Usted quemó esos azúcares circulantes en el torrente sanguíneo. Sin más alimento que ingrese al cuerpo a través de la boca, su sistema utilizará el azúcar almacenado. Este azúcar almacenado se llama glucógeno y usted lo mantiene en las células del hígado. La fase 2 alimenta su cuerpo con esta energía almacenada.

¿Cuánto tiempo durará su almacenamiento de glucógeno? Buena pregunta.

La respuesta depende de un par de cosas: el tamaño de su hígado y el nivel de uso de energía en la Fase 2. Dormir durante esta fase requiere menos combustible que correr durante 45 minutos. Combatir el cáncer o la infección requiere más combustible que vivir sin esos problemas. Reparar un hueso roto o reparar una cirugía requiere más energía que sentarse en su escritorio para escribir un libro.

Además, ¿qué tan grande es su tanque de almacenamiento? ¿Qué tan grande es su hígado? Apuesto a que nunca ha pensado en eso. Su tamaño depende de la cantidad de estrés que le haya causado en los últimos años. Su hígado crea constantemente nuevas células para satisfacer las necesidades de su cuerpo.

Si bebe alcohol en exceso durante veinte años, producirá más células hepáticas para continuar con su consumo. De manera similar, si consume muchos carbohidratos adicionales durante dos décadas, su hígado se expandirá para almacenar su azúcar adicional.

Desde mi experiencia, los pacientes con los hígados más grandes no son alcohólicos. En realidad, los hígados más grandes pertenecen a mis pacientes adictos a los carbohidratos. Si no son ya diabéticos, lo serán. Han llenado en exceso a sus hígados con el antiguo hábito de comer carbohidratos constantemente. No dejan suficiente tiempo para vaciar los azúcares almacenados antes de comer más.

Mucho antes de que se diagnostique a los diabéticos, sus hígados se tensan por la presión de los carbohidratos que ingieren. Hacen más y más células hepáticas para mantenerse al día con el ataque de carbohidratos. Si no pueden producir células hepáticas adicionales tan rápido como comen en exceso, el azúcar permanece en el torrente sanguíneo por más tiempo de lo normal. La insulina trabaja horas extra introduciendo la glucosa en los hornos de las mitocondrias o en el almacenamiento. La señal de peligro de la insulina suena constantemente. Siguen comiendo y, por lo tanto, entran más azúcares en el torrente sanguíneo antes de que se queme o almacene el abundante combustible con forma de aguja de pino. El grito de alarma de la insulina se convierte en un ruido constante. La señal de peligro de esta hormona se vuelve cada vez menos efectiva a medida que aumentan los niveles de azúcar en la sangre.

La diabetes se define como un estado de azúcares en la sangre constantemente elevados. Los diabéticos nunca vacían su almacenamiento. Sus células hepáticas están rellenas de glucógeno. Sus celdas no tienen más espacio. En un intento por almacenar su azúcar extra, cultivan más células hepáticas.

¿Vació su hígado anoche? Vamos a revisar. Después de 12 horas con solo agua, pinche su dedo y controle su azúcar en la sangre en ayunas.

No ponga cara de desgano. Debe conocer a alguien que tenga diabetes y controle su nivel de azúcar en la sangre. Pídale prestado su monitor de glucosa por un día. No, no morirán si no revisan por un día.

Si quemó todo su glucógeno y vació su almacenamiento, vació su hígado, sus azúcares en ayunas caerán entre 55-80 mg / dL. Esa es una señal segura de que tiene el hígado de tamaño normal. Si su hígado ha sido estirado y relleno con demasiados carbohidratos en los últimos años, no quemará todo el almacenamiento en 12 horas. Le puede llevar 20 horas quemar todas esas agujas de pino. Algunos pacientes con sobrepeso severo tardan una semana. Si su nivel de azúcar en la sangre es superior a

120 mg / dL a las 12 horas de ayuno, tiene DIABETES. ¡No es broma! Esa es la regla de cómo diagnosticar a un diabético.

Idealmente, su hígado debería agotar todo el azúcar almacenado antes de comer otra porción de comida, especialmente las que contienen carbohidratos. Al final de la Fase 2, su cuerpo ha quemado todo su combustible de combustión rápida.

FASE 3 SU HÍGADO COMIENZA A HACER CETONES

HORA: 24 HORAS
ESTADO: Su combustible aún es principalmente glucosa, pero su hígado comienza a producir cetonas. Solo un par de secciones usan cetonas como combustible.
CEREBRO: Todavía alimentado solo por glucosa.

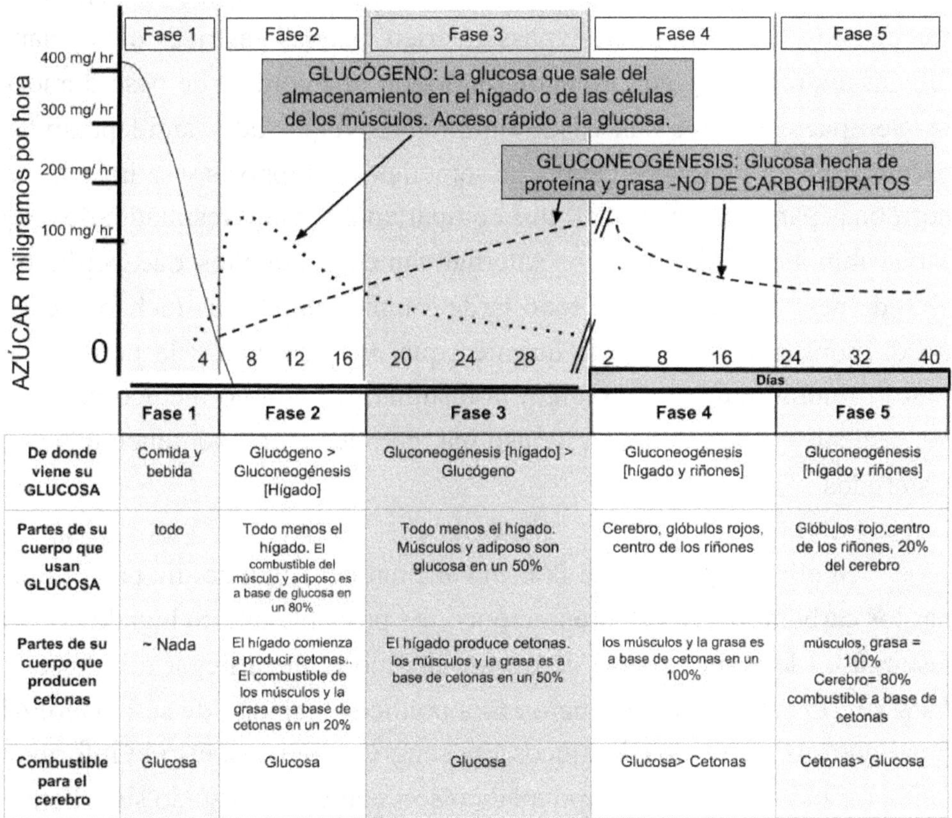

	Fase 1	Fase 2	Fase 3	Fase 4	Fase 5
De donde viene su GLUCOSA	Comida y bebida	Glucógeno > Gluconeogénesis [Hígado]	Gluconeogénesis [hígado] > Glucógeno	Gluconeogénesis [hígado y riñones]	Gluconeogénesis [hígado y riñones]
Partes de su cuerpo que usan GLUCOSA	todo	Todo menos el hígado. El combustible del músculo y adiposo es a base de glucosa en un 80%	Todo menos el hígado. Músculos y adiposo son glucosa en un 50%	Cerebro, glóbulos rojos, centro de los riñones	Glóbulos rojo,centro de los riñones, 20% del cerebro
Partes de su cuerpo que producen cetonas	~ Nada	El hígado comienza a producir cetonas.. El combustible de los músculos y la grasa es a base de cetonas en un 20%	El hígado produce cetonas. los músculos y la grasa es a base de cetonas en un 50%	los músculos y la grasa es a base de cetonas en un 100%	músculos, grasa = 100% Cerebro= 80% combustible a base de cetonas
Combustible para el cerebro	Glucosa	Glucosa	Glucosa	Glucosa> Cetonas	Cetonas> Glucosa

Sabrá el punto exacto cuando complete la Fase 2 y entre en la Fase 3. ¿Cómo? ¡Empezará a orinar cetonas! La transición de la Fase 2 a la 3 ocurre en diferentes momentos para diferentes personas debido a las variables del hígado descritas anteriormente.

Aquí hay algunas declaraciones comunes de los pacientes que me informan sobre la posibilidad de que tengan un hígado sobrecargado:

'Doctora, he probado todas las dietas. Ninguna de ellas funcionó.

'Doctora, soy hombre, y tengo barriga de embarazada. ¿Puede arreglar esto?'

"Doc, tuve un bypass gástrico y perdí un montón de peso ... pero recuperé la mayor parte".

Estos pacientes tienen una crisis bioquímica escondida dentro de sus hígados. Han tenido un bypass gástrico, bandas gástricas o sus mandíbulas engrapadas y aún no pudieron lograr una pérdida de peso duradera. Son pacientes que han usado píldoras de velocidad y antidepresivos, participaron en terapia de grupo, se sometieron a hipnosis y se inyectaron hormonas para perder peso. Todos comparten el mismo resultado: de cero a una minia pérdida de peso. Alternativamente, aquellos que perdieron algo de peso lo recuperaron todo tarde o temprano. Todos luchaban contra el monstruo oculto de la química que bloquea contra la pérdida de peso. El nombre de ese enemigo: la insulina. El término médico para estos pacientes es resistencia a la insulina, pero les digo que tienen hígados testarudos.

Si elimina cetonas en la orina al final del segundo día para eliminar los carbohidratos, celebren un poco. Es probable que su hígado no sea testarudo. Lleve un registro de cuánto tiempo le lleva llegar a la Fase 3. Esta vez, la cetona en la primera orina predice el tamaño de su hígado. Al igual que sus resultados de glucosa en sangre en ayunas, esto le informan tanto a usted como a su equipo médico sobre lo que ha estado sucediendo bajo la superficie.

¿Cuál es la clave? Reduzca sus carbohidratos diarios a 20 gramos o menos. Esto choca con su sistema dependiente del azúcar. En la Fase 1, cada célula de su cuerpo alimentó sus hornos con glucosa; Específicamente, su cerebro es 100% dependiente del azúcar.

En la Fase 3, ciertas partes de su cuerpo cambian al uso de cetonas como combustible. Los primeros tejidos que se adaptan son sus células grasas y sus músculos.

Otras secciones de su cuerpo protegen mejor el combustible que utilizan. Esos tejidos esperan para ver si este combustible de cetona estará disponible solo temporalmente o a largo plazo.

Aquí hay una clasificación de células de más a menos adaptables para usar cetonas: células grasas, músculos, piel, órganos internos (corazón, pulmones y riñones) y el cerebro.

El cerebro es el más resistente a la transición de combustible y es el último en convertirse en energía basada en la grasa. Cuando el cerebro finalmente cambia, se siente bien. ¡MUY BIEN!

Aquí está la transición juego por juego que te recomiendo. Sólo tienes que seguir estos pasos.

Coma su comida final basada en carbohidratos y acuéstese un par de horas más tarde.

Cuando se despierte, tendrá casi 10 horas de transición.

En las próximas 12 horas, su hígado vaciará el azúcar almacenado.

A lo largo del día, use aceite MCT C8: C10 o crema batida en su café. Beba agua. Coma todos los huevos que quiera. Cocinados con mantequilla.

Coma un par de empanadas de salchicha o tocino para el almuerzo. Para el trabajo, lleve un poco de queso alto en grasa y rodajas de chorizo en caso de que tenga ganas de comer entre las comidas.

Esa noche, salga a cenar y pida alitas de pollo bañadas en aderezo de queso azul. Asegúrese de pedirlas en salsa de búfalo y no en mostaza o salsa de barbacoa. Los que tienen carbohidratos en ellos. Pida la salsa de búfalo. Coma alas hasta que esté lleno. No cerveza. No refrescos. Pida las alas de búfalo sin apanadura. Cómase la piel que tienen las alas. Doble inmersión en el aderezo de queso azul. Sólo beba agua.

A las 8 en punto de esa noche, su hígado debería estar completamente limpio de glucógeno. Debe estar completamente limpio de azúcar almacenado. Sus primeros órganos de adaptación comenzarán gradualmente a cambiar su fuente de combustible a cetonas.

Váyase directamente a la cama. Olvídese de comer un bocadillo rico en carbohidratos como de costumbre. Si sigue las instrucciones, sus armarios deberían vaciarse de todas esas tentaciones de todos modos.

Solo vaya directo a la cama.

Lo han pasado 24 horas desde su última ración de carbohidratos. Estas próximas 12 horas se pasan mejor durmiendo y manteniéndose SOBRIO: No beba alcohol. Toque cualquier tipo alcohol y puede despedirse de la cetosis. ¡Sólo tiene que ir a la cama!

He hecho dormir a algunos pacientes a las 8 de la tarde porque no sabían cómo salir de su rutina normal. No me importa cómo lo haga, solo llegue hasta la mañana siguiente.

Despierte a la mañana siguiente. Habrán pasado 36 horas desde su última dosis alta de carbohidratos. Esto te coloca casi siempre en la Fase

3. Revise tus tiras de cetona. Incluso un color ligeramente rosado en la tira es una victoria.

Hígados testarudos, ¡cuidado! Si su hígado está sobrecargado de trabajo, estirado o lleno de azúcar almacenada, es posible que todavía no esté allí. Si ha sido un gran adicto a los carbohidratos, ha tenido sobrepeso durante muchos años o es usted diabético, Es posible que tenga otro día por delante antes de que su prueba de cetona se vuelva positiva.

<u>Haga de este tu ritual de la mañana</u>: Revise su tira de orina de cetona.

Ponga 4 tiras más en su bolsillo. Estas se descomponen cuando se exponen al aire durante demasiado tiempo. Solo tiene ese día para usar las tiras en su bolsillo. De lo contrario, deséchelos. Cada vez que orine, revise su orina para detectar cetonas.

Use esas tiras de cetonas para ver exactamente en qué fase está. ¿Está en la fase 2 o ha llegado a la fase 3? La respuesta está oculta a menos que revise.

Antes de insistir en que los pacientes revisaran sus cetonas, varios de los pacientes que más necesitaban este estilo de vida, se rendían. Los perdí por frustración. Esto se activa cuando no sabe lo que está pasando dentro de su sistema. Cambiar los patrones de alimentación afecta a la rutina diaria de la mayoría de los pacientes. Están encantados cuando los resultados los golpean, mental y físicamente. Pero si los resultados nunca llegan, la frustración conduce al fracaso. Piden mi ayuda y necesito información confiable para ayudarlos. Lleve un registro de cuánto tiempo tarda su hígado en vaciarse. Revise su orina para medir cetonas.

Mi experiencia con orinar mi primera cetona involucró un mes completo de frustración. Era resistente a la insulina y luego comía demasiada proteína. Me di cuenta de que tenía uno de esos hígados testarudos. Tampoco me di cuenta de los carbohidratos escondidos en las encías, la pasta de dientes, las pastillas para la tos y las salsas. No sabía que la mayonesa que estaba usando tenía carbohidratos. También comí sopas hechas con harina. Lo estaría haciendo bien y luego BAM, no más cetonas.

Si no hubiera estado mirando esa tira de cetonas en orina el primer mes, sin duda me habría dado por vencida. Los errores que estaba cometiendo habrían sido desconocidos sin esa retroalimentación.

REVISE SUS CETONAS EN ORINA VARIAS VECES AL DÍA DURANTE LAS PRIMERAS SEMANAS.

Fase 4 de transición

TIEMPO: 2 SEMANAS
ESTADO: Su combustible ahora es una mezcla de cetonas y glucosa. Gradualmente más secciones usan cetonas como combustible.
CEREBRO: Se alimenta principalmente de glucosa, pero algunas células usan cetonas.

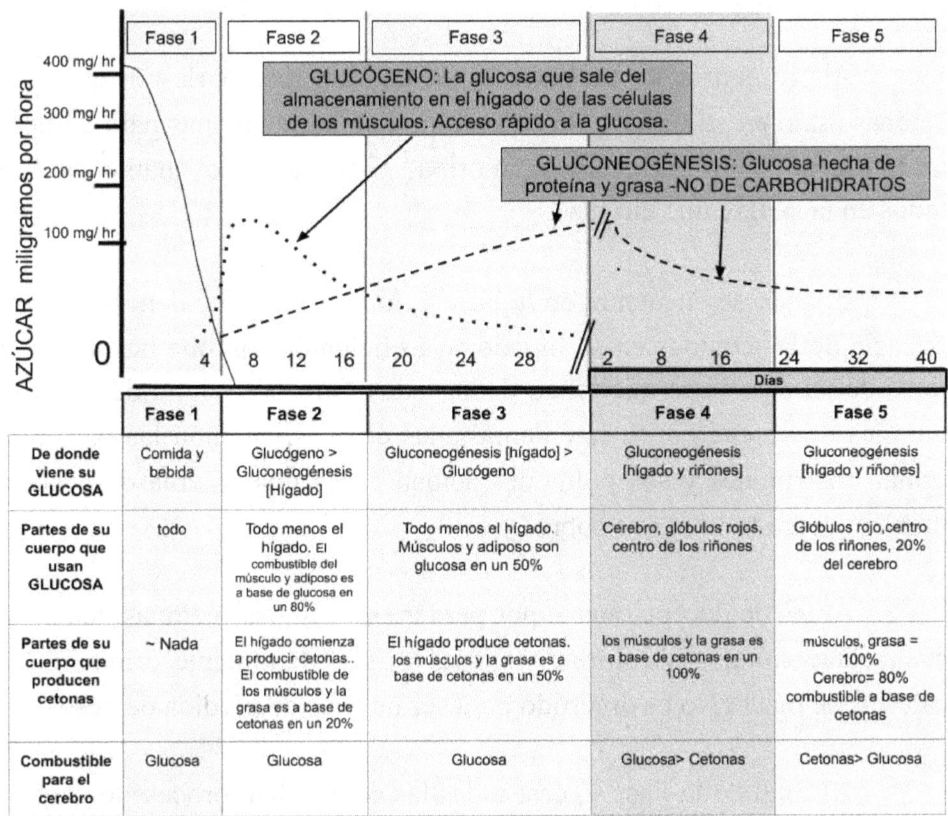

	Fase 1	Fase 2	Fase 3	Fase 4	Fase 5
De donde viene su GLUCOSA	Comida y bebida	Glucógeno > Gluconeogénesis [Hígado]	Gluconeogénesis [hígado] > Glucógeno	Gluconeogénesis [hígado y riñones]	Gluconeogénesis [hígado y riñones]
Partes de su cuerpo que usan GLUCOSA	todo	Todo menos el hígado. El combustible del músculo y adiposo es a base de glucosa en un 80%	Todo menos el hígado. Músculos y adiposo son glucosa en un 50%	Cerebro, glóbulos rojos, centro de los riñones	Glóbulos rojo,centro de los riñones, 20% del cerebro
Partes de su cuerpo que producen cetonas	~ Nada	El hígado comienza a producir cetonas.. El combustible de los músculos y la grasa es a base de cetonas en un 20%	El hígado produce cetonas. los músculos y la grasa es a base de cetonas en un 50%	los músculos y la grasa es a base de cetonas en un 100%	músculos, grasa = 100% Cerebro= 80% combustible a base de cetonas
Combustible para el cerebro	Glucosa	Glucosa	Glucosa	Glucosa> Cetonas	Cetonas> Glucosa

Esta fase de este proceso se enfoca en convertir las partes rebeldes de su cuerpo para que quemen grasa como combustible. Sus células resistentes a la cetona comienzan la transición. En la fase 4, su hígado es realmente bueno para hacer cetonas. Su sangre abunda con estos compuestos. Lentamente, las partes celulares oxidadas y sin uso que hacen y queman las cetonas cobran vida. Si revisáramos su sangre, encontraríamos una cantidad abundante de cetonas que van desde 2-3 mMol / dl.

A medida que el hígado bombea un flujo constante de este combustible, el resto de su cuerpo todavía se está acostumbrando a procesarlo. Durante las dos semanas de la Fase 4, la eficiencia de sus cetonas alcanza la abundante producción en su hígado. Al final de esta fase, sus cetonas en sangre se asentarán en el rango de 0.5-1.5 mMol / dl.

Ahora podría ser un buen momento para recordarle por qué esas cetonas están en su orina. ¿No se suponía que haría cetonas para alimentar tu cuerpo? ¿Por qué están en su orina? ¿Por qué no los mantenemos a todos en la sangre que circula?

Cuando se encuentra en la Fase 4, la falta de coincidencia entre la eficacia de las cetonas en su hígado y la eficiencia con que las utiliza el resto del cuerpo hace que tenga demasiadas. Su riñón vigila de cerca la química de su cuerpo. Si hay demasiadas cetonas, el riñón las pasa a la orina. Los riñones y sus pulmones actúan como una válvula de desbordamiento para todo lo que sobra.

Antes de decepcionarse por perder esas valiosas cetonas, tenga en cuenta que solían ser calorías y grasas. ¡Está literalmente orinando las calorías de más! ¿No es divertido para ser un plan de pérdida de peso?

Al final de la Fase 4, casi todas las células han procesado su propia cetona. Es posible que aún no utilicen este combustible de manera constante, pero todos ellos activaron sus hornos de combustión de cetona. Incluso sus órganos más resistentes tienen unas pocas células que se ejecutan en este combustible.

Si mantuvo el consumo de carbohidratos en menos de 20 gramos por día, su tanque de almacenamiento seguramente estará vacío. Su cuerpo produce cada vez menos glucosa a medida que más células usan cetonas en su lugar.

Espere un minuto. Si no está comiendo carbohidratos y quemó todos los que tenía almacenados, ¿de dónde proviene toda esta glucosa?

RESPUESTA: Viene de su grasa también. Sus cadenas de grasa, llamadas ácidos grasos, viajan en grupos de tres cadenas. Estas 3 cadenas se mantienen unidas por una pequeña molécula basada en glucosa. Su hígado corta la grasa para convertirla en cetonas. Queda una cantidad muy pequeña de glucosa. Esta pequeña fuente de glucosa se guarda para los órganos rebeldes que tienen dificultades para cambiar a cetonas puras.

FASE 5 ADAPTADOS CON KETO

TIEMPO: EL RESTO DE SU VIDA
ESTADO: Su combustible son principalmente cetonas con una pizca de glucosa.
CEREBRO: Desarrollado principalmente por cetonas, pero todavía usa glucosa.

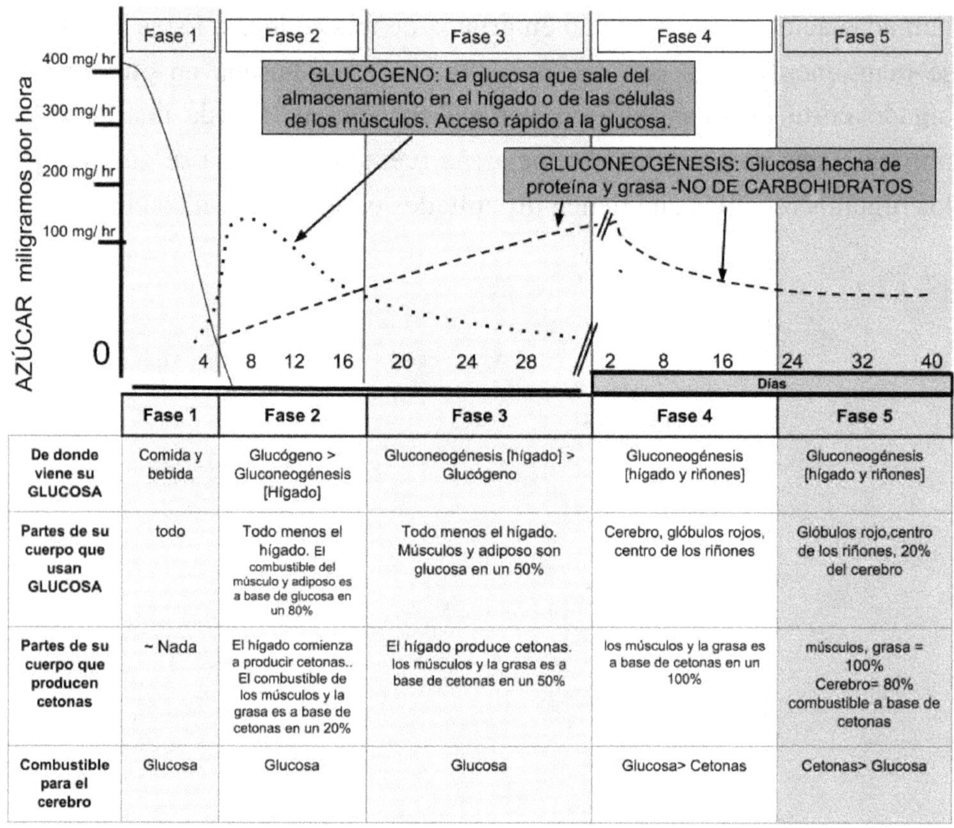

	Fase 1	Fase 2	Fase 3	Fase 4	Fase 5
De donde viene su GLUCOSA	Comida y bebida	Glucógeno > Gluconeogénesis [Hígado]	Gluconeogénesis [hígado] > Glucógeno	Gluconeogénesis [hígado y riñones]	Gluconeogénesis [hígado y riñones]
Partes de su cuerpo que usan GLUCOSA	todo	Todo menos el hígado. El combustible del músculo y adiposo es a base de glucosa en un 80%	Todo menos el hígado. Músculos y adiposo son glucosa en un 50%	Cerebro, glóbulos rojos, centro de los riñones	Glóbulos rojo,centro de los riñones, 20% del cerebro
Partes de su cuerpo que producen cetonas	~ Nada	El hígado comienza a producir cetonas.. El combustible de los músculos y la grasa es a base de cetonas en un 20%	El hígado produce cetonas. los músculos y la grasa es a base de cetonas en un 50%	los músculos y la grasa es a base de cetonas en un 100%	músculos, grasa = 100% Cerebro= 80% combustible a base de cetonas
Combustible para el cerebro	Glucosa	Glucosa	Glucosa	Glucosa> Cetonas	Cetonas> Glucosa

La fase 5 es cuando su cuerpo se convierte en la máquina bien engrasada, tal cual fue diseñado. Cada mitocondria que puede usar cetonas ahora maneja eficientemente este tipo de combustible. Gracias al suministro constante y constante de cetonas, la eficacia de sus células para procesarlas aumentó. Se producen y se queman a tasas casi iguales. Debido a que su producción y uso se adaptan mejor, las cetonas ya no circulan por tanto tiempo. La fase 5 está marcada por una disminución significativa de las cetonas en la sangre. Posteriormente, la cantidad que se derrama en la orina también cae.

Llegado el momento, su producción y uso de cetonas coinciden perfectamente, sin dejar extras en su orina. Esto puede ser complicado si solo está controlando las cetonas en la orina. ¿Sus cetonas dejaron de aparecer en su orina porque comió un montón de carbohidratos? ¿Bebió alcohol? ¿Tal vez la botella de tiras se dejó abierta y se dañaron? ¿O dejaron de aparecer las cetonas en la orina porque su sistema tenía una combinación perfecta? Tenga la seguridad de que las tres primeras opciones son mucho más probables.

La fase 5 es el santo grial. Una vez que su cerebro alcance este estado, apreciará mejor todas las exageraciones que rodean el estilo de vida de la cetosis. Limita con lo eufórico. Cuando los pacientes entran en la fase 5, sus síntomas de depresión se desvanecen, su enfoque mejora, su atención dura más tiempo, su sueño es más reparador y su energía es contagiosa.

¿Cómo se llega a la fase 5?

Hay una manera rápida y una manera más lenta. La forma rápida es estricta. Eso no es un juego de palabras. Me refiero a una ausencia de alimentos. Un ayuno estricto es un tiempo sin calorías. Sólo agua, té o café. Eso es todo. Limítese estrictamente solo a esos artículos y estará en la Fase 5 en aproximadamente 30 o 40 días. Es difícil convencer a la gente con esto.

NO recomiendo esta opción. Especialmente si está comiendo una dieta alta en carbohidratos en este momento. Carbohidratos altos significa comer más de 60 gramos de carbohidratos por día. Hay demasiados cambios que deben ocurrir en su sistema. Es demasiado inquietante, demasiado incómodo, y en muchos de mis pacientes con enfermedades crónicas es peligroso.

En su lugar, la transición a la fase 5 con una dieta alta en grasas. Los pacientes hacen la transición a una dieta alta en grasas y cetonas durante varias semanas. Esto permite tiempo para ajustar. También proporciona tiempo para ver cuánta presión social se ejerce sobre el consumo de carbohidratos y alimentos bajos en grasa.

Los errores se producen con frecuencia cuando se come por primera vez con alto contenido de grasa y bajo en carbohidratos Ellos beben alcohol Ellos comen demasiada proteína. Son conservadores en cuanto al consumo de grasa. Después de un día estresante, se alimentan de helado, sin pensarlo. O alguien cerca de ellos celebra una ocasión con golosinas azucaradas, y la tentación se vuelve demasiado grande en este momento. ¿En el fondo? Cambiar los hábitos es difícil.

La idea de que un fumador se despierta un día y deja de fumar por el resto de su vida es una fantasía. Esa persona que 'repentinamente' deja de fumar tuvo meses, tal vez incluso años, de pensamientos y fracasos para dejar de fumar antes de que realmente dejaran el hábito. Su entorno jugó un papel importante en su éxito. Si su mundo los tentó con cigarrillos a cada paso, sus posibilidades de lograr una vida libre de humo un año después son muy poco probables. Las personas en transición ceto necesitan apoyo. Sin él, las tentaciones lo vencerán.

Ese es mi objetivo: una vida sana. No es una campaña de pruebas de cetonas con resultado positivo. La clave de la sostenibilidad es el JUEGO A LARGO PLAZO.

En última instancia, no importa si llega a la Fase 5 en 6 semanas o 6 meses. Aumente sus posibilidades de éxito de por vida manteniendo sus prioridades en orden. Recuerde su porqué, el motivo por el que decidió llevar una dieta ceto. Escríbalo. Dígalo en voz alta.

Mi razón personal para hacer ceto: el combustible cerebral, el combustible cerebral, el combustible cerebral.

CUANDO: 2-4 DE HABER PRODUCIDO CETONAS DE MANERA CONSTANTE.	AUMENTO DE MITOCONDRIA FUNCIONAL [Toda la mitocondria aumenta su energía.]
QUE: CAMBIO EN EL METABOLISMO HACE QUE SU CUERPO PREFIERA A LAS CETONAS COMO COMBUSTIBLE.	PÉRDIDA DE PESO CON CONTEXTURA ESBELTA [Pierda grasa, no músculo]
HORMONA GLUCÓGENO = DISMINUYE [Glucógeno = glucosa almacenada en músculos e hígado]	MAYOR SENSIBILIDAD A LA INSULINA [Se necesita menos insulina para que el cuerpo responda]
MENOS FATIGA	EL CUERPO SE REPONE MÁS RÁPIDAMENTE
ENERGÍA CEREBRAL MEJORADA	MAYOR EFICIENCIA EN EL TRANSPORTE DE OXÍGENO A LAS CÉLULAS DE LOS MÚSCULOS
MENOS MOLÉCULAS RADICALES LIBRES	RECUPERACIÓN MÁS RÁPIDA
AUMENTO DEL NIVEL MÍNIMO DE ENERGÍA [Por el flujo constante de cetonas que alimentan la mitocondria]	

Capítulo 17

Abuela Rose: PROBLEMAS DE INTESTINO

Hace diez años, en la víspera de Año Nuevo, el cóctel festivo de la abuela Rose goteaba en sus venas. Descansó en la oscuridad mientras las líneas intravenosas la llenaban con medicamentos para el dolor, antibióticos y solución salina. El médico del laboratorio de patología entró por la escalera trasera. Sus pies pesados hacían eco a cada paso mientras atravesaba los pisos desde el sótano hasta el tercero. En el aislamiento de su ascenso, ensayó lo que le diría a la abuela Rose. Él entró en su habitación tarde esa noche con noticias que cambiaron su vida.

El severo dolor abdominal la llevó a la sala de emergencias. Una tomografía computarizada mostró bolsas de divertículos infectados a lo largo de la última sección de su colon. El patólogo encontró sus glóbulos blancos deformados y comprendió por qué su cuerpo luchaba para defenderse contra la infección. Él le dio la noticia de que ella tenía cáncer justo antes de que terminara el año.

Cada celebración de Año Nuevo desde entonces, hemos brindado por otro año. La abuela Rosa celebró en el Año Nuevo con abundante gratitud.

El capítulo de este año de su historia de CLL comenzó con el regreso al inicio: un destello en esos bolsillos que se alineaban en su colon.

Su cáncer había crecido bastante en el último año. Nuestro plan secreto de la dieta ceto y de matar de hambre al cáncer eliminó la quimioterapia al menos dos veces en 12 meses, pero sabíamos que no pasaría mucho tiempo antes de que fuera necesaria otra ronda. Su médula ósea contaba la historia más clara de lo que estaba sucediendo.

Dentro de su médula ósea, crecieron algunos glóbulos rojos (RBC), algunos glóbulos blancos (WBC) y algunas plaquetas. Los glóbulos blancos cancerosos se habían vuelto tan abundantes que quedaba muy poco espacio para formar glóbulos rojos o plaquetas.

Cuando un recuento alto de glóbulos blancos (WBC, por sus siglas en inglés) vuelve a aparecer en el informe de laboratorio de la mayoría de los pacientes, asumimos que están combatiendo la infección. Sin embargo, en el caso de la abuela Rose, la mayoría de las células que combaten las infecciones no funcionaron. Un número normal de WBC es 6.000. Su número de WBC se disparó a más de 150,000, y sufrió cada vez más infecciones. Más importante aún, sus glóbulos rojos y plaquetas lucharon por encontrar la propiedad dentro de sus huesos para crecer. Sus números cayeron a niveles peligrosamente bajos.

Después de diez años, la abuela Rose tenía cientos de divertículos en su colon. Los divertículos son bolsas anormales con forma de globo que se desarrollan en las partes bajas de nuestro colon a medida que envejecemos. A pesar de que los divertículos de colon son anormales, este problema le ocurre a tanta gente que los médicos no los consideran alarmantes a menos que se infecten. Una vez que obtenga algunos divertículos, es más fácil desarrollar algunos más.

En enero, días después de celebrar una década sin problemas, uno de los divertículos de la abuela Rose se infectó y se hinchó tanto que selló el resto de su colon. Dentro de esa bolsa sellada recogió una pequeña gota de heces. Puede parecer pequeño e insignificante, pero esta condición puede ser bastante mortal dado el debilitado sistema inmunitario de la abuela Rose. Con su abrumadora mayoría de glóbulos blancos deformados, oramos para que las pocas buenas células restantes hicieran su trabajo.

Fallo épico.

El degradado sistema inmunitario de la abuela Rose perdió esa batalla. A pesar de los meses de cetonas, media docena de bolsas de divertículos evolucionaron en la misma cantidad de abscesos que recubren su colon.

¡¡¡UUFFF!!!

Estábamos en un atasco. Los bolsillos llenos de infección cubrían el colon de la abuela Rose. Su sistema inmune lisiado opuso poca resistencia ya que estas infecciones conquistaron más de su intestino. El túnel central por donde pasaban sus taburetes se colapsó en una pequeña apertura. Además, su cáncer había consumido casi todo el espacio dentro de sus huesos, dejando pocas esperanzas de que un nuevo lote de glóbulos blancos resistentes llegara pronto.

Regresamos exactamente a la misma habitación de hospital en la pequeña ciudad en la que había estado diez años antes. Las altas dosis de antibióticos ayudaron un poco, pero no pudieron curar el problema. Las infecciones e inflamaciones hicieron que hubiera más espacio esponjoso. Estos abscesos debían ser drenados.

Fantaseaba con insertar una pequeña manguera en cada carbunclo y aspirar toda la "muerte" que vivía allí. Cada escaneo mostraba los frutos malvados más distendidos y maduros. Todos los libros de texto médicos dieron el mismo consejo: "drenar o morir". La idea de más cirugía me obligó ser fuerte para pasar el mal trago. La abuela Rose llegó a la trifecta unida a la muerte: recuento sanguíneo bajo (glóbulos rojos) combinado con un sistema inmunitario debilitado (WBC) y un recuento de plaquetas en disminución.

Este rompecabezas no tenía una respuesta prometedora para la abuela Rose. La cirugía la mataría por la pérdida de sangre o la infección subsiguiente. La espera tampoco fue un arranque porque las infecciones gestantes consumirían su sangre y su cuerpo en los próximos días.

Necesitábamos un milagro.

Sus médicos agregaron transfusiones de sangre, gotearon antibióticos, calmaron su dolor con morfina y mantuvieron su cuerpo frágil bien hidratado.

Problema: Sus entrañas ahora estaban hinchadas y cerradas. ¿Cómo hacer que las tripas no produzcan heces?

Cualquier alimento que pasara por la sección donde estaban esperando sus capullos de veneno corría el riesgo de provocar una explosión tóxica en el torrente sanguíneo. Una gota. Una fuga. Eso es todo lo que tomaría.

¿La solución? Para de comer. La abuela Rose necesitaba ayunar.

La abuela Rose formó a nuestra familia con un sólido entendimiento de quiénes éramos y quiénes no éramos. Como agricultores del medio oeste, superamos a la nación con nuestra sólida ética de trabajo. Como director de la Escuela Dominical de nuestra ciudad, nuestra pequeña comunidad rural dependía de nuestra familia para asistir y participar en todas las actividades de la iglesia. A pesar de nuestra fiel devoción, ni una vez mi familia ayunó. Nunca nos faltó la comida. Carne y patatas. Maíz y frijoles. Tres veces al día. Todos en nuestra familia teníamos las barrigas para demostrarlo. Nuestra lealtad para comer en momentos establecidos igualaba nuestra lealtad a Dios.

La vida de la abuela Rose dependía de detener sus movimientos intestinales. Al instante, nos convertimos en una familia que ayunaba.

NPO-"nil por os" -nada por la boca. Ese era el nuevo sello de la abuela Rose.

Las enfermeras la llamaron "La paciente de la NPO al final del pasillo". Las señales le recordaron a todos, desde el director general del hospital hasta el conserje, que no la alimentaran ni la regaran. Cambió cualquier cosa que entrara en su boca por ese fluido intravenoso salado que goteaba lentamente por sus venas.

Para mostrar mi apoyo, accedí a ayunar con ella. Sin el lujo de los electrolitos calculados por expertos de la abuela Rose, agregué varios cristales de sal a mi bolsillo cada mañana. Mi antídoto contra las olas de hambre durante un ayuno fue el acceso rápido a los cristales de sal del Himalaya. Colocados en la punta de mi lengua, estos paros de hambre cesaron como un encantamiento.

Las primeras 48 horas fueron mucho más difíciles para mí que para la abuela Rose. Gracias al estado mental de zombie que produjeron sus medicamentos para el dolor, no recuerda nada de esta etapa de ayuno.

Seis meses practicando cetosis preparando su cuerpo. Sus células estaban listas para combustible de cetona. Su estricta abstinencia de ingerir calorías rápidamente cambió su sistema para usar su grasa almacenada. Diseñado exactamente para esta situación, el sistema de la abuela Rose pasó de usar la glucosa, las proteínas y la grasa que ingresaban a su cuerpo a través de la boca hasta usar estrictamente el combustible graso almacenado dentro de las células grasas.

Cualquiera de nosotros haría esta transición si nos viéramos obligados a dejar de comer. Sin embargo, debido a que cada célula de su cuerpo había estado expuesta a las cetonas durante la mayor parte de los seis meses, la abuela Rose cambió a un estado de energía sólida que produce cetonas con poca o ninguna dificultad. Ella no sufrió ninguno de los síntomas del malgenio por hambre (hambre mezclada con ira) que suelen estar relacionados con este cambio. Cuando toda la comida dejó de entrar en su boca, buscó esas calorías que ardían dentro de sus células grasas.

Por setenta y dos horas, ella estaba muy bien sin ningún tipo de hambre.

Cerca de la hora ochenta y seis de su ayuno, Dios nos entregó el milagro por el que habíamos orado.

Los abscesos que se acumulaban en las profundidades de su pelvis combinaban su sustancia y comenzaban a drenar. ¡Un milagro!

¡¡¡Los abscesos drenados!!! Esto era exactamente por lo que había orado.

¿Por dónde te preguntas? ¿Dónde drenaron estos abscesos en lo profundo de su pelvis? Apareció una solución inteligente, aunque inquietante.

La infección de la abuela se redirigió a la abertura más cercana, su canal de parto. ¡Ella ahora usaba su vagina!

¿Puede creerlo? ¿Una vagina para eliminar heces? Esto no es normal. Ninguno de su equipo médico había oído hablar de tal opción. En ninguna parte de los libros de texto se habla de esta idea porque era muy extraña. Le dijimos que había tomado sus habilidades de MacGyver para reutilizar artículos durante toda su vida de agricultura, confianza en sí misma e ingenio a otro nivel.

Este problema del canal del parto para eliminar las heces era lo más extraño. Pero funcionó.

Esa noche, en lugar de planear su funeral, pasé seis horas leyendo todo lo que pude encontrar sobre los ayunos prolongados. Estoy hablando de ayunar durante 40-50 días. Tan encantada como estaba con su vagina eliminadora de heces, la razón por la que se formaron esos abscesos en primer lugar fue porque no había un sistema de defensa lo suficientemente fuerte como para combatir esas infecciones. Sus glóbulos blancos eran inútiles. Ella necesitaba quimio. Su atestada médula ósea necesitaba un reinicio para producir espacio para que las células sanas volvieran a crecer. Por otro lado, una dosis de quimioterapia en este momento solo reavivaría las llamas dentro de esos abscesos. Necesitábamos que estuviera lo suficientemente bien como para soportar una ronda de quimio. Necesitábamos que esas bacterias dentro de los abscesos murieran. Oramos que nada más se infectara mientras tanto.

Teníamos un lío complicado en nuestras manos. Afortunadamente, esa es mi especialidad.

Capítulo 18

Lecciones de la Dra. Bosworth:

¿QUÉ PUEDE SALIR MAL?

Si está orinando cetonas y se siente bien, omita este capítulo.

Sin embargo, si intentó producir cetonas y nunca se le pusieron rosas las tiras, lea este capítulo.

Si tes preocupa y lee en internet todas las formas en que esta dieta "loca" supuestamente arruina su cuerpo, lea este capítulo.

Hagamos un pequeño resumen:

Un cuerpo alimentado por azúcar está inflamado crónicamente y en crisis. Es imposible gotear la cantidad exacta de carburador necesario sin pasar por encima o por debajo de sus necesidades. Más que una cucharadita de carbohidratos empuja a su cuerpo a liberar insulina. Cuando la glucosa es su combustible, comer muy poco conduce a una disminución constante en su metabolismo. Por el contrario, la glucosa extra sin usar hace sonar su "alarma de insulina", lo que desencadena un aumento de esta hormona y continúa el ciclo de la inflamación.

Alimentar su cuerpo con grasa significa que no hay insulina. Se liberas de la crisis. Las cetonas adicionales que no se utilizan se deslizan a través de su sistema y lubrican su cuerpo. Un estado de cetosis revierte la inflamación causada por niveles crónicos altos de insulina.

Como médico de medicina interna, mi trabajo es ayudar con el "largo plazo" de su salud. En otras palabras, manejo de enfermedades crónicas. Cuando su cuerpo se hincha por dentro, esa inflamación causa problemas. La inflamación crónica y de crecimiento lento se arrastra hacia más y más áreas de su cuerpo.

Después de años de demasiados carbohidratos, su sistema se ensucia por dentro. Pero es estable. Sus paredes celulares se vuelven rígidas e inflexibles. Las 'mangueras' que transportan su sangre están costrosas y no se pueden estirar ni relajar fácilmente. Revertir este problema crónico es complicado. El día que cambia su fuente de energía de carbohidratos a grasa, la química de su cuerpo cambia. Esto envía su sistema crujiente, rígido, aunque rígido, al flujo.

Aquí hay una breve lista de lo que puede salir mal, después de que un adicto a los carbohidratos a largo plazo decide cambiar a las cetonas.

"KETO *FLU*"

INICIO: comienza el día 2.
DURACIÓN: Dura hasta una semana...

Si busca en Google cualquier efecto secundario de la dieta Keto, esto encabeza la lista de resultados de búsqueda.

Esta condición recibió su nombre porque los pacientes con inflamación crónica experimentan síntomas similares a los de la gripe durante su transición. Cuando contrae la gripe, se crea un "error" dentro de su cuerpo y se mete con su sistema. Esos invasores le roban el agua, beben sus sales y se comen el azúcar. Le duele la barriga, en parte, porque los insectos seleccionaron sus entrañas como su nuevo hogar. Los síntomas de la gripe incluyen dolor de cabeza, cansancio, mareos al ponerse de pie, corazón acelerado, náuseas, pérdida de apetito y sensación de irritabilidad. Cuando contrae la gripe, se deshidrata y causa todos esos síntomas. Un cuerpo que cambia de azúcar a grasa también se deshidrata. La deshidratación causa los síntomas denominados colectivamente "gripe ceto" o "*Keto Flu*".

¿Qué es lo que deshidrata al producir cetonas? Las cetonas no son la causa. En cambio, es la falta de todas esas moléculas de glucosa que circulan en su sistema. La glucosa es una enorme molécula de tamaño monstruo que fluye por sus venas.

La glucosa actúa como una esponja y retiene el agua a medida que se filtra por todo el cuerpo. Cada molécula de glucosa contiene cientos de moléculas de agua. El exceso de glucosa en el torrente sanguíneo se traduce en miles, incluso millones, de moléculas de agua adicionales.

Haga las matemáticas.

Revise su azúcar en la sangre. ¿Está por encima de 100? Por cada punto por encima de 100, agregue miles de moléculas de glucosa extra del tamaño de un monstruo a los 7 litros de sangre que tiene. Ahora, multiplique eso por los cientos de partículas de agua que se adhieren a cada glucosa.

Veinte carbohidratos al día conducen a una menor cantidad de glucosa en el torrente sanguíneo. Menos glucosa que retiene ese agua y su cuerpo expulsa ese líquido extra. En el transcurso de la primera semana, he tenido pacientes que han perdido 20 libras, casi tres galones de agua extra.

Este es el peso perdido a través de la eliminación del exceso de agua. ¿Ha escuchado esto: 'La única forma de perder peso en una dieta alta en grasas o en una dieta similar a la de Atkins es porque pierde peso en agua?' Eso es exactamente lo que sucede.

Millones de partículas de agua perdieron sus esponjas químicas y desaparecieron. La deshidratación se define por la rápida pérdida de agua. Esto es una gran cosa Toda esa agua extra inflama o irrita su cuerpo. Eliminarla es la respuesta correcta.

Los síntomas de "gripe" o de deshidratación aparecen cuando no está preparado para la pérdida de agua por cetosis.

Esta pérdida de agua golpea sus riñones como un maremoto. Los riñones eliminan el agua de la sangre agregándola a la orina. "Roban" sal de la sangre para que esto suceda.

En poco tiempo, le duele la cabeza y se siente realmente cansado. Intenta ponerse de pie y sufre mareos repentinos y un corazón palpitante. A menudo, se pones malhumorado. Bienvenido a la gripe ceto.

El antídoto es fácil: coma sal, beba agua y disminuya la velocidad.

Empecemos por la sal. Sí, la sal. Esa sustancia blanca en la coctelera de su mesa. Prefiero la sal rosada del Himalaya o la sal marina, pero la sal de mesa común es suficiente. La sal, como la grasa, es un compuesto excesivamente demonizado.

La grasa y la sal son importantes para la dieta ceto. Necesita reemplazar el líquido que pertenece a su cuerpo. Saber que la transición ceto succiona sal y agua en su orina debería motivarlo a agregar un poco de sal a cualquier cosa que coma o beba. Se marea porque no hay suficiente líquido en circulación. Reemplace ese líquido comiendo y bebiendo con sal. Si agrega agua simple a su sistema, no solucionará los síntomas parecidos a los de la gripe. El agua entrará y saldrá de inmediato. La sal contiene la cantidad adecuada de agua en su circulación y corrige la deshidratación. ¡Beba caldo salado para combatir la *gripe*!

El siguiente paso es reducir la velocidad.

Si está leyendo esto y considerando alimentar tu cuerpo con grasa, BIEN. Déjeme ayudarlo a tener éxito. Si es un adicto a los carbohidratos con una ingesta diaria de más de 300 gramos de carbohidratos, comience lentamente. Comience por eliminar el pan durante la primera semana. Luego continúe con cero calorías en sus bebidas durante la segunda semana mientras se prepara para el "día de transición". Esto le brinda el espacio para permitir un cambio suave en la química de su cuerpo para prevenir la gripe ceto. Este programa también le da tiempo suficiente para limpiar sus armarios.

ADVERTENCIA: TENGA CUIDADO SI TOMA MEDICAMENTOS PARA LA PRESIÓN ARTERIAL ALTA

INICIO: Día 2-3
DURACIÓN: 1-2 semanas

Si está tomando medicamentos para la presión arterial y quiere dejar de tomarlos, este estilo de vida es la respuesta. SIN EMBARGO, la transición puede ser peligrosa. Prepárese.

Mis pacientes que toman medicamentos para la presión arterial alta deben controlar su propia presión arterial en el hogar. Sin todas esas enormes moléculas de glucosa cargadas con cientos de partículas de agua adicionales, el volumen circulante de su cuerpo desciende. No debido a la pérdida de sangre; por la pérdida de agua. Menor volumen significa menos presión. Se necesita mucho menos medicamento para controlar la presión arterial cuando toda esa agua se va.

Gracias a la dieta Keto, ayudar a los pacientes a salir de los medicamentos para la presión arterial nunca ha sido tan fácil. Sin embargo, debe utilizar un monitor de presión arterial en casa. Revise su presión arterial 2-3 veces al día durante la transición. A medida que reduce y elimina los carbohidratos de su dieta, su presión arterial caerá rápidamente. Tenga cuidado. Deje que su médico lo ayude a eliminar esos medicamentos para la presión arterial tan rápido como elimina los carbohidratos. En cuestión de cinco días, ¡un paciente logró liberarse de cinco de sus medicamentos para la presión arterial! Esto, por supuesto, todo depende de lo estricto que sea para cumplir con la regla de consumir menos de 20 carbohidratos al día y de cuánto tiempo haya sido adicto a los carbohidratos.

INTESTINO: ESTREÑIMIENTO

INICIO: Día 3-4
DURACIÓN: dura hasta que sus intestinos se adapten a su nueva dieta.

Beber agua salada previene la gripe ceto y también ayuda a que ocurran cambios en sus entrañas. Me refiero específicamente al baño. El estreñimiento y las heces duras ocurren naturalmente como parte del proceso de transición ceto. Con menos agua, las heces se deshidratan y se vuelven más duras. Beber agua salada ayuda a disminuir este problema.

Durante el primer par de semanas, los pacientes luchan con qué comer. Mi técnica de venta de carne con alto contenido de grasa debe funcionar muy bien, ya que hacen un gran trabajo al cargar carne. Producen cetonas, pero también se estriñen. Unos pocos minutos al estudiar la cantidad de carbohidratos que se encuentran en las frutas y verduras le enseñan que el maíz, el melón, los guisantes, los plátanos y las batatas no son nada.

Por lo general, mis nuevos pacientes ceto no están tan familiarizados con muchas verduras aptas para esta dieta. Por ejemplo, el repollo, las coles de Bruselas y las espinacas frescas son excelentes adiciones para una dieta ceto. Lamentablemente, muchos me miran desconcertados de que la gente realmente coma esas cosas. Comieron deliciosas carnes grasas con éxito e hicieron una celebración. Todo es increíble hasta el día 4 cuando no pudieron hacer caca. Algunos pacientes estaban tan estreñidos que se dieron por vencidos. Prepárese para este desafío de estreñimiento.

Beber agua salada.

Incluya el repollo lo antes posible.

Ingerir una cucharada de semillas de chía seca con un poco de agua cada 2-4 horas. Estas pequeñas semillas contienen una sustancia gelatinosa y han ayudado a muchos pacientes a hacer la transición.

Si todavía estás teniendo dificultades con el estreñimiento, pruebe la leche de magnesia. Este medicamento de venta libre es el complemento perfecto para este problema. En las primeras semanas de ceto, una de las sales más comunes que su cuerpo perderá es el magnesio. Este medicamento líquido lleno de magnesio ayuda a reponer el magnesio faltante a la vez que aumenta las deposiciones; las ablanda y aumenta su frecuencia.

BRISTOL STOOL CHART

TYPE 1		SEPARATE STIFF LUMPY BITS	**SEVERE CONSTIPATION**
TYPE 2	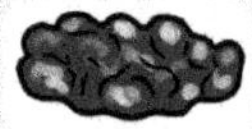	SAUSAGE-LIKE MASS WITH STUCK LUMPS	**MILD CONSTIPATION**
TYPE 3		SAUSAGE-SHAPED LONG MASS WITH SURFACE CRACKS	**NORMAL**
TYPE 4		SMOOTH SURFACED LONG TUBULAR FORM	**NORMAL**
TYPE 5		BLOBS OF SOFT MASS WITH DEFINED EDGES	**LOW FIBER**
TYPE 6		RAGGED EDGE MUSHY MASS	**MILD DIARRHEA**
TYPE 7	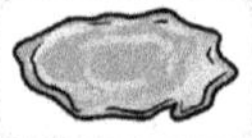	LIQUID WITH NO SOLID BITS	**SEVERE DIARRHEA**

INTESTINO: DIARREA

INICIO: Día 3-4
DURACIÓN: Depende de la causa.

La mayoría de las personas en un programa de ceto experimentan problemas intestinales en forma de estreñimiento. A veces, las personas experimentan el otro extremo: la diarrea. Esto generalmente se debe a un problema preexistente con su sistema.

A lo largo de los años, el gobierno y las corporaciones de los Estados Unidos han gastado millones de dólares en investigar formas de ayudar a las personas que sufren de todo tipo de enfermedades intestinales. Estos van desde el intestino irritable hasta el sobrecrecimiento bacteriano, hasta el síndrome del intestino permeable. Un estudio de la década de 1970 trató el síndrome del intestino irritable con una dieta alta en grasas.

Los sujetos del estudio tardaron seis meses en hacerse regulares. Aun así, el estudio mostró que una dieta alta en grasas y baja en carbohidratos es una de las formas más baratas y efectivas de regular las heces fecales y otros problemas intestinales. Desafortunadamente, el estudio fue pequeño y no fue financiado por una gran compañía farmacéutica. El estudio no promovió ninguna medicación. Los resultados de ese antiguo ensayo fueron tan prometedores para este problema de impuestos, que me llevó a cambiar la forma en que abordé a mis pacientes con problemas intestinales. Mi experiencia con pacientes que sufren de intestino irritable me ha enseñado a cumplir con el plan de orinar las cetonas durante tres o cuatro meses antes de doblar la esquina.

¿Sabía que su intestino delgado se supone que es estéril? Estéril, es decir sin bacteria. Su intestino grueso está lleno de bacterias. Pero su intestino delgado se supone que es estéril. La ansiedad, el estrés y las enfermedades crónicas conducen a que el intestino funcione mal. Sus intestinos pequeños pueden desordenarse tanto que las bacterias que normalmente se encuentran al final de sus intestinos, en el colon grande, se mueven hacia la parte superior de su tracto digestivo. Estas bacterias en el intestino delgado se reproducen sin mucha resistencia y crecen rápidamente. Esto se llama crecimiento excesivo del intestino delgado.

Cuando los pacientes tienen un crecimiento excesivo del intestino delgado, no es raro que pierdan las vitaminas grasas que normalmente se absorben allí. Debido a que su intestino delgado gorgotea con abundantes bacterias no deseadas, no pueden absorber ningún nutriente a base de grasa. He iniciado pacientes con un estilo de vida cetogénico sin saber que tenían un crecimiento excesivo del intestino delgado. Una semana en el cambio y se sienten miserables, con diarrea incontrolable. Llaman a la clínica enojados y declaran: "¡Esta NO es la dieta para mí!"

Después de revisar sus resultados de laboratorio, así como un historial detallado, resulta que a menudo han tenido diarrea después de comer grasa durante la mayor parte de una década. Estos pacientes informan que evitan toda la grasa porque siempre les da una diarrea explosiva. Tales erupciones después de cada comida grasosa los mantenían desnutridos por evitar la grasa. Continúan por años sin entender lo que realmente le estaba sucediendo a su sistema. Un día, ellos finalmente revisan su vitamina D. Sus resultados fueron tan bajos que solo puede significar que no han estado absorbiendo grasa durante años. La falta de absorción de grasa significa que no absorbe vitaminas a base de grasa. La vitamina D es una de esas vitaminas.

Aconsejo a mis pacientes que sufren de diarrea después de cambiar a una dieta alta en grasas que no se rindan. ¿Por qué? Necesitan esta dieta antiinflamatoria más que la mayoría de mis otros pacientes. Si sufres de deposiciones sueltas o diarrea explosiva después de hacer ceto, dele tiempo a su cuerpo para que se adapte. ¡No se rinda! La salud de su cerebro e intestinos dependen de ello. Si sus intestinos se inflaman al cambiar a alto contenido de grasa, tenga en cuenta que es algo más que una molestia. Algo más está sucediendo. Vaya a ver a un especialista en gastroenterología. Esta inflamación intestinal extrema puede durar semanas. Años de este problema oculto llevaron a la inflamación crónica del revestimiento interno de sus intestinos. Lleva tiempo reparar esa herida crónica dentro de sus entrañas.

Si tiene diarrea a los pocos días de cambiar a ceto, tiene un problema de inflamación. No renuncie. Arréglelo.

Para marearlo, le recomiendo lo siguiente:

Loperamida: este medicamento de venta libre reduce los movimientos intestinales. La mayoría de las personas no pueden poner su vida en espera para tratar la diarrea intensa. Se necesita tiempo para solucionar este problema. Mientras tanto, no aguante todo este sufrimiento acostado. Controle sus síntomas. Tome Loperamide. La marca de este es Imodium®. Esto calmará los síntomas mientras resolvemos el problema sin hacerle daño.

Té de Kombucha: esta bebida antigua es una bebida burbujeante y fermentada con bacterias vivas saludables. La mayoría de mis pacientes con diarrea revirtieron sus problemas intestinales cuando repoblaron sus bacterias intestinales. Muchos pacientes gastan miles de dólares en este proceso. Guarde su dinero. Beba 1/4 de una taza de este té al día hasta que se resuelva la diarrea. Fíjese que dije UN CUARTO DE UNA TAZA. Demasiado de esa bacteria a menudo no es tolerada por aquellos que luchan con problemas intestinales.

Finalmente, el antídoto seguro que transita a mis pacientes con diarrea a través de la parte más áspera puede ser inquietante para que los pacientes escuchen: ayuno intermitente. Sí, me refiero al término para NO COMER. Antes de hacer la transición de la química del cuerpo al ceto, cualquier tipo de ayuno suena como una idea extraña. Una vez que usted produce cetonas, su apetito disminuye. Mis pacientes con diarrea tienen una lesión desconocida dentro de sus entrañas. Ese forro necesita sanar. ¿La respuesta? Descanso. En otras palabras, ayuno intermitente. El ayuno es un remedio universal para muchos problemas médicos. Cuando sugiero esto a los pacientes, a menudo se resisten por temor a quedarse sin comer. Para ayudarles a comenzar a considerar la opción, les recuerdo que los animales son instintivamente rápidos cuando están enfermos. Dele descanso sus entrañas para dar tiempo a la curación. Pare de comer.

El antiguo médico griego Hipócrates, considerado como el padre de la medicina, dijo esto sobre el ayuno: "Todos tienen un médico dentro; Solo tenemos que ayudarlo en su trabajo. La fuerza curativa natural dentro de cada uno de nosotros es la mayor fuerza para mejorar. Comer cuando está enfermo, es alimentar tu enfermedad ".

EL CORAZÓN PALPITANTE

INICIO: Día 2-3.

DURACIÓN: Depende de la causa, generalmente una semana si es causada por deshidratación.

Cuando su corazón se acelera dentro de su pecho, una sensación de terror se apodera de su mente, incluso si usted es médico. Su miedo está justificado. Un corazón palpitante puede ser una advertencia de muerte inminente. Nos indica que prestemos atención. Si su corazón comienza a latir dentro de su pecho durante la transición de la cetosis, preste atención. Su cuerpo le está advirtiendo de algo.

La razón más común de este síntoma es la deshidratación mencionada anteriormente. La deshidratación obliga a su corazón a bombear rápido y fuerte. ¡Solucione este problema rápidamente tomando agua salada! Siga haciendo esto hasta que el latido del corazón desaparezca.

Si tiene antecedentes de arritmia cardíaca, consulte a su médico antes de comenzar una dieta ceto. Si su corazón late con fuerza debido a un ritmo anormal, puede ahogarse en agua con sal y empeorar las cosas para su corazón.

MAL ALIENTO

INICIO: Cuando comienza a producir cetonas.
DURACIÓN: Hasta la ceto adaptación.

Para resumir, cuando su cuerpo usa cetonas, libera unidades adicionales de este compuesto como acetona a través de la respiración. Es un regalo, está quemando grasa como combustible. La acetona huele raro causando el aliento con olor a metal o frutado. Sorprendentemente, muchos no experimentan este problema en absoluto. Otros solo tienen aliento de acetona durante unos días. Mientras que otros pueden oler las cetonas que salen de su sudor y su respiración durante meses y meses.

Para la mayoría de las personas, el mal aliento dura aproximadamente un mes, ya que se adaptan a la cetosis. El olor generalmente mejora con el tiempo a medida que los niveles de cetona en sangre se estabilizan en la segunda o tercera semana.

Recuerde: la acetona termina en su aliento cuando circulan en su sangre muchas cetonas adicionales. Cuando se hace la primera transición a la cetosis, su sangre puede llenarse con una cantidad excesiva de cetonas esperando su turno para ser utilizada como combustible. Como sus células "recuerdan" cómo usar este tipo de combustible, hay menos compuestos en exceso que pueden convertirse en acetona. Gradualmente, su cuerpo quema las cetonas tan rápido como las produce. Con menos cetonas en exceso, su aliento no olerá a acetona.

Para tratar con el aliento de acetona, intente lo siguiente:

1: Haga que le revisen los dientes. Me resultó útil recordar a los pacientes que evolucionamos con cetonas. La raza humana no evolucionó comiendo almidones y azúcares. La dieta de hoy llena su boca con un baño de azúcar. Esto deja sus dientes con pequeñas bolsas donde el azúcar alimenta las bacterias y otros microbios. Estas cavidades ocultas per-

miten que las bacterias malolientes florezcan. Las caries y sus bacterias son la fuente del mal aliento asociado con la cetosis.

Haga que le revisen los dientes.

Tenga en cuenta que cuanto más tiempo se bañen los dientes con cetonas, más fuertes y saludables se vuelven. Sus antepasados mantuvieron sus dientes durante toda la vida mediante la circulación constante de cetonas en su sangre y saliva. Gracias a su dieta alta en grasas, esta exposición continua a las cetonas fortaleció sus dientes mientras combatía a las bacterias que viven en sus bocas.

2: Beba suficiente agua. La deshidratación deja su boca seca. La sequedad de la boca concentra el poder de las bacterias que viven en su cavidad bucal. La hidratación adecuada enjuaga y lava constantemente la boca al mismo tiempo que diluye los lugares donde viven las bacterias.

Además, cuando bebe suficiente agua, expulsa las cetonas de la sangre a la orina. Solo exhala acetona cuando su sangre está llena de cetonas adicionales. Mantenerse adecuadamente hidratado permite que su cuerpo elimine las cetonas adicionales a través de los riñones. Esto quita la presión de los pulmones para procesar las cetonas y exhalarlas como acetona.

3: Si ninguna de las opciones anteriores corrige su mal aliento, reduzca el grado de cetosis en su sistema. Haga que su orina pase a un tono de rosa más claro. La producción de cetonas ocurre en diferentes grados. Cuanto más produce, más cetonas se acumulan en la sangre.

Controle su nivel de cetonas comiendo algunos carbohidratos más. La pérdida de peso no será tan rápida, pero si el mal aliento continúa molestándolo, comer carbohidratos adicionales asegurará que sus niveles de cetona en la sangre sean lo suficientemente bajos como para evitar el aliento con olor a acetona.

Para los pacientes míos que luchan con el mal aliento mientras intentan perder peso a través de la cetosis, recomiendo el ayuno intermitente. Les aconsejo que alcancen un tiempo de 36 horas una vez a la semana. Esto, más rápido en combinación con unos cuantos carbohidratos más durante los otros cinco días de la semana, reduce la pérdida de peso, pero reduce el aliento con olor a acetona.

GOTA

INICIO: 2-4 semanas en cetosis
DURACIÓN: Cuando su rápida pérdida de peso se detiene.

Si alguna vez ha tenido un ataque de gota, preste atención a esta sección. La gota ocurre cuando los productos de desecho se cristalizan en las articulaciones del cuerpo y producen dolor cuando esos cristales comienzan a moverse.

La cetosis reduce significativamente la inflamación de su cuerpo. Esto hace que su cuerpo se ajuste. Uno de esos ajustes puede implicar que los cristales de gota se desprendan de sus articulaciones: un ataque de gota.

No permita que un historial de gota lo detenga de llevar una dieta ceto. Los cristales de gota se formaron debido a la comida que comió hace años. Las dietas ricas en carbohidratos combinadas con la carne grasa provocaron el problema en sus articulaciones. Cuando se cambia a una dieta alta en grasa y baja en carbohidratos, la inflamación disminuye y el proceso comienza a revertirse. A medida que los cristales se disuelven, la carga sobre sus articulaciones disminuye. Pero en el momento en que muchos cristales se mueven a la vez, pueden provocar un ataque de gota.

No todas las personas con un historial de gota sufren una crisis en esta dieta. Si ha tenido ataques en su pasado, necesita este cambio de estilo de vida más que otros. Esos cristales que se esconden en tus articulaciones son solo un barómetro, un indicador, de todas las cosas que lentamente han ido mal dentro de su sistema. Su estilo de vida alto en carbohidratos e insulina ha conducido a la gota. Lo crea o no, los cristales de gota son producidos por el cuerpo como una solución rápida. El cuerpo rellena las articulaciones llenas de estos cristales adicionales para su almacenamiento para evitar que la sangre se vuelva tóxica con el exceso de ácido úrico.

Su cuerpo almacenará estos cristales en todas las articulaciones posibles, a menos que de alguna manera incline la balanza hacia la otra dirección. Bañar su sistema en cetonas reducirá la insulina y la inflamación. Este proceso también disuelve los cristales de gota. El proceso de derretir tal acumulación puede resultar en un doloroso brote de gota.

Antídoto: mantenga a mano probenecid o colchicina. Y ... por supuesto, manténgase hidratado.

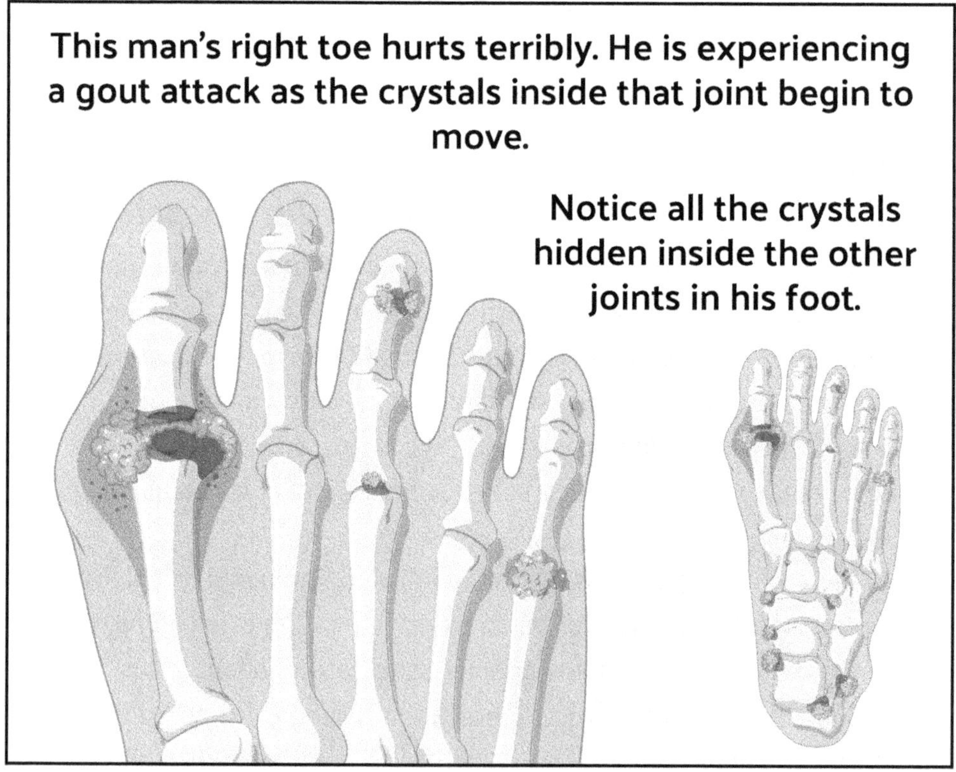

CÁLCULOS RENALES

OBJECIÓN # 6: "Doc, no puedo hacer Keto, tengo los riñones malos".

Antes de pasar por los cálculos renales, déjeme aclarar una cosa. Si tiene problemas de riñón y le han dicho que no puede hacer ceto porque necesita evitar una dieta alta en proteínas, tenga en cuenta este hecho: un estilo de vida de ceto no es alto en proteínas. En cambio, es alto en grasa. No confunda los dos. Además, comer demasiada proteína lo sacará de la cetosis. Si usted está en cetosis, sus riñones no están en peligro. La preocupación de que la cetosis no es para pacientes con problemas renales es un mito.

¿La línea de fondo? Si tiene un problema renal y tiene que limitar su consumo de proteínas porque sus riñones no pueden manejar demasiada proteína, el estilo de vida de Keto puede ser segura para usted. Informe a su médico especialista en riñones de lo que está haciendo.

Muchos pacientes desarrollan problemas renales en primer lugar porque han tenido sobrepeso durante demasiado tiempo. Han tenido demasiada insulina o una barriga demasiado grande durante años. Han tenido presión arterial alta a largo plazo. Estos son los problemas que destruyen los riñones. La mayoría de los pacientes con problemas renales no saben que tienen un problema renal. Las pruebas de laboratorio muestran que han perdido el 30% o el 40% o incluso el 50% de su función renal y no tenían ni idea.

Su riñón puede estar dañado por demasiados años de hipertensión arterial, diabetes o prediabetes o simplemente por obesidad. Si tiene alguna de estas afecciones, una de las mejores cosas que puede hacer por sus riñones es deshacerse de la inflamación de su cuerpo eliminando los carbohidratos. Deje que sus riñones florezcan en el entorno de este compuesto antiinflamatorio. Deje que las cetonas nutran, reparen y rejuvenezcan sus riñones. Ah ... y no olvidemos el tremendo alivio que la pérdida de peso proporcionará a sus riñones.

KIDNEY STONES = KIDNEY CRYSTALS

Multiple crystals grow and shrink at all times

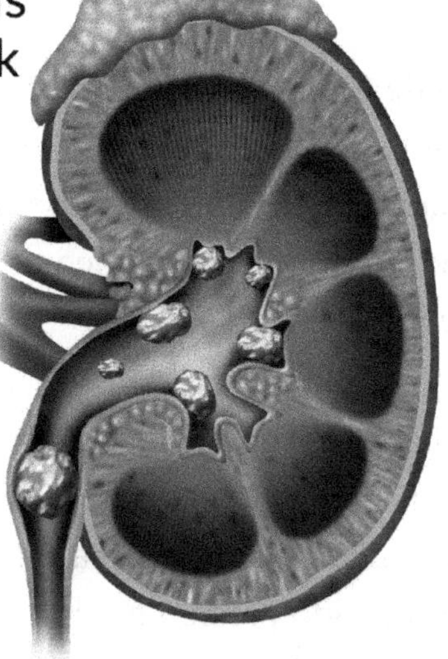

As the crystals change in size, they can dislodge and cause severe pain

Ahora, a los cálculos renales.
INICIO: 2-4 semanas en cetosis
DURACIÓN: Cuando se detiene la rápida pérdida de peso.

Los cálculos renales deben llamarse cristales renales. Eso es lo que son: cristales. La formación de estos cristales comienza con una atracción química muy pequeña entre dos elementos. Su riñón maneja un gran volumen de estos elementos cada segundo. Si desea comenzar a hacer un cálculo renal, el primer paso es deshidratarse. Queda poca agua (deshidratación) y la concentración de orina en sus riñones se dispara. Estos residuos concentrados que fluyen a través de sus riñones hacen que se unan estos elementos cristalizantes. *Voila*! Su primer cristal está hecho.

Luego, agregue un elemento diminuto a ese cristal cada vez que su orina se concentre. A medida que agrega un elemento tras otro, el cristal crece de tamaño al igual que su poder para atraer aún más elementos. Tal vez le lleve 5 años transformar ese cristal en una mancha. Tal vez le lleve 10 años. A menos que usted "derrita" sus cálculos renales, puede hacer crecer múltiples cálculos renales.

Entonces, un día terrible, ese gran cristal se separa del lugar donde creció. El cristal cae sobre su agua, funciona como una roca. Los bordes afilados de cada vaso cortan y raspan el tejido y causan una de las experiencias más dolorosas de la vida.

Hacer cálculos renales es indoloro. Nadie puede sentir esos pequeños cambios dentro de su riñón a medida que crece la piedra. Si quiere que esas piedras crezcan más rápido, agregue insulina al sistema. Un estado de insulina alto conduce a varios cambios que son GRANDES para los cálculos renales en crecimiento.

Si usamos un sistema de imágenes súper avanzado para observar los riñones de los adultos, casi todos tenemos cálculos renales diminutos. Están creciendo y encogiéndose todo el tiempo. Las piedras están agregando cristales o se están derritiendo lentamente. Esto está sucediendo constantemente.

Si su riñón está bañado en productos químicos que producen cristales, sus piedras continuarán creciendo. Los altos niveles de azúcar favorecen el crecimiento de los cristales. Las cetonas favorecen la fusión del cristal. La cetosis desplaza la química del cuerpo en la dirección opuesta.

¿Significa esto que la cetosis derretirá todas las piedras que acechan en los riñones?

No exactamente.

La buena noticia: el cambio químico de la cetosis asegura que los cristales existentes de sus riñones dejen de crecer. De hecho, algunos de esos cristales pueden desaparecer con el tiempo.

La mala noticia: su piedra puede desprenderse antes de que se disuelva.

¿Cómo?

Cuando su cuerpo produce cetonas, los cristales de los cálculos renales se eliminan un elemento a la vez. No podemos elegir en qué orden se despegan los elementos de ese cristal.

Si tiene una piedra que ha estado allí durante años, su nueva química sanguínea centrada en ceto puede reducir la base de la piedra. Esto podría dejar la piedra grande libre para rodar por los tubos del sistema de riñón y vejiga. Cuando esa piedra se fijó de manera segura a la pared del sistema renal, no tuvo síntomas. Si la piedra se rompe, UUFFF ¿lo sentirás? Esa roca cristalizada se desplaza hacia abajo y envía ondas de dolor por la espalda y la ingle.

Pregunta: ¿Puede la cetosis hacer que se le pasen cálculos renales?

Es una pregunta difícil. Sin duda, altera el equilibrio químico de su cuerpo, lo que puede hacer que las piedras existentes se derritan y, en algunas situaciones desafortunadas, que las pase. Idealmente, el cambio químico de su cuerpo derretiría las piedras un elemento a la vez sin desalojarlas de su posición actual. Pero esto no está garantizado.

ANTÍDOTO: ¡No haga trampa! La mejor manera de aflojar un montón de cálculos renales es entrar y salir de la cetosis mucho. El cambio de hacer las piedras a fundir las piedras desestabiliza tu sistema.

Si no tiene piedras en el riñón, entonces está bien. No hará piedras nuevas mientras esté en cetosis. Si tiene un cultivo de cálculos renales en crecimiento y no lo sabe, tenga cuidado. Si sabe que tiene cálculos renales porque ha tenido problemas en el pasado, debe comprometerse con este cambio en la química y permanecer en la cetosis. Oremos para que la piedra se derrita de manera ordenada y suave. Finalmente, manténgase hidratado. Un riñón seco es un riñón doloroso. Nunca es esto más cierto que cuando se trata de cálculos renales.

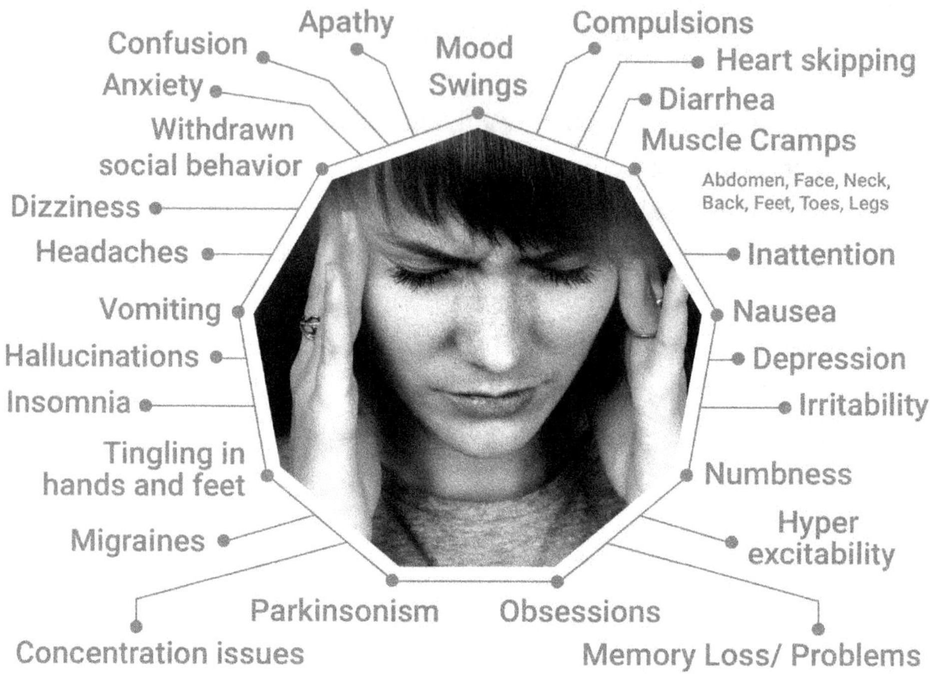
Symptoms of Low Magnesium
Confusion
Apathy
Mood Swings
Compulsions
Heart skipping
Anxiety
Diarrhea
Withdrawn social behavior
Muscle Cramps
Abdomen, Face, Neck, Back, Feet, Toes, Legs
Dizziness
Headaches
Inattention
Vomiting
Nausea
Hallucinations
Depression
Insomnia
Irritability
Tingling in hands and feet
Numbness
Migraines
Hyper excitability
Parkinsonism
Obsessions
Concentration issues
Memory Loss/ Problems

MAGNESIO

INICIO: días 2-4 en cetosis
DURACIÓN: Cuando recupera el nivel de magnesio.

La mayoría de los que leen este libro permanecen al borde del magnesio bajo. Casi todos los pacientes que veo sufren síntomas desencadenados por niveles bajos de magnesio. El magnesio bajo es ubicuo. Al igual que la falta de sueño, todos los pacientes de hoy en día deben entender lo que le sucede cuando esto es bajo.

El magnesio (Mg ++), uno de los nutrientes más importantes de su cuerpo, activa cientos de enzimas, estabiliza su estructura celular y activa muchas de sus proteínas celulares para que hagan trabajo. El magnesio es una sal necesaria. Lo obtiene de su comida. A su vez, su comida la obtiene del suelo. La marcada disminución en el contenido de magnesio del suelo en muchas partes del mundo produce plantas que carecen de este mineral super importante. Al igual que con cualquier cadena alimenticia, cuando el eslabón más bajo de la cadena lucha por acceder a los minerales necesarios, el resto de nosotros que estamos más arriba en la cadena también sufrimos.

Los síntomas bajos de magnesio incluyen dolores de cabeza, mareos, confusión, nubosidad mental (también llamada niebla cerebral), nerviosismo y hormigueo en sus manos y pies.

Cuando Mg ++ cae por debajo del umbral necesario para que los nervios envíen señales de manera adecuada, los pacientes con mayor frecuencia se quejan de calambres musculares. A decir verdad, mis pacientes han tenido múltiples síntomas antes de que sus músculos se apretaran. No asociaron esos síntomas a niveles bajos de magnesio. Cuando hablo de los calambres musculares, los pacientes suelen pensar en un espasmo muscular o un calambre en el cuello. Pero otros síntomas comunes de un calambre incluyen un dolor de cabeza en la parte posterior de la cabeza o cerca de las sienes. Los síntomas también pueden implicar un dolor de barriga profundo debido a los calambres de la vejiga o los intestinos. Es posible que incluso experimente arritmia cardíaca o dolor en el pecho por los calambres del músculo cardíaco. Todos estos son síntomas comunes que pueden surgir en personas con niveles bajos de magnesio.

La caída de los niveles de magnesio hace que el procesamiento de su cerebro disminuya e incluso se "tuerza". Estos síntomas comúnmente toman la forma de depresión o ansiedad.

Estos síntomas frecuentes, pero inesperados, de niveles bajos de magnesio, ocurren cuando tiene diarrea. Pierde mucho magnesio de una vez a través de las heces sueltas. De manera similar, a medida que cambia la química de su cuerpo de la dieta estadounidense estándar a una dieta de cetosis, el rápido cambio de líquidos reduce su magnesio. A las pocas horas de esa caída, los pacientes se quejan de una profunda tristeza o irritabilidad. Dirán que la dieta los hace malhumorados o que pierden la concentración. Esa noche, un dolor en su pie lo despertó. Eso suele ser cuando consideran que el magnesio es el culpable.

ANTÍDOTO: Naturalmente es para reemplazar el magnesio. Suena bastante simple, ¿verdad? Sin embargo, agregar una gran dosis de magnesio a su intestino causa diarrea. Una dosis de leche de magnesia elimina el estreñimiento. Los proveedores de vitamina estafadores tienen dificultades para engañar a los consumidores, incluso con la comprensión más básica del magnesio: si el suplemento de magnesio que está tomando no hace rugir a su estómago, probablemente sea un producto fraudulento.

Coma alimentos altos en magnesio parece un buen consejo a primera vista. Pero este consejo se queda corto si los alimentos en sí ya no son confiables en su contenido de magnesio debido a los pobres nutrientes del suelo en todo el mundo.

Recomiendo una opción diferente. Use su piel. Sí, eso es correcto. Use el órgano más grande de su cuerpo para absorber el magnesio.

Mi recomendación favorita es escribir la siguiente receta: Agregue 6 tazas de sal de cloruro de magnesio al agua del baño caliente. Remoje durante 40 minutos dos veces por semana.

Esto no solo ayuda a absorber el magnesio, sino que también agrega un tiempo de relajación muy necesario a su horario. La sal de Epsom, sal de sulfato de magnesio, también se utiliza para remojar baños de magnesio. Desde mi experiencia, los baños de cloruro de magnesio brindan un alivio más intenso y completo de los síntomas de deficiencia de magnesio.

Otras opciones incluyen cremas o aceites enriquecidos con sales de magnesio. Aunque no es tan gratificante como un baño de 40 minutos, estas aplicaciones tópicas hacen son buenas para aliviar los síntomas cuando se aplican de forma rutinaria.

OBJECIÓN # 7: "Las dietas bajas en carbohidratos causan colesterol alto"

Esa respuesta es en parte cierta. Pero el colesterol que sube es en realidad su colesterol bueno (HDL). Para que esto suceda, debe disminuir y posteriormente eliminar los carbohidratos de su dieta.

Aumentar su colesterol bueno y bajar sus niveles de triglicéridos conduce a un corazón más saludable. ¿Cómo? Reducir los carbohidratos reduce la inflamación de su sistema.

El colesterol malo (LDL) es otra historia. El colesterol fue vendido a nosotros como un predictor de enfermedades del corazón. El colesterol que come es una fracción de lo que hace dentro de su cuerpo. Su hígado y otras células producen colesterol para mantener sus tejidos. Es una sustancia de reparación crucial necesaria para corregir el daño celular.

El colesterol también es el compuesto de partida para producir hormonas importantes como el estrógeno, la testosterona, la progesterona, el cortisol y la aldosterona. Este compuesto es una parte integral de su cerebro y es crucial para la función adecuada de las células nerviosas. Sin colesterol, el cuerpo humano no funciona.

En realidad, nuestro cuerpo produce colesterol adicional cuando detecta que algo necesita ser reparado.

El colesterol elevado indica la presencia de inflamación y daño de tejidos. El colesterol puede advertirnos de un problema subyacente de inflamación.

Una dieta alta en grasas y baja en carbohidratos reduce tanto la inflamación como los niveles de colesterol en la sangre. Vuelva a leer esa frase. Vale la pena repetirlo. Una dieta alta en grasas y baja en carbohidratos reduce tanto la inflamación como los niveles de colesterol en la sangre.

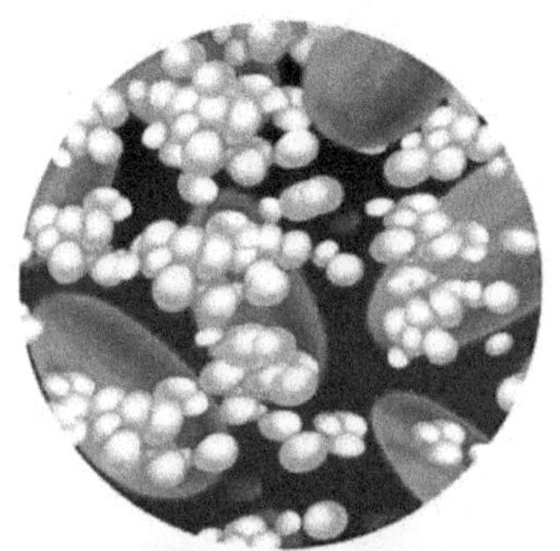

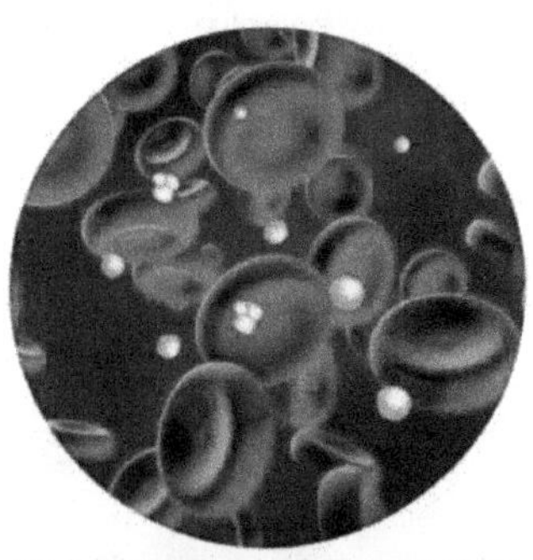

CARBOHYDRATE-INDUCED AND FAT-INDUCED LIPEMIA
AHRENS ET AL.
Transactions of Association of American Physicians 1961

Eche un vistazo a estas 2 muestras de sangre del mismo paciente. Este es un informe de 1961 de la Asociación de Médicos Americanos. Colocaron a los pacientes en una dieta alta en carbohidratos y probaron su plasma en ayunas (la parte incolora del líquido de su sangre). Luego colocaron a los mismos pacientes en varias semanas de una dieta alta en grasas con bajos carbohidratos. Después de semanas de cada dieta, probaron el plasma en ayunas del paciente.

La dieta alta en carbohidratos llenó la muestra de plasma con glóbulos blancos y grasos de colesterol. (Observe el tubo de ensayo a la izquierda.)

Sin embargo, el plasma de la dieta alta en grasa y baja en carbohidratos del mismo paciente produjo un suero claro con poca o ninguna grasa suspendida. (El tubo de ensayo a la derecha.)

La aterosclerosis puede detenerse después de dos años con una dieta cetogénica. Esto es consistente con la experiencia clínica de mis pacientes. La parte clave de esta ecuación es que DEBE reducir los carbohidratos mientras come mucha grasa. Sin respetar ambas reglas al mismo tiempo, se dirige al desastre.

No juegue.

Asegúrese de demostrarse a sí mismo y al mundo médico que efectivamente está produciendo cetonas.

Compruebe regularmente.

Capítulo 19

Lecciones de la Dra. Bosworth:

COMPRAS PARA EL PRINCIPIO

Este es un truco sucio. Si abrió este libro y quiso correr a la tienda y comprar alimentos ceto para la dieta, DETÉNGASE.

Por favor, no vaya de compras hasta que haya completado con éxito el capítulo "¿Cómo comienzo?".

Para el resto de ustedes, use esta colección de alimentos para reabastecer su despensa. Recuerde cuando le pedí que hiciera "PAUSA". Esta lista es lo que le pediría que lleve a la tienda de comestibles después de hacer una pausa.

Mantenga un suministro de lo siguiente:

COMIDAS CONGELADAS:

Brócoli
Coliflor
Pimientos
Cebollas (secas es mejor que congeladas)

Okra
Espinacas
col rizada
Moras congeladas (Esta es la única fruta en la lista.)

COMIDA FRESCA
Toda una cabeza de repollo
Aguacates

Cuando hice la dieta por primera vez, las verduras congeladas me mantuvieron en cetosis. Me ayudaron a evitar las trampas cuando no tenía tiempo de ir a la tienda de abarrotes o de cortar verduras frescas. Cuando mi paladar cambió, descubrí que tener una cabeza de repollo en la nevera era mucho más gratificante para comer que las verduras congeladas. La col no se echó a perder en la nevera y recompensó mi ansia por un sabor fresco. Alternativamente, coloque rodajas de repollo con mantequilla derretida y ajo y colóquelo debajo de la parrilla para que sea un complemento rápido y sabroso para las comidas.

Los aguacates y yo hemos tenido una relación de amor-odio. Me encanta el sabor cuando están frescos. Salpicaré un aguacate maduro y lo comeré directamente de su piel. Pero donde yo vivo son demasiado costosos como para abrirlo y darme cuenta de que ya está pasado. Use este truco cuando abra un aguacate y encuentre que comienza a echarse a perder. Saque el aguacate en una bolsa con cierre y colóquelo en el congelador. Los aguacates congelados que se agregan a la crema batida pesada o la crema de coco son la base de docenas de recetas de bombas de grasa congeladas. He agregado polvo de mantequilla de maní, algunas nueces de macadamia y un toque de stevia a la licuadora para la solución perfecta de ceto.

Tenía varias especias y hierbas en mi armario antes de comenzar, pero habían estado en esas mismas cocteleras de especias durante media docena de años. Este cambio en el combustible de los alimentos me envió a la caza de recetas para los deliciosos alimentos permitidos en la dieta. Mi fracaso inicial en la producción de cetonas se debió en gran parte a los carbohidratos ocultos en los alimentos a los que me había acostumbrado. Una vez que finalmente hice unas pocas cetonas, solo confié en los alimentos que preparé personalmente en mi cocina. Esta lista de sabores llevó mis experimentos de cocina al siguiente nivel.

Romero

Jengibre

Albahaca (compre una planta en maceta de albahaca. La extrema diferencia de sabor entre la albahaca fresca y la albahaca seca asombra mi lengua cada vez).

Orégano

Condimento italiano

Condimento de Cajun

Pimienta negra

Sal rosa

CACAO	COCOA
RAW, UNPROCESSED CACAO BEANS	LOOKS THE SAME AS CACAO POWDER
BEANS ARE COLD PRESSED: DRIED, FERMENTED AND HEATED AT LOW TEMP.	HARVESTED THE SAME WAY AS CACAO BUT HEATED AT VERY HIGH TEMPERATURES
ORAC* VALUE OF 95,500	ORAC* VALUE OF 26,500
HIGH IRON, COPPER, ZINC, MAGNESIUM, CALCIUM AND SULFUR	HARVESTED RESULTS IN LESS MINERALS ANE ANTIOXIDANTS, BUT STILL GOOD FOR YOU
NOT AS SWEET AS COCOA	MUCH SWEETER

***METHOD OF MEASURING ANTIOXIDANT POWER**

Después de dos semanas de cetosis y unas pocas noches de calambres en las piernas, encontré todas las formas posibles de mejorar mi magnesio. Los baños de sal corrigieron muchos de mis síntomas. Sin embargo, la adición de sal rosada del Himalaya a todos mis alimentos y unos pocos cristales en mi bolsillo me ayudaron a prevenir los problemas de bajo nivel de magnesio o las noches de insomnio.

Cada cocina keto debe tener una gran cantidad de huevos, mantequilla de verdad y crema batida pesada. Casi todas las recetas de ceto trata incluyen estos ingredientes. Las latas de crema de coco son una nueva norma para mi despensa. En momentos inesperados, cuando mi caja de nata montada se queda vacía, la crema de coco está ahí para rescatar mis recetas. Guardo una lata en el refrigerador para endurecer la grasa lo suficiente para que pueda sacar el agua de coco. Rápido, sabroso y resistente al deterioro.

Jugo de limón / lima
Canela
Extracto de vainilla
Cacao en polvo (no chocolate en polvo)
Crema de coco (3-4 latas)
Nueces Pili
Nueces de macadamia
Semillas de chia
Mantequilla de almendras
Almendras

HECHOS DE LA GRASA

Las grasas y los aceites se dividen en tres grupos principales: saturados, monoinsaturados y poliinsaturados.

• Las grasas saturadas (SFA) son sólidas a temperatura ambiente. Ejemplos: manteca, mantequilla y aceite de coco. Estas grasas son las más químicamente estables y las menos inflamatorias.

• Las grasas monoinsaturadas (MUFA) incluyen sebo de res, aceite de oliva, aceite de aguacate, aceite de macadamia y aceite de avellana.

• Las grasas poliinsaturadas (PUFA) son las menos estables de todas las grasas. Son propensos a la rancidez y son fácilmente afectados por el calor y la luz. PUFA vienen en dos tipos: omega-6 y omega-3. Las grasas omega-6 tienden a ser más inflamatorias. Algo menos inflamatorio son las siempre populares grasas omega-3 que se encuentran en el aceite de pescado y el pescado graso.

Elija su grasa con su sistema digestivo en mente. Las grasas saturadas y monoinsaturadas como la mantequilla, las nueces de macadamia, el aceite de coco, el aceite de oliva, el aceite de aguacate y las yemas de huevo son más fáciles para el estómago. Muchas personas no pueden manejar el consumo de grandes cantidades de grasas poliinsaturadas. Los aceites vegetales Omega-6 PUFA, como los aceites de soja, girasol, cártamo, maíz y canola ya no se encuentran en mis armarios. Tampoco hay muchos productos que contengan estos aceites, como la mayonesa y la margarina procesadas comercialmente.

Cuando aconsejo a los pacientes sobre qué tipo de grasa comprar, los aliento a encontrar los alimentos que les gustan. Paso mucho tiempo tranquilizando a los pacientes que el enemigo no está al acecho en grasas animales saturadas. Guarda la grasa del tocino para freír tu brócoli. ¡Mmm! Al comprar agrega estos aceites a tu carrito:

MCT Oil Powder (Asegúrese de que diga C8: C10)
Aceite de coco

Mantequilla
Aceite de oliva

Las golosinas saladas son una necesidad en esta dieta. Desde la transición a esta dieta, he agregado estos dos artículos a mi armario.

Aceitunas En Aceite
Ensalada de aceitunas Muffuletta (en un tarro). ¿Nunca ha oído hablar de esto? Sólo cómprelo. Cuando se canse de los huevos simples, agregue esto. Eso hace toda la diferencia.

Los sustitutos del azúcar no se recomiendan a largo plazo. Sin embargo, para el principiante, ciertamente proporciona un puente para usar en lugar de azúcar. El éxito de la cetona ocurre cuando se eliminan de su vida. Usar con precaución:

Stevia
Truvia [Eritritol (un alcohol de azúcar) + Rebaudiósido A (un compuesto dulce aislado de la planta de stevia)]
Fruta de monje

El resto de la lista. . .
Queso crema
Crema batida pesada
Mayonesa De Aceite De Aguacate
Sardinas en aceite (No se queje hasta que las haya probado).
Embutido de hígado (No se asuste. Solo pruébelo)
café
Té
Agua mineral
Kombucha

OBJECIÓN # 8: "¿Qué pasa con el ejercicio? Estoy entrenando para una maratón, y uso carbohidratos, carbohidratos y carbohidratos para mi combustible ".

En primer lugar, ¡qué bueno que corra en una maratón! Estas personas son fanáticas. Correr 26 millas es una cosa; correr una y otra vez esforzándose por conseguir un mejor resultado, es inspirador.

Los atletas de resistencia prestan mucha atención a su energía alimentaria. Si se quedan sin energía utilizable al final de su carrera, suceden cosas malas.

La próxima vez que su comunidad sea anfitriona de un maratón, ofrezca voluntarios para repartir agua o proteger una intersección en la última milla de la carrera. Observe lo que les sucede a algunos de los atletas mal preparados cuando se empujan a sí mismos hasta el final de la carrera.

'Bonking' es el término para quedarse sin combustible durante una carrera de resistencia. Específicamente, falta el combustible para su cerebro. Si son atletas tradicionales, sus cuerpos tienen carburador. Su fuente de combustible de glucosa debe reponerse una y otra vez a lo largo de la carrera. Se queman a través de sus "agujas de pino" con una rapidez perversa con toda la energía necesaria para correr. Esto produce una situación delicada una vez que han consumido todos los azúcares almacenados en forma de glucógeno. Necesitan arrojar la cantidad adecuada de 'agujas de pino' en sus hornos para seguir compitiendo. Si se quedan sin glucosa, 'bonk'. Su cerebro se apaga porque es totalmente dependiente de la glucosa.

Incluso un atleta delgado con menos de 15% de grasa corporal puede cargar más de 50,000 kilocalorías en su grasa. Estas calorías son inútiles para ellos porque su sistema no está adaptado para quemar grasa como combustible. Y déjeme decirle que la última milla de una carrera de 100 millas no es el momento de pedirle a su cuerpo que descubra la cetosis. Después de varias horas de ejercicio intenso, un atleta que se está quedando sin la glucosa disponible describirá su 'bonk' como una experiencia extraña en la que coinciden una pérdida dramática en el rendimiento, una profunda depresión repentina y los antojos intensos de comida. Los observadores pueden notar que el atleta tiembla y tiembla con escalofríos. Pierden el control de esfínteres. Tropiezan como si estuvieran borrachos mientras su cerebro revuelve para encontrar algún bocado de glucosa persistente alrededor.

Cuando un atleta se "golpea contra el muro" es como si un camión que lleva gasolina se va quedando sin combustible diesel.
El camión tiene un montón de gasolina de carga pero su motor no está equipado para usar ese tipo de combustible.

Por otro lado, los atletas de resistencia alimentados con grasa tienen la flexibilidad de elegir sus fuentes de combustible. Si practicaron cargar combustible con grasa durante semanas antes de su carrera, tienen una clara ventaja. Sus células cerebrales pueden utilizar cualquiera de los dos combustibles. Si su cuerpo tiene poco combustible, pueden agregar un poco de glucosa y usarla. Pero si se quedan sin glucosa, sus células adaptadas a ceto activan la parte de sus hornos que queman grasas en lugar de carbohidratos. Esta transición se produce en un instante si están adaptados a ceto. Ellos no se 'apagan'. No lo hacen, a menos que sufran el raro problema de quedarse sin grasa.

El atleta que se calienta es muy parecido a un camión diésel que se queda sin combustible mientras arrastra un tanque lleno de gasolina. Hay combustible de gasolina en su tanque, pero los motores diésel no están equipados para usar gasolina.

Los atletas de resistencia bajos en carbohidratos y cargados de grasa no solo corren carreras, están ganando en tiempos récord. Nada llama la atención de los atletas de resistencia competitiva, como los títulos. Estos atletas están arrojando los alimentos densos en carbohidratos y masticando grasa como combustible. Solo piense cuánto tiempo le restan a una carrera si no tienen que hacer una pausa para ir al baño diez veces en el último tramo de la carrera.

ADVERTENCIA A LOS ATLETAS: Si cambia su combustible de carbohidratos a un plan de sistema de combustible de grasa en unas pocas semanas de rendimiento reducido antes de obtener los beneficios. No lo haga la semana anterior a su gran carrera. Repasar el capítulo sobre las 5 fases de la adaptación al ceto. Preste especial atención a cuándo sus músculos y su cerebro alcanzan una capacidad de procesamiento de cetonas óptimo. Para obtener la ventaja de alimentar su cuerpo con cualquiera de los dos combustibles, necesita de 4-6 semanas de cetosis constante antes de competir.

Pero, ¿qué significa todo esto para el resto de nosotros?

Quemar grasa como combustible permite una producción de cetonas constante. El hambre sencillamente desaparece. El hambre proviene de los niveles inestables de azúcar que suben y bajan. Altos. Bajos. Altos. Bajos. Cuando la fuente de energía que tiene es estable, los antojos por ciertas comidas desaparecen. Lo mas importante es que la inflamación de su cuerpo se reduce cada semana que esta en cetosis.

COMPARE 100 GRAMOS DE COMIDAS					
COMIDA 100 GRAMS	Agua	Grasa	Carbo-hidra-tos	Proteí-na	TOTAL
AZÚCARES	0	0	100	0	100
ACEITE DE OLIVA	0	100	0	0	100
HUEVOS	76	10	1	13	100
MANTECA	0	100	0	0	100
MANTEQUILLA	18	81	0	1	100
CREMA/NATA	58	37	3	2	100
FETA	61	21	4	14	100
CARNE DE RES	71	7	0	21	100
SARDINAS	64	11	0	25	100
EMBUTIDO DE HÍGADO	54	28	3	15	100
BRÓCOLI	90	0	7	3	100

Capítulo 20

Lecciones de la Dra. Bosworth:

AYUNO INTERMITENTE

AYUNO INTERMITENTE: NO ES UNA DIETA BAJA EN CALORÍAS. Por favor, no confunda mis consejos de ayuno intermitente con consejos de matarse de hambre. Permítame ser clara: ¡NO SE PERMITEN LAS HAMBRUNAS!

Una dieta baja en calorías está prohibida. El ayuno intermitente (IF, por sus siglas en inglés) es mucho mejor que una dieta baja en calorías o una dieta con calorías reducidas. De hecho, yo diría que son cosas opuestas. El ayuno intermitente cambia la química de su cuerpo de manera contraria a las dietas bajas en calorías.

Una dieta de calorías reducidas debería ser llamada una tortura. No importa su nombre, lo que hace esta dieta es sugerirle a su cuerpo que guarde grasa. Las dietas bajas en calorías hacen que su cuerpo guarde la grasa en sus células que sirven para guardar grasa. Si quiere que su cuerpo almacene energía de manera eficiente en sus células grasas, haga una dieta baja en calorías. Los estudios que hablan de dietas bajas en calorías han demostrado esto, una y otra vez.

Dese cuenta de que no he mencionado carbohidratos o grasa. Cuando indague acerca de cualquier dieta baja en calorías, dese cuenta de que los instructores de estas dietas seleccionan comidas con las calorías más bajas. Las grasas aumentan el mayor numero de calorías por bocado, por lo que las grasas casi no las seleccionan. Cuando los nutricionistas agregan las grasas a los alimentos, de repente su dieta baja en calorías ya no es baja en calorías

Mire el gráfico de comparación de la dieta que muestra las calorías en la parte inferior y los carbohidratos en el lado izquierdo.

Por ejemplo, una dieta muy baja en calorías recomienda una ingesta diaria total de 800 kilocalorías (kcal) en forma de líquidos o suplementos de barras de proteína. ¿Los resultados? Después de varias semanas, las personas con esta dieta pueden ver una pérdida significativa de peso. Sin embargo, sus cuerpos están en crisis. Su sistema está estresado, y puede medir sus hormonas del estrés para probarlo. No duermen bien. Se sienten cansados, malhumorados y cuentan hasta el día en que pueden comenzar a comer nuevamente. Lamentablemente, su metabolismo sufrió el mayor daño. Durante las 8 semanas de la dura prueba de su dieta, su cuerpo permanece en el modo "almacenar todo lo que pueda encontrar". Cuando vuelvan a comer, tenga cuidado. ¡BOOOM! Las calorías serán absorbidas para que nunca más se liberen.

¿Por qué el cuerpo reacciona de esta manera?

El cuerpo registró un goteo de combustible entrante y esos recursos limitados transmitieron un mensaje de que "está a punto de enfrentar el hambre". La palabra clave es 'acerca de'. Nunca entran en un tiempo de ausencia de calorías. La evolución le ha enseñado a cada una de sus células que cuando la comida escasea, necesitan almacenar calorías porque se avecina una hambruna. Las personas con dietas de hambre o bajas en ca-

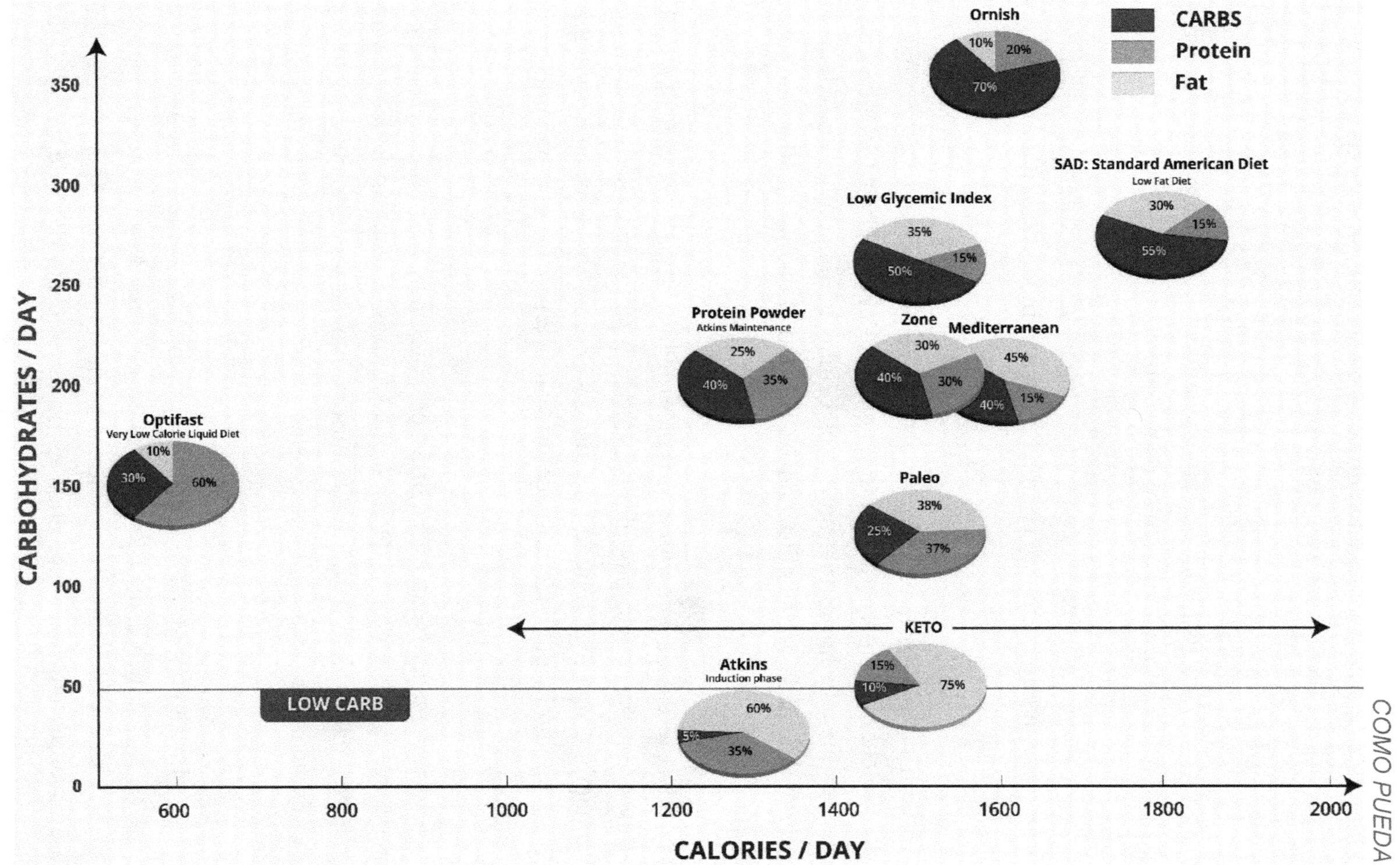
CARBS
Protein
Fat
Ornish
10%
20%
70%
SAD: Standard American Diet
Low Fat Diet
30%
15%
55%
Low Glycemic Index
35%
15%
50%
Protein Powder
Atkins Maintenance
25%
40%
35%
Zone
30%
40%
30%
Mediterranean
45%
40%
15%
Optifast
Very Low Calorie Liquid Diet
10%
30%
60%
Paleo
38%
25%
37%
KETO
15%
10%
75%
Atkins
Induction phase
60%
5%
35%
LOW CARB
CARBOHYDRATES / DAY
350
300
250
200
150
100
50
0
600
800
1000
1200
1400
1600
1800
2000
CALORIES / DAY

lorías están a solo unos cientos de calorías de un estado bioquímico donde sus células dicen el mensaje opuesto.

Quite esas calorías finales y el mensaje cambia a 'Estamos en una hambruna, libere calorías del almacenamiento. Necesitamos sobrevivir usando todos los recursos dentro de nuestro cuerpo '.

Al consumir pocas calorías en lugar de cero calorías, la química de su cuerpo nunca cambia completamente al modo de ayuno. Se pierdes las ventajas del ayuno.

Una dieta baja en calorías disminuye gradualmente su metabolismo. Su cuerpo se prepara para lo que vendrá al conservar todas las calorías posibles. El horno interno de sus células también ayuda a reducir la energía quemada en las mitocondrias en todo el cuerpo. Traducción: cansancio.

Este estado 'pre-ayuno' sabotea incluso a las personas más diligentes. En este estado bioquímico, tortura a su cuerpo con un murmullo de hambre, una irritabilidad nerviosa, así como una sensación inestable de estrés inminente. ¿Cómo hace esto su cuerpo? En una palabra, es su química.

Las dietas bajas en calorías proporcionan la química ideal para mantener la grasa dentro de las células grasas. Cuanto más tiempo permanezca en su dieta basada en la tortura, mayor será el daño a su motor metabólico. En pocas palabras, estás atrapado en una carrera hacia el fondo.

En algún momento, comerá normalmente otra vez. ¡He tenido pacientes que siguen estas dietas bajas en calorías durante meses, incluso años, y su metabolismo se desplomó a tan solo 600 calorías por día! En ese nivel, es tan fácil para ellos ganar peso. Cada poco de comida que ingieren después de las primeras 600 calorías se acumula en el almacenamiento de grasa. ¡Se quedan allí para siempre! Bloqueado El cuerpo compensa todo el tiempo perdido dedicado a mendigar más calorías al almacenar algo adicional. Esa señal química permanece activa durante semanas después de que vuelvan a comer. Es como si su cuerpo no confiara en que la comida permanecerá disponible. En mi clínica, toma de 6 a 12 semanas reparar ese metabolismo roto.

En resumen, si sigue una dieta reducida en calorías:

Su metabolismo se ralentiza.

Tiene hambre todo el tiempo.

Revierte cualquier proceso de pérdida de peso porque está luchando contra sus propias hormonas.

Ahora puede preguntar "¿Cómo es una dieta reducida en calorías diferente al ayuno?"

Extrañamente, la diferencia cuando se mide por la ingesta de calorías está a solo unos cientos de calorías, pero los efectos bioquímicos divergentes no podrían ser más pronunciados.

La química del ayuno es una extensión de la química cetogénica. Tanto la química basada en el ayuno como la química basada en la cetosis producen los efectos opuestos de un ajuste bajo en calorías. Detener completamente su ingesta de calorías enciende el sistema de producción de cetonas de su cuerpo.

Se lo explico a mis pacientes de esta manera: en un estado químico bajo en calorías, esas pocas calorías le dice a su cuerpo que realmente va a responder al hambre y comer. Su cuerpo recibe la señal de que hay comida alrededor, pero no mucha. ¡Su cuerpo recibe la orden de conservar las calorías que encuentra e incluso envía algunas señales irritantes y agresivas a su cerebro para que tome los alimentos! Su cuerpo luego almacena muchas de esas calorías para la hambruna inminente percibida.

Cuando está ayunando, su cuerpo recibe el mensaje muy claro de que no hay comida. Estás solo para sobrevivir hasta que la comida vuelva a estar disponible. La química y las hormonas escuchan UN MENSAJE: No hay comida. El mensaje químico es: 'No mueras entre ahora y la próxima comida. Usa tu energía almacenada. Esta señal es clara y efectiva. Dentro de las 12 horas, la química de su cuerpo comienza a cambiar. Esta señal bioquímica es más alta y clara después de 72 horas de ayuno. Las señales químicas aumentan a lo largo de su cuerpo y le indican a las células que quemen calorías de sus reservas de energía: ¡su grasa almacenada!

La cetosis y el ayuno se encuentran en el mismo espectro de la química corporal. Por supuesto, el ayuno presenta un ajuste químico más intenso en comparación con la cetosis.

KETO PATIENT 50 POUND- WEIGHT LOSS OVER 54 WEEKS.					
	PRE-KETO	INDUCTION	ADAPTING	KETO-ADAPTED	MAINTAIN
		Week 1	Weeks 2-13	Weeks 14-53	Weeks 54+
Weight	210	200	180	160	150
Daily Calories Consumed	800	1400	1800	2150	2200
Total Calories Used in a Day	800	2800	2600	2400	2200
Daily Carb Grams	130	20	25-30	30-40	55
Pounds of **Fat** Weight Lost Every Week	0	0 All 20 lbs = water weight lost while metabolism boosts.	1.7 Best Fat Loss	0.5 Continued, steady Fat Loss	0

El ayuno intermitente envía un mensaje químico muy claro y distinto a su cuerpo para cambiar y no adaptarse a las calorías durante las siguientes 12, 24 o 36 horas, sin importar cuánto tiempo permanezca en ayunas. Cuando coma, no destruya ese cambio químico con los carbohidratos o el exceso de proteínas. En su lugar, adoptar una dieta de cetosis alta en grasa. Al hacerlo, mantiene bajos los niveles de insulina y permite que sus células accedan a las calorías almacenadas de su cuerpo: sus depósitos de grasa si es necesario.

Los estudios indican que la química corporal de reducción de calorías conduce a un desorden metabólico desastroso. Esto sucede cada vez. Una gran cantidad de estudios han demostrado que cuando reduce calorías, el cuerpo se desliza hacia un metabolismo más lento. También su cuerpo almacena instintivamente calorías en preparación para la inanición. Almacena toda esa energía y aguarda la "sequía" de calorías que pronto llegará. Cuando restringimos, en lugar de detener la ingesta de calorías, nos quedamos estancados en esa química "pre-hambruna" (pre-ayuno).

Mire detenidamente esta tabla que documenta el progreso de una persona que pierde cincuenta libras de grasa. Antes de pasar a la cetosis, había reducido su metabolismo a 800 calorías por día. Ella necesitaba 800 calorías para mantenerse con vida. Si ella comiera exactamente 800 calorías por día, su sistema usaría esas 800 calorías para mantenerse con vida e indicaría que todas las mitocondrias disminuyan su velocidad. 'Usa menos energía'.

Mañana su cuerpo necesitaría solo 799 calorías para mantenerse con vida. Si ella comió 130 carbohidratos a través de su dieta baja en calorías / grasa pero accidentalmente comió un bocado extra, aumentando su total a 820 calorías, las 20 calorías adicionales se almacenarán. Ella se engordaría. Su cuerpo siguió las reglas al poner cada caloría extra en sus células de grasa. En nuestro ejemplo, cualquier cantidad de más de 800 calorías es adicional porque está en modo de 'pre-hambruna'. Su cuerpo la protegió almacenando todas las calorías adicionales sobre el gasto de energía de su cuerpo, o la cantidad base de energía para mantenerla con vida.

En el cuadro, ella cambia a una dieta cetogénica que provocó un cambio en la química que descargó su agua extra y comenzó la rehabilitación lenta de su metabolismo roto. Las primeras veinte libras que perdió provinieron de deshacerse de toda esa agua extra.

Veinticinco días después de su inicio, su cuerpo se adaptó completamente al uso de la grasa como combustible. Observe su fila de 'Gastos'. Esto se refiere a la cantidad de energía que se necesita para alimentar su cuerpo cada día. Piense en sus hornos. En el ajuste de 800 calorías, sus hornos estaban casi apagados. Todos los hornos restantes quemaron su combustible a base de carbohidratos, esas "agujas de pino" que se queman con rapidez. Inicialmente, ella discutió diciendo: "Pero Doc, estoy en una dieta rica en proteínas". No pudo comprender que forzó a la mayoría de esas proteínas a usar carburante debido a su química de prehambruna.

La diferencia entre un gasto de energía de 800 calorías y un gasto de 2800 calorías provocó un rayo en todo su cuerpo. Su sistema alimentado con 800 calorías hizo que se viera y se sintiera marchita, completa con el cabello fino, la piel opaca y un cerebro que pasa de una tarea a otra. Durante mi primera visita con ella, noté sus síntomas de habla ahogada y con dificultad por tener el cerebro inflamado, tóxico y alimentado por azúcar.

La ingesta de 2800 calorías tardó dos semanas en despertar sus mitocondrias sin vida y encendió un fuego en su metabolismo. ¿Cómo supe que su metabolismo era tan alto? No hace falta tener un título médico para darse cuenta de eso. Todos lo vieron. Su energía era contagiosa.

Ella perdió 70 libras en ese año. Vale la pena señalar que la tabla muestra sus primeras 50 libras. Las 20 libras finales llegaron cuando bajó sus carbohidratos a unos 30 gramos por día. Su historial de "química de almacenamiento de energía" era muy sensible a los carbohidratos. El menor aumento en carbohidratos y su sistema se deslizaron para producir insulina y bloquear sus células grasas.

OBJECCIÓN # 9 "Espere. ¿Por qué estaba comiendo 30 carbohidratos por día? ¿No viola esto la regla de los 20 gramos? "

Ella simplemente mide sus cetonas en sangre y glucosa. Ella se estudió a sí misma. Cuando comía más de 50 carbohidratos por día, sus cetonas en sangre rara vez estaban en cetosis (cualquier lectura superior a 0.5 mM). Cuando se quedaba con 20 carbohidratos por día, siempre estaba en cetosis, pero se daba por vencida ante las tentaciones. Gradualmente aumentó su consumo de carbohidratos a 30 gramos por día cuando aún estaba en cetosis, pero podía comer suficientes carbohidratos para decir no a los alimentos que no debía comer.

Esta dieta es una ecuación química medible. Mida su química para demostrarte lo que está sucediendo con tu sistema. Ajuste su ingesta de alimentos en la ecuación para obtener el efecto deseado.

Al final de ese año, tenía un tono de piel radiante, un nuevo crecimiento de cabello sano y abundante energía. La mejor victoria en su transición cetogénica es que esta mujer ahora tiene el metabolismo que le permitirá caer en alguna tentación de vez en cuando. Si come en exceso y deja de producir cetonas, todavía tiene un motor incorporado para revertir cualquier desequilibrio antes de que su trampa tenga la oportunidad de producir mucho aumento de peso.

Cuando se le preguntó cuál era la clave de su éxito, ella respondió: "Probar mis cetonas todos los días. Tenía que ser honesta conmigo mismo. Me convertí en la dama de cetonas en el trabajo. Tenía que seguir demostrando que estaba comiendo bien. Muchos amigos y familiares pensaron que estaba loca por comer tanta grasa. Los palitos de cetona me ayudaron a saber que estaba haciendo esto correctamente y científicamente. Todos los días me orinaba en un palo. Eso hizo toda la diferencia ".

PUNTO CLAVE:

La reducción de calorías aumenta su hambre y disminuye su metabolismo.

El ayuno intermitente hace lo contrario. Disminuye el apetito al mismo tiempo que estimula su metabolismo, al mismo tiempo que quema la grasa almacenada.

Capítulo 21

Abuela Rose: A 40 DÍAS DE AYUNO INTERRUPTADO

Durante los dos días siguientes, vigilé su habitación del hospital. Nuestro objetivo era cuarenta días de ayuno secreto. Ninguna de las dos teníamos la confianza o la energía para convencer a alguien más. En la tranquila oscuridad de la habitación del hospital, planeamos nuestros próximos pasos.

A la mañana siguiente, su equipo médico le ofreció comida de hospital llena de carbohidratos. Para nosotros, esto representaba al enemigo. Los carbohidratos = azúcar. Azúcar = El diablo.

Sus órdenes en la tabla reflejaban su plan de introducir lentamente los alimentos en su dieta. Llegaron las bandejas de gelatina y helados y pudines. Sonríe a su alrededor. Las enfermeras se fueron y su comida se fue por el retrete. ¡LÁSTIMA!

Echamos, a escondidas, TODA la comida del hospital, ocultando cualquier evidencia de nuestras mentiras.

Mientras tanto, la coloqué en las 'cosas buenas' – CALDO DE HUESO.

Si me hubieras pedido que leyera esta historia un año antes, habría dicho que esta mujer podría ser una doctora en medicina, pero que va a matar a su madre.

Varias veces a lo largo de los meses anteriores, había leído acerca de las personas con ceto que usaban caldo de huesos para sus ayunos. El ayuno seguía siendo esta idea fuera de alcance antes de ahora. Cada vez que encontré información sobre estos ayunos más largos, los repasé confiados en que nunca necesitaría esa información. La noche en que sus abscesos se agotaron, me agaché en la penumbra del pasillo de su hospital, retrocediendo para encontrar toda la información que faltaba.

Hubo algunas reglas ridículas sobre el caldo de hueso inútil versus una versión densa en nutrientes. Esperando nunca probarlo, y mucho menos vivirlo por más de un mes, ni siquiera había leído la información. En las sombras del hospital, había aprendido que el caldo de huesos no era exactamente el agua salada que había imaginado. En contraste, esta mezcla rica en nutrientes era una cucharada de oro.

La diferencia comenzó con los huesos. Muchos huesos pequeños, como los de las gallinas o los nudillos de las vacas, proporcionaron una mayor área de superficie para la médula ósea. La médula, que se encuentra dentro de la parte hueca de un hueso, llena cada bocado con la magia de Mary Poppins. Cada bocado está lleno de nutrientes. Si todo lo que comió durante 40 días era caldo de médula ósea, tenía la posibilidad de lograrlo. Y al decir "lograrlo" me refería a vivir versus morir.

En ese momento, sus intestinos inflamados, bloqueados, inflamados e infectados habían creado un túnel desde el interior de sus entrañas que conectaban esos abscesos congestionados. Este desvío vinculó su comida no utilizada a la parte superior de su vagina. Este frágil desorden de un túnel necesitaba trabajar el mínimo posible.

Varias cucharaditas de nutrientes densos entrarían en su estómago y nuestra esperanza era que todo menos una partícula de esos nutrientes fuera absorbida antes de llegar a su túnel de desvío.

LO BUENO: ¿Cómo se puede decir "buen" caldo de hueso de la versión sin valor? El buen caldo se mantuvo en forma de gel a temperatura ambiente. Esta es la manera rápida y sucia de demostrar que el caldo tenía suficiente glucosamina, condroitina y otras proteínas de la médula ósea para proporcionar la densidad de nutrientes que necesitaba la abuela Rose. La queríamos en casa y lejos de todo lo relacionado con el hospital.

Los médicos prometieron la extracción de sus vías intravenosas una vez que su dieta avanzó a "normal". Evitamos la definición oficial de esa palabra. El alimento entró en su estómago y se absorbió por completo antes de que llegara a su salida recientemente redirigida.

Llamé a mis amigos en las redes sociales: "¡Ayuda! ¡Socorro! SE NECESITA: Caldo de huesos gelatinoso para la abuela Rose. "No es sorprendente, nadie entendió de lo que estaba hablando. El caldo de huesos era un término extraño para la mayoría de los que leyeron el mensaje, ni siquiera se toma en cuenta el término adicional 'gelatinoso'. Seguí con la educación en video usando YouTube. Mi aula virtual para compañeros pioneros del Medio Oeste provocó una cocina tradicional.

¿Cómo se vuelve gelatinoso ese caldo?

La abuela Rose ayunó por otros tres días mientras esperábamos la entrega especial de caldo de huesos. Un ayuno completo me asustó, pero ella pasó esos días como una campeona. El suero le hidrató su sistema a la perfección. Celebramos cada vez que analizamos sus cetonas en orina: niveles muy altos.

Su primer trago de caldo nos dejó a ambos ansiosos por una reacción inminente. Tomó una cucharada llena del líquido salado y cálido. Y luego esperamos.

Una hora después, tuvo su segundo bocado.

Todavía nada. En el punto de media taza, una leve oleada de calambres golpeó su barriga y cortó nuestro coraje. Nos detuvimos por ese día.

Los calambres no duraron mucho. Ella descansó

Aliviados por la falta de problemas, volvimos a intentarlo al día siguiente. Una vez más, el éxito. Ella comió 1/4 de taza dos veces ese día. Antes del final del segundo día, encontramos manchas negras en su ropa interior. Sin comida, la descarga resbaladiza casi se había detenido a excepción de una mancha de moco en el forro de su ropa interior. Parecían... mocos gruesos. A veces, un poco de sangre teñía la almohadilla, pero al día siguiente de su primer caldo de huesos, solo aparecieron manchas negras.

Nos quedamos mirando el teclado en silencio, luego nos miramos preguntándonos qué habíamos hecho.

Al unísono dijimos, "la pimienta". Habíamos sazonado el caldo de hueso con sal y pimienta. Esa 'mancha' de nutrientes restantes tuvo que salir.

Al cuarto día, ella tomó dos porciones de caldo caliente y salado. Funcionó.

Diez días de ayuno y tuvimos éxito. Y cuando digo "nosotros" me refiero a la abuela Rose. Mis grandes ambiciones de ayunar mientras la abuela Rose se terminaron después del tercer día.

Había dejado el hospital aturdida por pensamientos distraídos sobre el sistema de eliminación de heces de la abuela Rose. Atrapado en mi niebla mental, manejé y, completamente en piloto automático, ordené mi café con crema. Me di cuenta de que había roto mi ayuno cuando casi había desaparecido. ¡Rayos!

Pero no la abuela Rose. ¡Ella se aferró a ello! La mentalidad 'TODO O NADA' la ayudó a mantenerse en curso. Quería agregar a su impulso, pero ella voló en solitario. Diez días sin nada que comer, excepto pequeñas cantidades de caldo de huesos y ella se elevó en los vientos de su magia Mary Poppins.

El equipo del hospital seguía sin saber lo que los carbohidratos y el azúcar que nos daban se iba por el inodoro. La desafortunada dietista de la cocina del hospital enfrentó nuestra ira colectiva cuando le ofreció a la abuela Rose un batido de helado de chocolate.

Fuera de reprender a la dietista, la abuela Rose miró en alto. Ella estaba fuera de sí pero persistió en un estado de euforia que aumentaba una muesca a la vez. Su euforia era cada vez mayor. Una noche ella no pudo dormir. No es un guiño. Al borde de algún tipo de iluminación, no pudo apagarse.

Mi lectura nocturna sobre los ayunos prolongados me advirtió sobre esta posibilidad de que este estado de euforia ocurriera. El rendimiento mental avanzado se muestra alrededor del quinto día según la mayoría de los blogs e informes que había leído. De hecho, esa previsible noche de insomnio tuvo lugar, pero en el caso de la abuela Rose llegó entre el ayuno del día once y doce.

Mientras más duraba el ayuno, más rápido parecía curarse. Su energía ascendió al nivel más alto que había sentido en meses. La magia de Mary Poppins, o el poder del Espíritu Santo, se filtraba por sus venas.

En el día de ayuno número trece, sin que nadie supiera de su ayuno, salió del hospital.

¿Por qué no decirle al equipo del hospital lo que estábamos haciendo?

Bueno, fue demasiado complicado. La cetosis parecía demasiado poco convencional para compartirla con mis colegas, y mucho menos con el ayuno en tiempos de enfermedades graves y potencialmente mortales. No importaba nada que expertos nacionales e historiadores estuvieran de acuerdo conmigo. Lo que importaba era el equipo frente a mí. Hicieron el mejor trabajo que sabían. No pude conectar la educación cetogénica a las mentes de los miembros del equipo que cuidan a la abuela Rose. Tampoco podría sugerir la ciencia del ayuno. Presentar estas opciones al equipo médico solo habría creado conflicto. El estrés adicional no hubiera sido saludable para la abuela Rose.

La granja proporcionó protección poniendo distancia entre la abuela Rose y el resto del mundo. Ella encontró fuerza en el aislamiento de nuestra antigua granja.

OBJECIÓN # 10: "Si ayuno, romperé mis propios músculos para obtener combustible corporal".

No es verdad. El cuerpo humano no estaba destinado a descomponer sus músculos para usarlo como combustible. Si ese pensamiento fuera cierto, nunca habríamos vivido innumerables hambrunas y largos inviernos en nuestra historia como especie. Cuando su cuerpo se queda sin alimentos, aprovechará su almacenamiento de grasa y la usará para obtener energía. Claro, en etapas extremas de inanición usamos nuestros músculos como combustible. Pero la grasa se vacía primero. Demuestre a sus detractores que está quemando grasas mostrando sus resultados positivos de cetonas. Un palillo de cetona en orina positivo dice: 'Estoy desperdiciando combustible y energía sin usar. Este combustible desperdiciado proviene de la grasa almacenada. Por favor, no se deje intimidar por los mal informados. La idea de que el ayuno hace que usted canibalice sus tejidos musculares para usarlos como combustible simplemente no es cierta. La Madre Naturaleza hizo un mejor trabajo de protegernos que eso.

Caldo de Hueso Que Se Vuelve Gelatinoso

Preparación: 5 mins **Cocinado en Olla Instantánea:** 4 horas **Sirve:** 8 tazas

INGREDIENTES www.MeatButterEggs.com

- 8 tz de agua Mida el agua. No llene la olla hasta el tope. Es demasiado agua.
- 2 huesos de pollo enteros. Quitar la carne y usar solo los huesos. Su olla debe estar todo lo llena posible.
- 1 paquete de patas de pollo (unas 20 patas)
- 1 cucharadita de sal

INSTRUCCIONES

1. Eche los huesos, las patas de pollo, sal y agua en la olla.
2. Use el botón para sopas en su olla instantánea, ponga el cronómetro en 240 minutos. Asegúrese de que la olla quede bien cerrada.
3. Después de 4 horas deje que la olla suelte la presión por sí sola y así evitar que salpique el caldo por toda la cocina.
4. Cuele el caldo en envases. Bebalo o deje que llegue a temperatura de ambiente antes de meterlo en el frigorífico durante una noche y luego congele lo que no va a consumir esta semana.
5. No quite la grasa de encima. La grasa ayuda a que el caldo se mantenga fresco.

Olla Instantánea: Olla a presión moderna. Es más segura que la olla a presión tradicional y en ella se pueden cocinar más cosas.

HUESOS: Guarde los huesos del pollo asado en el congelador. Cuando tenga suficientes huesos como para llenar la olla, haga caldo.

PATAS DE POLLO: No olvide las patas. El colágeno viene de las patas. Esto hace que su caldo quede rico, sabroso y nutricionalmente denso. Al usar una olla instantánea o una olla a presión, no es necesario limpiar la piel o quitar las uñas. Eche todo en la olla. No hay diferencia en el sabor o en la presentación.

Capítulo 22

Lecciones de la Dra. Bosworth:

EL MARAVILLOSO MISTERIO DE LA AUTOFAGIA

Autofagia La traducción literal de esta palabra: 'auto consumirse'.

La autofagia es un tema candente. El Premio Nobel de Fisiología y Medicina 2016 de Yoshinori Ohsumi convirtió los susurros y murmullos anteriores del mundo médico en una conversación en toda regla. Ohsumi descubrió cómo nuestro cuerpo degrada y recicla sus componentes celulares. Autofagia para abreviar.

¿Por qué debería importarle? Se supone que este libro está centrado en las cetonas.

Bueno, resulta que las cetonas y la autofagia están vinculadas.

Baby Boomers: por favor presten atención. Usted sufrió la mayoría de los abusos del establecimiento médico en los últimos 40 años. Antes de que sea demasiado tarde, en el establecimiento médico podríamos tener algunos años para canjear algunas de las atroces recomendaciones que su generación cumplió. La ciencia de cómo se come su cuerpo a sí mismo es algo a lo que debe prestar atención.

Puede sonar extraño, pero este proceso de autofagia puede ser la salvación de la medicina de su época. La ciencia de la autofagia surgió justo a tiempo para los *Boomers*.

La autofagia elimina los residuos que se encuentran dentro de las células de su cuerpo. Todos esos años de células cerebrales mal alimentadas, corazones privados de sueño, fumar en sus primeros años y engordar más que cualquier otra generación anterior lo han dejado con muchas células dañadas. Los restos dentro de su tejido han estado allí durante años. Si tiene sobrepeso, estos restos han existido durante tanto tiempo como esas libras adicionales lo han estado aislando. A eso, súmele diez años.

Las autopsias cerebrales cuentan la historia.

Las proteínas se acumulan en un cerebro dañado. Este cerebro dañado conduce al Parkinson, la enfermedad de Alzheimer y la demencia. El comienzo de estos problemas no comienza con su genética; comienzan con la inflamación.

Después de diez años de inflamación constante, la genética de la materia gris puede desencadenar todo tipo de enfermedades cerebrales. La química producida por la combinación de ayunas y cetonas altas revierte la suciedad inflamatoria que afecta a la mayoría de los cerebros de los *Baby Boomers*. De hecho, esta química disminuye la inflamación del cerebro. El ayuno y las cetonas altas activan las células para comenzar a comer la "basura" que ha estado arruinando las señales y la actividad eléctrica de su cerebro durante años.

Los cerebros destinados a la demencia han estado ahuyentando proteínas adicionales durante años antes de que experimente su primer problema de memoria. Si pudiera hacer una visita virtual a su cerebro el año antes de que su memoria haya empezado a fallar, vería muchas de estas proteínas extrañas y dañadas también conocidas como placas o enredos de neurofibrillas.

¿Ya está experimentando problemas de memoria? ¡Comience a comerse la placa! Estimular la autofagia mediante la adopción de un estilo de vida ceto con el ayuno.

¡Con suerte, ahora sí tengo su atención! Esa extraña palabra con una definición cómica debería interesar a cada *Baby Boomer*.

¿Cómo activar sus procesos de autofagia personal? Afortunadamente, la investigación del premio Nobel Ohsumi arroja luz sobre esta ciencia. La autofagia es un proceso muy regulado en el que las células descomponen los componentes y luego usan esas partes como nutrición.

Nuestras células están programadas para morir. ¿Cuándo morirán sus células?

Eso depende de lo bien que las haya cuidado.

La apoptosis (muerte preprogramada) se activa cuando las células envejecen y se desgastan. Las diferentes células del cuerpo viven más que las otras, pero todas tienen una fecha final, una fecha predestinada en la que morirán. Esa fecha llega más rápido si están mal construidas o inflamadas constantemente.

Un proceso similar ocurre a nivel subcelular. En lugar de desechar toda la célula mediante apoptosis, la autofagia reemplaza solo una sección de la célula. Este proceso no mata a toda la célula.

APOPTOSIS dice: "Esta célula ya no sirve. Se acabó el tiempo, deséchelas".

AUTOPHAGY dice: "Esta sección de la célula ya no sirve. Vamos a descomponerla y usarla como combustible para el resto de la célula".

La autofagia describe los procesos internos de limpieza de sus células. Sus células aspiran escombros y reciclan estas partes como combustible. Las células limpian las proteínas viejas o defectuosas de su interior y las arrojan al horno, las mitocondrias. Afortunadamente, esas llamas encendidas de las mitocondrias también están ahí dentro de la célula.

¿Por qué debería importarle?

Respuestas: Piel flácida después de la pérdida de peso.

Es vergonzoso compartir cuántos pacientes de la generación de los *Boomers* me han dicho estas palabras: "Doc, no quiero perder ese peso. Me dejará con demasiadas arrugas".

Acabo de sacudir la cabeza mientras escribo eso.

Tengo una gran noticia para usted. Si pierde peso mientras estimula la autofagia, su cuerpo "comerá" las células de la piel deformadas que causaron sus arrugas. Usted va a "comer" esos vasos sanguíneos adicionales, células de grasa y células conectadas a medida que pierde peso. Sin ese sobrantes, innecesarios.

Tejido. Su piel se conecta estrechamente al tejido suprayacente. Esto da lugar a la piel tersa, tonificada. ¡sin brazos flácidos!

Haga un viaje a través de la historia. Búsqueda de víctimas del Holocausto en los campos de concentración de la Segunda Guerra Mundial. Las fotos de estas personas muestran una piel tensa y sin pliegues flácidos u ondulados.

Algunos tenían sobrepeso cuando entraron a esos campos. Lamentablemente, perdieron mucho peso durante sus meses o incluso años de encarcelamiento. Estas personas se encontraban en estado de cetosis y en ayunas durante la mayor parte de, o todo, su encierro.

Un cuento de dos personas que perdieron 100 libras:

Uno pierde 100 libras mientras estimula la autofagia. La otra persona, una mujer, utilizó una dieta de tortura baja en calorías para perder la misma cantidad de peso. No hubo autofagia involucrada.

El cuerpo de la paciente con autofagia absorbió con éxito todas sus células de la piel flácida y usó las partes celulares como combustible. Además, no hay carne extra en sus brazos, glúteos o abdomen. Su cuerpo usó ese tejido lleno de proteínas y grasa para alimentar su sistema durante su período de ayuno. Se ahorró el dolor y el gasto de tener que someterse al bisturí de un cirujano plástico solo para cortar esas "alas" de la flacidez.

En el campo médico, estos tejidos sobrantes se denominan colectivamente 'cortina de piel'. La eliminación de todo este exceso de tejido mediante la cirugía conlleva un gran riesgo de pérdida de sangre. Hasta que vi esto con mis propios ojos, subestimé la cantidad de vasos sanguíneos que quedaban en ese tejido luego de una tremenda pérdida de peso.

El paciente con calorías restringidas también perdió peso y se puso más delgado. No hay duda de eso. Pero su programa de pérdida de peso dejó atrás miles de vasos sanguíneos, células de tejido conectivo, células de la piel, células de grasa y más.

Los pacientes que eligen cortar esa cortina de piel después de su pérdida de peso sufren de grandes cicatrices en forma de soga donde el cirujano conectó la piel restante de nuevo. No son cicatrices blandas y flexibles, parecen carreteras queloides.

¿Por qué?

Una palabra: INFLAMACIÓN.

Nunca es más obvio que hay inflamación como cuando la sangre está fuera de los vasos sanguíneos. Miles y miles de pequeños hilos de vasos sanguíneos permanecen en esa cortina de piel. Sin la ayuda de la autofagia, no existe un proceso para eliminar los vasos sanguíneos y tejidos sobrantes que solían contener, alimentar y dar soporte esas capas de grasa. Sin importar qué tan hábil pueda ser su cirujano plástico, cerrar cada pequeño vaso sanguíneo antes de coser los bordes de la piel cerrada deja algunas cicatrices de muy mal aspecto.

Las imágenes nos inquietan a mí ya mis pacientes cuando les cuento sus opciones. Sin embargo, es inspirador ver que las personas pierden 100 libras y NO tienen este problema de "alas flojas". Las personas logran perder peso y evitan la flacidez de la piel solo si desencadenan el proceso llamado autofagia. Al activar el cuerpo para reciclar la energía que se encuentra en el exceso de proteínas y tejido graso de la piel flácida, el cuerpo humano puede, literalmente, auto consumirse que como consecuencias lo dejarán con piel tersa y mejor aspecto.

¿Cómo se desencadena la autofagia?

Esta respuesta involucra bioquímica complicada. Afortunadamente, las notas del acantilado se pueden resumir en una palabra: AYUNO.

Como se mencionó anteriormente, la química de su cuerpo durante los momentos en que no come es una versión mejorada de la misma química que tiene durante la producción de cetonas. Al lograr la cetosis antes de que usted ayune, usted prepara el escenario para una autofagia más rápida. Sus células pueden comenzar a "reciclar" sus partes dañadas en tan solo 12 horas desde el inicio de su ayuno. Por otro lado, si los carbohidratos son la fuente principal de combustible de sus células, la autofagia comienza varios días después de que deja de comer.

Buenas noticias: cuando se encuentra adaptado a la cetosis, no tiene que ayunar como lo hizo la abuela Rose. Ni siquiera tiene que ayunar 24 horas. Al establecer una "ventana de ayuno" de 12 horas todos los días (esto incluye 8 horas mientras duerme), se beneficia del sistema de reciclaje de su cuerpo. De hecho, el ayuno diario puede cambiar su forma de envejecer.

Los beneficios antienvejecimiento del ayuno provienen directamente de la autofagia que se activa cuando las personas dejan de comer durante largos períodos de tiempo. El ayuno desencadena dos reacciones. Primero, para encontrar nutrición a pesar del hecho de que no ha ingerido calorías, su cuerpo comienza a convertir las viejas proteínas basura de sus células, en energía. En segundo lugar, sus células experimentan un estallido en la producción de hormona de crecimiento. La hormona del crecimiento humano promueve el crecimiento muscular y óseo. Este compuesto también empuja a su cuerpo a vaciar sus células grasas.

Mientras escribo este capítulo, estoy en mi quinto día de ayuno. Mis niveles promedio de azúcar en la sangre rondan los 50-80 y mis cetonas han aumentado constantemente al rango de 4.0-5.5. Debido a que este ayuno ocurrió después de meses de cetosis, la transición no fue difícil. De hecho, estaría de acuerdo con la literatura de que los primeros dos días son los más difíciles. Después de eso, cada día parece producir un mayor nivel de energía y un pensamiento más claro. Dos de mis pacientes octogenarios han adoptado recientemente un patrón de siete días de ayuno, seguidos de siete días de banquete de cetosis. Este patrón de alimentación se seleccionó para darles las mejores posibilidades de autofagia en los años restantes.

¿Cómo se detiene la autofagia?

Simplemente empiece a comer de nuevo. Cuando su cuerpo obtiene glucosa de sus alimentos, se activa la producción de insulina y esta hormona frena la autofagia. Incluso la cantidad más pequeña de insulina puede detener el 'reciclaje de energía' en su camino. La autofagia solo es posible a través del ayuno. Una dieta cetogénica le permite volver a un estado de ayuno mucho más fácil y más rápido en comparación con los múltiples días necesarios con una dieta rica en carbohidratos.

BOOMERS: ¡AUTO CONSUMIRSE!

Capítulo 23

Lecciones de la Dra. Bosworth:

BYPASS GÁSTRICO: MUCHAS TRIPAS, CERO ÉXITO

El *bypass* gástrico es probablemente uno de los mayores crímenes cometidos contra los *Baby Boomers* en la historia médica. Es un enfoque atroz a la pérdida de peso. Los clínicos que lo recomiendan ignoran la química de pérdida de peso del cuerpo. Peor aún, una vez finalizada la cirugía los pacientes fueron abandonados. El paquete quirúrgico típico incluye un año de seguimiento. Una vez que esos 365 días han terminado, el equipo quirúrgico desaparece. Los pacientes se quedan con su nueva anatomía redirigida y graves problemas de mala absorción de nutrientes. Los pacientes están completamente solos cuando intentan controlar las consecuencias médicas de la cirugía de *bypass*.

Estos pacientes obesos se sometieron a cirugía con "cerebros inflamados" por años de alta insulina y sin cetonas. Se sometieron a una cirugía mayor. No importa qué etiqueta usó el equipo de cirugía, mini bariátrica o *bypass* de manga o banda gástrica, no se puede negar que este tipo de cirugía es mayor. Este procedimiento agregó más inflamación y trauma a los pacientes ya cargados y enfermos.

A continuación, se someten a un año de inanición postoperatoria. Esto lesiona su cuerpo y su cerebro de nuevo. Con la pérdida de peso basada en la inanición en pleno apogeo, el año posterior a la cirugía el paciente tiene memoria de su mundo anterior como algo nublado, oscuro y deprimido. Se espera que estos pacientes asistan a clases para dominar la ciencia avanzada detrás de sus problemas de malabsorción de por vida inducidos quirúrgicamente. Años después de este delito de cirugía, los pacientes sufren de depresión extrema, un sistema inmunológico debilitado, hormigueo o nervios muertos y diarrea con la mayoría de las comidas.

No tenían idea de que su *bypass* gástrico los estaba destruyendo un día a la vez. La mayoría de ellos continúan luchando contra la obesidad significativa después de haber gastado más de $50,000 por este procedimiento.

Permítanme enumerar algunos de los problemas encontrados después de estas cirugías. Los siguientes nutrientes ya no se absorben correctamente después de la cirugía:

Tiamina, Fosfato de Piridoxal, Folato
Vitamina A, Vitamina K, Vitamina D, Vitamina B12
Omega 3 y Omega 6
Magnesio, fósforo, potasio
Selenio, yodo
Zinc, cobre, hierro,

Los niveles de cobre y zinc no vuelven a la normalidad causando pérdida de cabello, inmunidad deficiente, anemia y nervios y músculos que funcionan mal. La cirugía eliminó la sección de su intestino responsable de absorber el hierro y muchos de los compuestos enumerados anteriormente.

Después de la cirugía, estos nutrientes disminuyen lentamente. Años después, los pacientes con *bypass* gástrico viven con niebla cerebral, bajo consumo de energía, caída del cabello y una recuperación más lenta de la enfermedad. Esta desnutrición es predecible y previsible.

Si ha tenido un *bypass* gástrico, POR FAVOR haga un seguimiento anual con su médico para medir estos nutrientes. Es muy importante.

Gracias a los nutrientes de alta densidad que se encuentran en los alimentos compatibles con ceto, los pacientes con *bypass* bariátrico pueden superar la deficiencia de nutrientes causada por su cirugía. Insisto en que mis pacientes para perder peso agreguen dos alimentos densos en nutrientes a su menú: hígado y sardinas. ¡De verdad!

Les muestro estos cuadros en la siguiente página. Mire con cuidado las filas de sardinas y embutido de hígado. Estos dos alimentos solucionan muchos déficits.

Si desea que su cerebro funcione al máximo rendimiento, necesita nutrirlo adecuadamente. Pase la página y use estos cuadros para inspirar su lista de compras.

MINERALES	Calcio	Hierro	Magnesio	Fósforo	Potasio	Sodio	Zinc	Cobre	Manganeso	Selenio	Flúor
HUEVOS	50	1.2	10	172	126	124	1.1	0	0	30	4.8
MANTECA	0	0	0	0	0	0	0.1	0	0	0.2	--
MANTEQUILLA (GANADO ALIMENTADO DE PASTO)	24	0	2	24	24	11	0.1	0	0	1	2.8
CREMA/NATA	65	0	7	62	75	38	0.2	0	0	0.5	3
QUESO FETA	493	0.7	19	337	62	1116	3	0	0	15	--
CARNE DE RES	9	1.9	23	212	342	55	3.6	0.1	0	21	--
SARDINAS	382	2.9	39	490	397	505	1.3	0.2	0.1	53	--
EMBUTIDO DE HÍGADO	22	8.9	12	230	179	700	2.3	0.2	0.2	58	--
BRÓCOLI CRUDO	47	0.7	21	66	316	33	0.4	0	0.2	2.5	--

VITAMINAS	A (IU)	B1 Tiamina	B2 Riboflavina	B3 Niacina	B5 Ácido Pantoténico	B6	Folato	B12	C	D	E	K	Colina
HUEVOS	586	0.1	0.5	0.1	**1.4**	0.1	**44**	1.1	0	0	1	0.3	225
MANTECA	0	0	0	0	0	0	0	0	0	0	0	0	49.7
MANTEQUILLA (ganado alimentado de pasto)	**2499**	0	0	0	0	0	3	0.2	0	0	2.3	7	18.8
CREMA/NATA	1470	0	0.1	0	0.3	0	4	0.2	0.6	52	1.1	3.2	16.8
Queso FETA	422	0.2	0.8	1	1	0.4	32	1.7	0	0	0.2	1.8	15.4
CARNE DE RES	0	0.1	0.1	6.7	0.7	0.7	13	1.3	0	0	0.2	0.9	65
SARDINAS	108	0.1	0.2	5.2	0.6	0.2	12	**8.9**	0	272	**2**	2.6	**85**
EMBUTIDO DE HÍGADO	13,636	0.3	1	4.3	3	0.2	30	13.5	**3.5**	0	0	0	0
BRÓCOLI CRUDO	623	0.1	0.1	0.6	0.6	0.2	63	0	89	0	0.8	102	18.7

Capítulo 24

Abuela Rose: DE REGRESO AL AYUNO

La abuela Rose sorprendió a todo el mundo al ser tan estricta con sus dos porciones de caldo de hueso al día. En un abrir y cerrar de ojos, había pasado ya sus dos semanas de ayuno. Era el momento de la visita al oncólogo.

Había 100 millas de distancia entre nosotros y el consultorio del oncólogo. Había leído acerca del desvió terrorífico en nuestro proceso, en las notas que dejaron en el hospital. Hubo varias resonancias, notas médicas, transfusiones sanguíneas y lo de echar las heces por su canal de parto. Esas notas crearon ciertas expectativas. El doctor mentalmente procesaba todos estos eventos, además de considerar la edad de 72 años y su década de vivir con cáncer.

Su nivel de estupefacción impedía que pudiera hablar cuando abrió la puerta para recibirla. El desastre de persona acerca de la cual había leído no podía ser la misma persona radiante a quien veía ahora, llena de alegría y de energía. ¡Mary Poppins había vuelto! Al menos en parte.

Retomando su compostura, recalculó sus palabras. Revisamos la situación y acordamos comenzar una ronda de quimioterapia muy necesaria. Nos recordó que, teniendo en cuenta todos los factores, todavía necesitábamos una porción de bienes raíces en su médula ósea para cultivar algunos glóbulos rojos, glóbulos blancos y plaquetas saludables. Esto era obligatorio para superar su crucial cirugía de colon, salva vidas.

Las opciones de quimioterapia habían cambiado en los cuatro años desde su último tratamiento. Esta vez, el médico le ofreció una píldora que se toma todos los días durante un año. La buena noticia es que podríamos detener el tratamiento si lo necesitamos. Podríamos controlar el ritmo de la medicación que mata el cáncer. La mala noticia fue que el costo del medicamento fue de más de $20,000 durante el primer mes. Guau.

En las tres semanas transcurridas desde que sus abscesos comenzaron a drenarse, siguió necesitando cada vez menos antibióticos en cada turno. Este nuevo uso para su canal de parto fue una solución endeble y temporal por cualquier medida. Cuanto antes la llevemos a una solución de drenaje de abscesos sólida y estable, mejor estaría.

El martes, veintitrés días después de su ayuno, tomó su primera píldora de quimioterapia.

Para el viernes, ella susurró: "Creo que mis ganglios linfáticos son más pequeños".

Los años que he pasado presumiendo sobre sus características de Mary-Poppins la habían dejado estupefacta. El enfoque positivo de la abuela Rose, al igual que Mary Poppins, la cegó de la realidad. Cuando ella susurró su reducción percibida en esos ganglios linfáticos después de solo tres días de medicación, estaba segura de que solo era su actitud positiva cuando hablaba.

Secretamente, me preguntaba si las cetonas y el ayuno habían ayudado. Los momentos aleatorios en los que revisé sus cetonas en sangre, siempre estuvo en el rango de 2.0 ~ 4.0 mmol / L. ¿Este suministro constante de cetonas debilitó sus células cancerosas? ¿Este cambio en la química permitiría que la quimioterapia funcionara mejor, con más fuerza o más rápido? Yo quería creerlo.

Oré para que las células cancerosas de la abuela Rose se alejaran de la falta de azúcar en su torrente sanguíneo. Rogué para que su sistema inmunológico produjera solo unos pocos glóbulos blancos perfectos para protegerla. Me imaginé que cada gota extra de fluido estancado merodeaba por los lugares a los que no pertenecía que se exprimía.

Tuve fantasías acerca de los estudios del equipo médico del doctor Anderson que insistían en la cetosis para pacientes con cáncer seleccionados.

La curiosidad ha sido mi debilidad. La obsesión con la idea de que ella podría estar mejor en tan poco tiempo lo hizo. Salté a mi auto y conduje cientos de millas hasta la granja para ver por mí mismo. Allí estaba. Resultados que superaron todas las expectativas.

La abuela Rose tenía razón. Esos ganglios linfáticos eran más pequeños. Ella tenía razón. Lo eran. La medicación había derretido gran parte de su crecimiento de diez años, ¡todo en cuatro días!

No podía creer lo que estaba justo delante de mis ojos. Masas de ganglios linfáticos con forma de mármol habían llenado su cuello durante tanto tiempo que olvidé lo delgado que podía ser su cuello. Los montículos de tejido linfático duro y denso en sus axilas permitieron que las yemas de mis dedos se hundieran en su masa blanda y blanda.

Una palabra circuló dentro de mi mente: ¡MILAGRO!

El sentimiento esperanzador que surgía entre nosotros llenó la habitación. Llenaba esa vieja granja. Se saturó toda la finca.

Dormimos tan fácilmente esa noche. La paz nos cubrió a todos por primera vez en semanas. ¡La abuela Rose lo logró! Ella lo hizo a través de Si sus ganglios linfáticos. Habían respondido bien, su médula ósea ciertamente tuvo que haber mejorado. Una trifecta: sus cetonas subieron lo suficiente; sus infecciones se calmaron lo suficiente; su quimioterapia golpeó lo suficiente. La mano de Dios suavemente descansó sobre nosotros.

Cada dosis de quimioterapia durante esa tormenta perfecta la impactó como un mes de tratamientos de quimioterapia en el pasado. Aun así, una pregunta volvió a mi mente. ¿Cuánto tiempo pasaría antes de que las cetonas, su sistema inmunológico o el efecto de la quimio se salieran de su equilibrio?

Reducir su recuento de células cancerosas tuvo un precio. Las células cancerosas de la abuela Rose murieron rápidamente. En pocos días, una gran acumulación de células cancerosas muertas inflamó su cuerpo. En la larga lista de problemas de la vida, esto no era tan malo. Significaba que el cáncer estaba perdiendo. Pero la batalla terminó abruptamente cuando su sistema se sobrecargó con desechos celulares que la llevaron de regreso al hospital. Su eslabón más débil era la infección que le llenaba las tripas. El interior de su intestino y esas bolsas de infecciones se habían hinchado nuevamente.

OBJECIÓN # 11: "¿Esta dieta alta en grasas no obstruirá mis arterias y me dará un ataque al corazón?"

La respuesta es no. Este es un mito nutricional que afortunadamente está empezando a salir a la luz. Durante años, hemos sabido que los niveles altos de insulina estaban causando muchos problemas con el colesterol, las enfermedades del corazón y las enfermedades del cerebro. Afortunadamente, en los últimos años, cada vez más expertos han demostrado que las grasas saturadas no son las culpables. Las plaquetas pegajosas, inflamadas lo son.

La Inflamación Tapa sus Arterias

Esto es lo que causa los infartos.

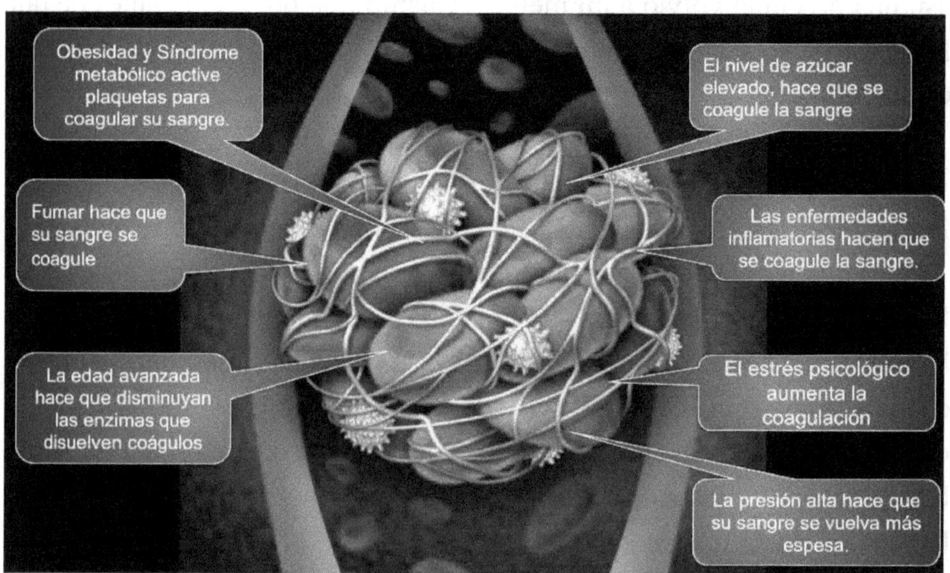

¿Quiere aumentar su riesgo de infarto?

Active las plaquetas que causan los coágulos.

La Inflamación es su enemiga.

Una parte esencial de su sistema circulatorio, las plaquetas le impiden sangrar hasta morir si se corta. Se supone que deben permanecer en modo de espera hasta que una señal les indique que conecten una fuga en el sistema en algún lugar. Cuando la inflamación es alta, las plaquetas se activan para formar coágulos. Se ponen pegajosos.

Los alimentos ricos en azúcar y en carbohidratos causan inflamación. El estrés psicológico, la obesidad y el azúcar en la sangre también activan las plaquetas para que se coagulen al provocar más inflamación. Pequeños grupos de plaquetas pegadas, llamadas coágulos de sangre, circulan por los vasos sanguíneos. Estos coágulos se alojan en el más pequeño de los vasos sanguíneos y detienen el flujo dentro de los órganos como el cerebro y el corazón. Otros desencadenantes de la coagulación para las plaquetas incluyen fumar, diabetes y presión arterial alta. Todo esto hace que las plaquetas sean más pegajosas y es más probable que comiencen el proceso de coagulación.

Es un hecho que no hay un estudio científico publicado que relacione el colesterol que usted come o los alimentos ricos en grasas saturadas con las enfermedades del corazón. No están vinculados.

En la última década, la investigación científica finalmente concluyó que no hay una conexión entre el consumo de grasas saturadas y las enfermedades del corazón. En 2012, el *British Journal of Nutrition* publicó los hallazgos de que la muerte por enfermedad cardíaca se predecía mejor por el porcentaje de calorías en la dieta que provenía de la grasa. Los resultados impactantes fueron que cuanto mayor era el numero de calorías grasa, MENOS probabilidad tendría de morir de una enfermedad cardíaca.

Capítulo 25

Lecciones de la Dra. Bosworth:

HORMONA DEL CRECIMIENTO HECHO NATURALMENTE

BABY BOOMERS: Lo siento. Su generación pagó el precio más alto. A la edad de 30 años, le dijeron que comiera alimentos bajos en grasa o tendrá un ataque al corazón.

Ha escuchado este mantra a lo largo de su vida. Ahora tienen 60 o 70 años. Su miedo a la grasa está sólidamente conectado a su cerebro. 'No coma grasa o morirás'. ¡RAYOS! Lo siento. Este fue el consejo equivocado.

Personalmente, me gustaría pedir disculpas en nombre del establecimiento médico por lo mal que los hemos aconsejado. Han tenido más cirugías que cualquier generación anterior. La industria médica lo convenció para que se medicara demasiado gracias a las "verdades empaquetadas" acerca de esos medicamentos. Hemos abierto sus corazones, lo hemos tomado con estatinas y le han colocado *stents* en sus arterias en lugar de enseñarle cómo solucionar sus problemas de la manera correcta.

En vez de esto, teníamos que haberles enseñado a administrar la química de su cuerpo, no a reencaminar su flujo sanguíneo. En las décadas restantes, le ofrezco el secreto para corregir su cuerpo: ¡la hormona del crecimiento!

Una hormona puede revertir todos los delitos que la medicina convencional le ha hecho: la hormona de crecimiento.

La popularidad de los medios de comunicación de las Hormonas de Crecimiento Humano (HGH, por sus siglas en inglés) comenzó cuando los culturistas se inyectaron con la promesa de músculos poderosos y magros. Este pequeño producto químico no funciona de manera óptima cuando se traga. La hormona de crecimiento humano, o HGH, debe inyectarse. Eso asusta a la mayoría de mis pacientes, pero no a los culturistas. Usaron esta hormona con gran éxito para hacer crecer los músculos. Esa audiencia consumió esta droga, y pronto compartieron secretos comerciales con Hollywood y similares. Eche un vistazo a la última película protagonizada por un gran actor aficionado o una actriz delgada y elegante. Es probable que tengan su físico cortesía de HGH. Asista a un espectáculo de teatro de Broadway o Las Vegas. Mire con atención a los bailarines magros y fuertes o a los acróbatas voladores. Eso es HGH en acción.

Durante veinte años he escuchado la desesperación de los pacientes que intentan perder peso. La respuesta es la hormona del crecimiento.

Espere. Antes de salir corriendo e inyectarse con la hormona del crecimiento, termine de leer. Este compuesto químico proporciona una buena respuesta para la mayoría de sus problemas de mediana edad, pero es difícil administrar la dosis correctamente. Déjame enseñarle cómo hacer que su cuerpo produzca más hormona de crecimiento. Así es, preparar su cuerpo para que produzca más hormona de crecimiento.

Los endocrinólogos, médicos que se especializan en hormonas, están encantados con la HGH. Arregla todo lo que está mal en una persona de mediana edad, con sobrepeso, ligeramente deprimida y con poca energía. La hormona del crecimiento invierte la edad. Es la cura anti edad.

Los libros de texto de mi escuela de medicina me enseñaron que la hormona del crecimiento disminuye a medida que envejeces. Después de los 50 años, la producción de HGH de su cuerpo disminuye a un goteo para no volver a aumentar.

Estoy aquí para decirles: eso no es cierto. Absolutamente puede estimular su cuerpo para producir más hormona de crecimiento a cualquier edad.

Antes de entrar en eso, revisemos exactamente qué hace la hormona del crecimiento.

Hormona de crecimiento. Dígalo en voz alta: hormona del crecimiento. Lo tiene. Hace que las cosas CREZCAN. Esta hormona se produce dentro de su cerebro, en la glándula pituitaria para ser exactos. Como muchas de las otras hormonas en su cuerpo, la estructura química de la hormona del crecimiento comienza como una grasa.

A medida que se desarrollaba durante la niñez y la adolescencia, esta hormona le dijo a sus músculos y huesos que crecieran. La hormona del crecimiento fue fundamental para transformar su cuerpo de un niño a un adulto. Naturalmente, el cuerpo produjo su mayor cantidad de hormona de crecimiento durante la pubertad. La HGH se filtra fuera de sus células cerebrales durante el sueño. El maravilloso consejo que le daba su abuela cuando era un adolescente acerca de dormir mucho, es acertado. Los adolescentes bien descansados producen la hormona de crecimiento más robusta de todas, y la producen mejor mientras duermen. Durante sus años de adolescencia, si desea un cuerpo mejor desarrollado, obtenga un sueño profundo, predecible y sano.

Desde la pubertad en adelante, su cuerpo produce menos hormona de crecimiento.

Medir la hormona del crecimiento en el cuerpo humano es bastante difícil. La HGH solo dura unos minutos en el torrente sanguíneo. Los atletas competitivos se aprovechan de esto. Inyectan HGH en sus sistemas sabiendo que la policía deportiva de dopaje no podrá medirlo. Naturalmente, su cerebro inyecta una ráfaga de HGH en su cuerpo todas las noches justo después de entrar en un estado de sueño profundo. Por lo general, esto sucede tras seis horas de haber iniciado ciclo de sueño o alrededor de las 4 de la mañana.

Una vez en el torrente sanguíneo, la HGH inicia una cascada de reacciones. Primero, su hígado libera una dosis sustancial de azúcar al torrente sanguíneo, lo que hace que se despierte. Posteriormente, HGH llega a lo que mejor se le da, estimular el crecimiento. Crece las siguientes células: sistema inmunológico, piel, cabello, hígado, huesos, nervios, músculos y muchos más.

Para suministrar combustible para todo este crecimiento, la HGH provoca que las células grasas se abran y vacíen la energía almacenada. En comparación, esto es lo contrario de lo que la insulina hace a esas mismas células grasas. En presencia de la hormona del crecimiento, las células de almacenamiento liberan grasa en el torrente sanguíneo. HGH mejora sus niveles generales de energía al liberar el combustible almacenado. acelera su metabolismo, ilumina su estado de ánimo y suprime el apetito. ¡También aumenta su deseo sexual! Qué gran droga, ¿verdad?

Por el contrario, la HGH baja causa fatiga, disminución de la resistencia, estado de ánimo deprimido, disminución de la masa y fuerza muscular, piel delgada y seca, aumento del crecimiento de grasa, pensamiento lento y disminución de la densidad ósea.

¿Puedes ver por qué esta hormona es perfecta para todas las personas de mediana edad que buscan revertir los efectos del envejecimiento?

En este punto, probablemente esté preguntando, ¿por qué la gente no se inyecta HGH?

ESPERE. No haga eso

EL uso de la "pistola de agua" para HGH tiene algunas consecuencias SERIAS. Esos expertos que mencioné anteriormente, llamados endocrinólogos, saben lo que están haciendo. Estos médicos súper inteligentes y especializados han intentado muchas maneras de obtener la fórmula de HGH exactamente correcta. Cuando se sobrepasan e inyectan demasiada hormona, suceden cosas malas.

Si se pasa de la dosis exacta, pronto se convertirá en un diabético malhumorado, con granos, con presión arterial alta y un corazón agrandado. A los hombres les crecen los pechos y no es una broma. Es cierto. Sus senos van de los pechos de hombre a los pechos de una mujer productora de leche debido al exceso de HGH que se convierte en estrógeno. Ese estrógeno extra también encoge sus testículos.

Cuando la dosificación de HGH no se calcula y cronometra correctamente, los efectos pueden ser complicados. Aunque los adolescentes dependen de la hormona del crecimiento para alargar sus huesos, los huesos adultos están fusionados y ya no pueden crecer. Sin embargo, demasiada HGH en un adulto transforma sus huesos de la cara y le da una apariencia de neandertal. Si se sobrepasa con la dosis de HGH y su frente se espesan y sus huesos de la mandíbula se agrandan. Además, una inyección mal programada de HGH en adultos causará cambios de humor y granos que le recordarán su adolescencia. Demasiada HGH en el momento equivocado y puede se puede ir a acostar siendo un Dr. Jekyll perfectamente decente y despertar siendo el malvado Sr. Hyde.

Además, inyectar HGH para propósitos no aprobados es ilegal y costoso.

La Madre Naturaleza Hace un Trabajo Brillante

Resulta que la naturaleza hace un mejor trabajo al producir la dosis perfecta en el momento adecuado para brindarle todos los increíbles beneficios sin violar la ley, vaciar su billetera y convertirlo accidentalmente en un monstruo furioso.

¿Cómo obtenemos más de esta fantástica hormona que derrite la grasa, aumenta la fuerza de sus músculos, concentra la densidad de sus huesos, aumenta su energía, borra sus arrugas, enfoca su cerebro, mejora su memoria y enciende su libido? ¿De manera segura y natural?

Respuesta: AYUNO.

Respire profundo. No es el fin del mundo. El ayuno no es el enemigo.

Por supuesto, no se lo comento a los pacientes hasta que han estado en cetosis nutricional todos los días durante al menos VARIAS semanas. A veces, esperamos meses. Si un paciente me dice lo poco que sienten hambre, es posible que le pida a ese paciente que ayune antes. Esta educación avanzada sobre la hormona del crecimiento y el ayuno promete muchos beneficios. Si abordo este tema demasiado pronto en la educación de los pacientes, no me creen.

—Sé que me lo dijo, doc, pero no le creí. Simplemente no tengo el hambre que solía tener ".

Recuerde, el hambre es causada por las fluctuaciones de su glucosa en la sangre. Se siente menos hambre cuando su nivel de glucosa permanece estable gracias a la cetosis. Al ingresar a la segunda o tercera semana de producción de cetonas, los pacientes descubren que se saltaron involuntariamente una comida por primera vez en su vida.

Hablarles a los pacientes sobre esto antes de que lo experimenten no ha sido gratificante. Ellos pensaron que eso era imposible.

Cuando esté en su tercera semana de producción de cetonas, lo aliento a que trate de comer una comida al día durante dos días. Tenga una cena agradable, alta en grasa y baja en carbohidratos. Coma hasta que esté lleno. No coma ningún refrigerio después de la cena. Váyase a la cama si tiene ganas de comer. Cuando se levante a la mañana siguiente, tome café solo, sin comer. Elija un día ocupado para hacer esto. Permitir que su mente se distraiga de la comida es una de las claves del éxito. Si alguien le ofrece comida, diga estas palabras: "No, gracias. Estoy ayunando hoy. Por favor, no me tiente ". En serio. Practique decir esas palabras en voz alta. Funcionan.

Beba agua o café. Ponga unos pocos cristales de sal del Himalaya rosa en su bolsillo para facilitar el acceso. Si experimenta una oleada de hambre, póngase uno de esos cristales de sal en la punta de la lengua.

Entonces haga una pausa.

Escuche. Escuche el cambio en lo que el cristal de sal hace a su sistema durante un ayuno. Aproveche ese momento para evaluar honestamente lo que sucede. He aprendido mucho sobre mis propias habilidades para afrontar este momento minúsculo, reflexivo y consciente.

La mayoría de las veces puede pasar las oleadas de hambre y cenar sin comer calorías.

Esto suena sin sentido cuando no lo ha experimentado antes. Durante años, esta fue una tarea imposible. Tan imposible, no podía imaginármelo. Un cuerpo alimentado con glucosa NO puede saltarse una comida. Se pone tembloroso, no puede pensar o mantenerse enfocado, y la comida se convierte en una obsesión.

Cuando su cuerpo se alimenta de grasa, desaparecen el hambre y los antojos. Mientras se mantenga hidratado, puede ir fácilmente las 24 horas entre comidas. Si el cuerpo necesita combustible, está a minutos de producir cetonas a partir de la grasa almacenada. Su insulina se mantiene lo suficientemente baja como para permitir que su cuerpo libere y convierta la energía que necesita.

Si necesita perder peso, tiene mucha energía almacenada que puede aprovechar. Las semanas previas de producción de cetonas configuran la química de su cuerpo para producir y acceder a combustible a base de grasa.

Volvamos al típico *Baby Boomer*. Tiene usted 50, 60 o 70 años. Tiene grasa de más. ¿Cómo puede vaciar esas células de grasa?

HORMONA DE CRECIMIENTO

No es el tipo de HGH inyectable, ilegal y caro. Su cuerpo no le perdonará que se sobrepase con esa hormona. Es muy fácil hacer un mal uso de este compuesto. Hay una manera mejor, más segura, más barata, más inteligente y más fácil. No se requieren agujas. Comience por orinar cetonas durante tres semanas. Sin trampas. Debe comenzar con tres semanas de cetosis. Luego se ponen la meta de comer una vez al día. Desate el poder del efecto antienvejecimiento de la HGH. Cada aumento de hormona a las 4 AM se basará en los resultados del día anterior.

Una gota más de células clave para su cerebro cada mañana transformará su cuerpo. No, no se convertirá en un neandertal. Lo que sucederá es que la HGH invertirá el reloj de su cuerpo. Lo mejor de todo es que su cuerpo determina cuál es la dosis adecuada. No hay posibilidad de sobrepasar este bioquímico sensible.

¿El resultado? En un año, puede lograr lo siguiente: menos arrugas, pensamiento más claro, enfoque más prolongado, libido mejorado, piel más gruesa, huesos más densos y mayor energía. Usted obtiene todos estos beneficios además de la HGH al vaciar sus células de grasa y aumentar la masa muscular. Recuerde que es una hormona del CRECIMIENTO. *Boomers*, esta es su hormona! Empiece a hacerlo ahora.

El ayuno intermitente con solo una comida por día durante un año entero aumenta su producción de HGH. Si eso es demasiado extremo para usted, ayune de forma intermitente durante 4 de los 7 días de cada semana.

Eso es una comida al día durante cuatro de siete días. Hay muchos cambios sociales y psicológicos que los pacientes deben hacer antes de que puedan ayunar con éxito. Cuando haya vencido el miedo de comer solo una vez al día, tendrá oportunidades que antes ni se le habrían ocurrido.

Una vez que mis pacientes han ayunado con éxito al comer solo una vez cada 24 horas durante varias semanas, los presento a períodos de ayuno más prolongados.

Antes de descartar esto como un chiflado, eche un vistazo a este estudio de 1982. Mire la tabla de HGH de los participantes. Comienzan con una cantidad minúscula de HGH a 0.73ng / ml.

Ahora ven sus números mientras ayunaban día tras día. Al final de los 36 días de ayuno, han aumentado su HGH en seis veces. ¡WOW! Todo sin los efectos secundarios y el costo de las inyecciones.

Kerndt PR et al. Fasting: The History, Pathophysiology and Complication.
West J Med 1982 Nov; 137:379-399

TABLE 3.—*Serum Glucose, Insulin, Glucagon, Growth Hormone, Total Lipids and Triglyceride Levels in Our Subject Before, During and After Fasting*

Day of Study	*Glucose (mg/dl)*	*Insulin (μIU/ml)*	*Glucagon (pg/ml)*	*Growth Hormone (ng/ml)*	*Total Lipids (mg/dl)*	*Triglycerides (mg/dl)*
Prefast Period	96	13.5	138.7	0.73	530	72
Days Fasting						
Fasting Period						
5	63	2.91	222.1	2.92	430	118
12	74	5.31	161.8	4.10	440	122
19	71	2.64	248.5	7.95	410	136
26	77	1.50	327.8	9.86	400	101
33	76	1.34	727.8	3.12	470	111
36	56	2.55	198.2	4.51	400	124

Este estudio mostró el aumento de HGH a medida que los pacientes ayunaban durante más de un mes. Las hormonas de los pacientes adaptados a la dieta *keto* muestran beneficios con ayunos tan cortos como 24 horas.

Por favor, no deje que este ejemplo de ayuno prolongado lo intimide. Está destinado a mostrarle el potencial oculto dentro de su cuerpo. Comience con el consumo de sólo 20 gramos de carbohidratos o menos.

Muchos de mis pacientes se sienten mucho mejor con la cetosis, que nunca necesitamos pasar a la conversación del ayuno. Como cualquiera de los cambios de la vida, comience con un paso y permanezca en ese paso hasta que lo domine. Entonces da el siguiente paso.

Capítulo 26

Abuela Rose: DOLOR Y SUFRIMIENTO

Veintiocho días de ayuno. Los últimos cinco de esos días entregaron quimioterapia a la abuela Rose. En ese vigésimo octavo día de ayuno, el abuelo la llevó de vuelta al hospital.

No queríamos admitirlo, pero la cirugía fue la opción tácita e inoportuna que teníamos.

Dos semanas de intensa atención médica llenaron el calendario de la abuela Rose antes de que el bisturí abriera su abdomen para extraerle el intestino perforado e infectado.

Al final, recibió solo 7 de sus 365 dosis de quimioterapia prescritas. El puntaje de batalla de la abuela Rose versus CLL antes de esas siete dosis fue GR: 1 CLL: 150,000

Después del tratamiento de quimioterapia, algo maravilloso sucedió. Tal vez fue esta increíble nueva medicación. Tal vez la cetosis robó a sus células cancerosas la glucosa necesaria. Tal vez fue a la vez.

Los hechos siguieron siendo los mismos: siete dosis de quimioterapia derritieron su cáncer tan rápidamente, que los restos de todas las células muertas se convirtieron en nuestro nuevo enemigo.

Esas células muertas dentro del cuerpo de la abuela Rose provocaron un proceso frenético para eliminarlas. Su cuerpo apenas notó la extirpación cuando perdió gradualmente algunas células muertas cada día. Cuando una gran cantidad de células murieron de una vez, el proceso de eliminación amenazó con abrumar su sistema. El equipo de limpieza microscópica de su cuerpo estaba equipado para manejar solo unas pocas células muertas diariamente. Podría reunirse y limpiar un gran lío de vez en cuando. Limpiar las secuelas de la muerte masiva de una célula cancerosa fue otra cosa completamente. ¿Cómo respondió su cuerpo a esto? Se hinchó. Inflamación.

La abuela Rose tenía tanta expansión en su pelvis que su intestino se hinchó y se detuvo por completo. Los abscesos y divertículos infectados se inflamaron primero y luego se diseminaron. La cadena de ganglios linfáticos cancerosos que corren por su espina dorsal transmite su toxicidad congestionada a todos los órganos de su pelvis.

La tomografía computarizada mostró tanto tejido inflamado que no pudimos ver dónde terminaba un órgano y luego comenzaba el siguiente. Sus doctores la pusieron en "reposo intestinal" completo.

En muchos sentidos, esto no era diferente de lo que estaba haciendo en casa, excepto por una cosa. Utilizando la atención médica estándar, el equipo médico hidrató y nutrió a la abuela Rose a través de la infusión estándar de agua azucarada. Sí. Ahora azúcar infundido directamente en sus venas.

¿Recuerdas cómo compartí que cada molécula de azúcar o glucosa contiene aproximadamente 100 moléculas de agua? ¿Recuerdas cómo la disminución del nivel de azúcar en la sangre de alguien cuando se somete por primera vez a la cetosis elimina una gran cantidad de agua? Bueno, la abuela Rose tuvo el revés de esto. Su sistema adaptado a la cetona había evacuado todas las moléculas de agua extra manteniendo sus cetonas altas y sus niveles de azúcar en la sangre bajos. Una gota a la vez, la infusión revirtió todo eso. Junto con ese azúcar vinieron galones de agua extra.

Al tercer día de las infusiones de azúcar, todo su cuerpo estaba hinchado. Sus piernas, su abdomen, su cara. Sus ojos estaban hinchados y cerrados. ¡Todo! Millones de moléculas de glucosa retenían cada gota de agua en su cuerpo, casi hinchándola hasta morir. Gracias a la inflamación ella subió 30 libras en tres días.

El antídoto para su líquido extra era un fuerte medicamento diurético que sacaba el agua de los riñones. Poco a poco la orina goteaba en su bolsa. El balance de toda esa agua mal colocada inclinó la balanza hacia la normalidad. La situación mejoró lo suficiente para permitir la cirugía.

Una vez en la sala de operaciones, el cirujano encontró una inflamación pegajosa en todas partes en la parte inferior de su abdomen. Cadenas de tejido pegajoso parecían haber crecido de la nada. La red de limo denso y envuelto alrededor de cada parte de su pelvis inferior. La maza se negó a separarse sin desgarrarse. Quedaba una elección. Su cirujano rastreó su manguera intestinal hasta que encontró una sección que no estaba hinchada. Él redirige la sección saludable de su intestino hacia el exterior del abdomen a través de una abertura de colostomía.

Pasaron siete días más antes de que viéramos de nuevo las mejillas de la abuela Rose. La parada de su azúcar endovenosa ocurrió el día cuatro. Su hinchazón se desvaneció rápidamente después de que comenzó

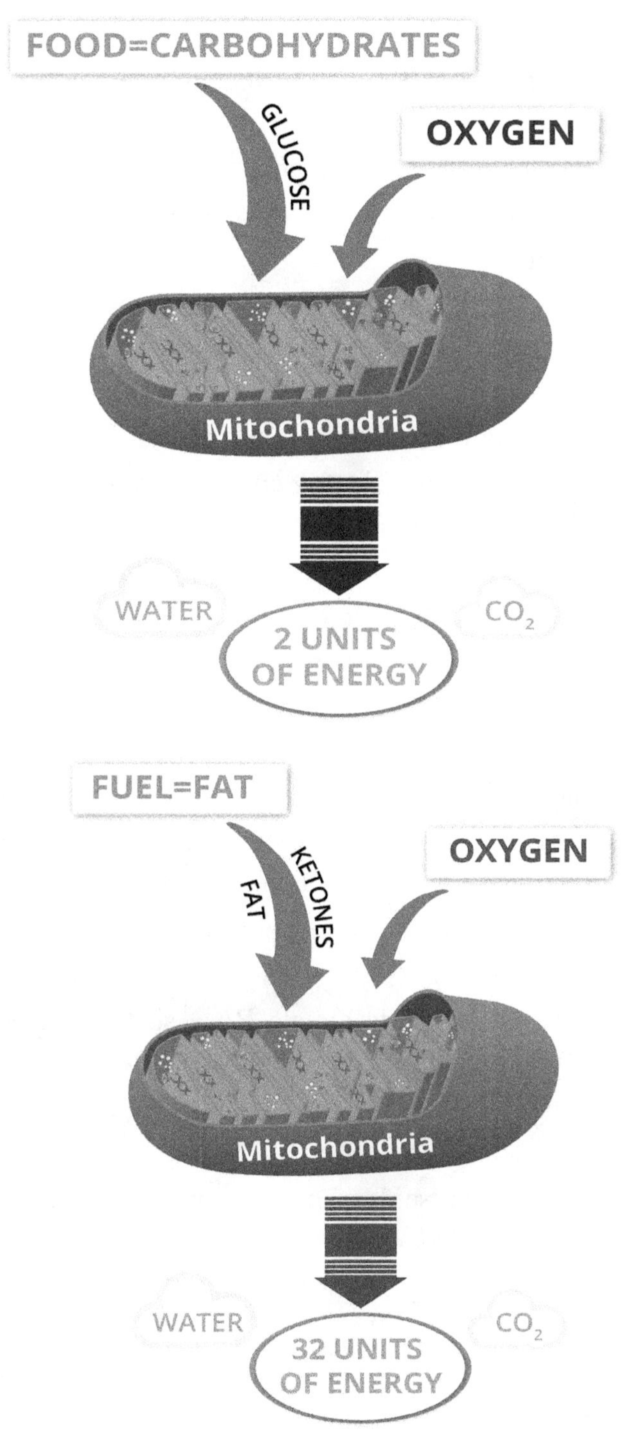
FOOD=CARBOHYDRATES
GLUCOSE
OXYGEN
Mitochondria
WATER
CO_2
2 UNITS
OF ENERGY
FUEL=FAT
FAT
KETONES
OXYGEN
Mitochondria
WATER
CO_2
32 UNITS
OF ENERGY

a producir cetonas de nuevo.

En una estadía en el hospital, la abuela Rose dijo adiós a:
- una sección de su colon
- dolor de estómago incontrolable
- movimientos intestinales
- flatulencia
- Un montón de glóbulos blancos cancerosos y
- treinta libras de líquido extra

Y a cambio, obtuvo:
- una nueva y elegante cicatriz en el centro de su barriga
- una bolsa de colostomía
- El piso del baño cuando se cayó una noche.
- un montón de sueño, y
- mejora continua al caminar, comer y cuidando a su versión "nueva".

Hacía malabarismos con un tubo de drenaje que salía de su cavidad abdominal, un catéter fuera de su bícep izquierdo, un catéter de vejiga, un montón de vendas y un flujo constante de secreción sanguinolenta de su vagina, por la que anteriormente eliminaba las heces.

A pesar de todo eso, la abuela Rose sostuvo la postura recta y digna de Mary Poppins mientras se deslizaba en el asiento del pasajero. Nos dirigimos a casa.

Cuando el hospital se desvaneció en mi espejo retrovisor, nos alejamos cautelosamente. Cada golpe o leve tirón del auto detuvo nuestra respiración. En lugar de regresar a la granja, la abuela Rose se mudó a nuestra casa.

El sonido de la creciente puerta del garaje hizo que mis hijos se apresuraran a saludarnos.

La noche anterior, tuve una reunión familiar revisando todas las formas en que nuestra vida normal mataría a la abuela Rose. Con tres adolescentes en la casa, nuestra casa tenía varias trampas potenciales para la muerte. Había amenazas de accidente simplemente con el montón de ropa que había en el suelo, la arruga en una alfombra o las bolsas de basura que se desplomaban en la cocina en lugar de ir directamente al exterior. La lista parecía interminable.

Pensé que había cubierto la mayoría de los peligros hasta que nuestra epopeya fallara en su primera noche en nuestra casa.

Llegamos el domingo por la tarde dejando tiempo para una siesta. La abuela Rose se despertó el tiempo suficiente para tomar sus medicamentos, cambiar su bolsa de colostomía y tomar unos sorbos de caldo.

Durante el cuidado de la bolsa de colostomía, nos dimos cuenta de nuestro error.

De alguna manera salimos del hospital sin suministros para cambiar su bolsa.

Las reconocidas habilidades de MacGyver de la abuela podrían haber sido útiles, excepto que su medicación para el dolor y su enfermedad extrema habían debilitado sus habilidades para resolver problemas. Los medicamentos para el dolor detuvieron su sufrimiento, pero junto con la incomodidad estaba su personalidad brillante y creativa.

Nos dirigimos a la cama con planes para ir a la tienda de suministros justo después de su cita médica de las 8 a.m. el lunes por la mañana.

Agradecidos por una noche tranquila y apacible, ansiosamente alcanzamos su bolso a la mañana siguiente. Compartimos una mirada silenciosa en la bolsa de colostomía llena de su estómago. Iba a estar cerca

Afortunadamente, el médico llegó a tiempo y, a las 8:45, salimos del consultorio del médico con un 'bulto de bebé' en su camisa que no se parecía en nada a un embarazo normal.

Ambos suspiramos de alivio cuando nos detuvimos en la tienda de suministros médicos. Un rayo de sol brilló en el camino cuando entramos.

"¿Qué quiere decir con que hay más de 2000 opciones para suministros de bolsas de colostomía? No, no tenemos los números. Solo tenemos una bolsa llena que necesita ser reemplazada ".

Dos horas más tarde, nos fuimos con una bolsa de colostomía de repuesto, un sello y un anillo. Y una promesa de que los otros suministros estarán a primera hora de la mañana siguiente.

El auto parecía manejarse solo hasta que la abuela Rose y yo consideramos en silencio las siguientes 24 horas. Cambiamos los apósitos, vaciamos la bolsa actual, la enjuagamos y la volvimos a sellar. Guardamos los bienes de repuesto en caso de que el sistema actual comenzara a filtrarse antes de obtener los suministros.

El lunes por la tarde y por la noche la abuela Rose descansó y se durmió. Ella solo tuvo un episodio donde el dolor estuvo fuera de nuestro control. A las 8 de la tarde las dos nos habíamos quedado dormidas.

A la 1:00 de la mañana, la abuela Rose se despertó con un desastre desagradable. El sello entre su bolsa y la piel se había abierto, y nuestro evento más temido se hizo realidad, durante toda la noche.

La abuela Rose se había despertado desorientada. El líquido tibio en su estómago se encontró con los dolores apretados y punzantes de su piel grapada.

Naturalmente, ella gritó, "¡Ayuda! ¡Ayuda! "" ¡Annette, ayúdame! "

Silencio.
Oscuridad.
Ni siquiera un revuelo.

Salió del pasillo y volvió a gritar.

Nada.

Llamó a mi móvil.
Sin respuesta.

Despierta y decidida, entró en la cocina y tomó una olla de metal y una cuchara, y golpeó, golpeó y golpeó.

Nada
Cremallera.
Nada . . .

Me dormí todo el tiempo.

A la mañana siguiente, fui de puntillas para desearle a la abuela Rose un FELIZ CUMPLEAÑOS y encontré una olla de cobre y una cuchara de metal sobre la silla del pasillo.

Me asomé a su habitación para encontrarla descansando tranquilamente.

Demasiado pacíficamente ...

No estaba totalmente consciente de su procedimiento de dos horas que se había hecho a sí misma.

Se había quitado los apósitos, se había quitado la bolsa de colostomía que goteaba, se había quitado el anillo adhesivo y se había quitado el sello de cera.

Luego se lavó, secó y preparó su piel para la próxima bolsa de reemplazo.

Con solo una bolsa de repuesto, no había absolutamente ningún espacio para el error.

La abuela Rose lo manejó como Mary Poppins. Ella midió correctamente la estoma, la parte del tejido intestinal que sobresale a través de su piel. Empujó y masajeó el sello de cera en su lugar y colocó el anillo adhesivo sobre el sello encerado. Luego, rompió la bolsa en el anillo, reemplazó los apósitos y volvió a la cama.

Mary Poppins nunca se rinde.

Capítulo 27

Lecciones de la Dra. Bosworth:

LA MATEMÁTICA DETRÁS DE SU METABOLISMO

OBJETIVO # 12: "Si comes toda esa grasa, ciertamente ganarás peso".

No es verdad. Perder peso comienza con cambiar la química de su cuerpo. Una vez que tiene 20 o 30 libras de sobrepeso, la química de su cuerpo se bloquea. Para revertir esto, deje de activar la insulina.

Queme lo que comes. Si desea quemar grasa, debe activar el mecanismo de quema de grasa dentro de sus mitocondrias. Si quiere perder grasa, coma grasa. No agregue carbohidratos.

Concéntrese en lo que come, no en cuánto come. En Francia, el estudio de población en 2012 mostró a su país como el más alto del mundo por el porcentaje de grasas consumidas. Ellos encabezaron la tabla con más del 40% de sus calorías provenientes de la grasa. Sin embargo, Francia es uno de los países más delgados del mundo según el British Journal of Nutrition.

Grasa Ganada /Perdida = Calorías Que Entran - Calorías Que Salen

Este es el evangelio según el Metabolismo Matemático. De acuerdo con esta ecuación, para calcular la grasa que desea perder, debe saber cuántas calorías ingresan en su cuerpo y restar las calorías que este usa. Eso es todo lo que necesitas saber. Eso es. Si consume 1000 calorías en un día y quiere perder peso, debe usar más de las 1000 calorías que consumió.

Lo suficientemente claro, ¿verdad? Desafortunadamente, está mal.

La pérdida de peso no funciona de esta manera.

Durante más de dos décadas, le dije a muchos pacientes: "Coma menos. Haga más ejercicio. Así es como se pierde peso ". Mi consejo estaba equivocado. Esta ecuación es totalmente errónea.

Impactante, ¿verdad? Después de todo, ir en contra de esa ecuación va en contra de la Primera Ley de la Termodinámica, y mucho menos del sentido común y de la sabiduría convencional. Pero la ecuación es incorrecta.

Escúchame. Los mamíferos son mucho más complicados.

Vamos a romper esta ecuación hacia abajo.

Grasa Ganada o Perdida = Calorías Que Entran - Calorías Que Salen

Dos partes de esta ecuación son ciertamente medibles: "Ganar / perder grasa" y "Calorías que entran". Estas dos secciones de la ecuación son fáciles de entender y medir.

GRASA GANADA O PERDIDA

Podemos medir exactamente cuánta grasa corporal tiene hoy. Podemos repetir esa medición en varias semanas a partir de ahora y saber con precisión si ha ganado o perdido grasa corporal. La mejor manera de medir la grasa corporal es mediante una exploración DEXA. La exploración DEXA (Absorciómetro de rayos X de energía dual) es una tecnología de rayos X que se utiliza para evaluar el tejido magro, la densidad ósea y la grasa en las regiones del cuerpo con una precisión asombrosa. Otras técnicas que no usan radiación incluyen pesarse bajo el agua, pletismógrafo de cuerpo entero, mediciones de pliegues cutáneos y varias otras opciones.

Mi punto: LA GRASA QUE GANA O QUE PIERDE es medible.

CALORÍAS QUE ENTRAN

Podemos medir las 'Calorías que entran'. Cada unidad de bebida o alimento consumido tiene una medida de energía. Sume todo lo que pasa por sus labios en veinticuatro horas y tendrá este número. Las CALORÍAS QUE ENTRAN también son medibles.

Grasa ganada = Calorías que entran - Calorías que salen

CALORÍAS QUE SALEN

Con dos de las tres variables medibles, podemos hacer cálculos matemáticos y calcular las Calorías. ¿Cierto?

Para verificar nuestra respuesta, ¿podemos medir la parte de la ecuación de 'Calorías que salen'? No mueva la cabeza tan rápido.

¿Qué es la porción de 'Calorías que salen' de la ecuación?

Simplemente, las calorías que salen es la energía total que se necesita para ejecutar su sistema durante veinticuatro horas. Representa las calorías que su cuerpo usa en un día para mantenerse vivo. La medición de calorías no es simple.

Las calorías que salen incluyen los siguientes cinco componentes:

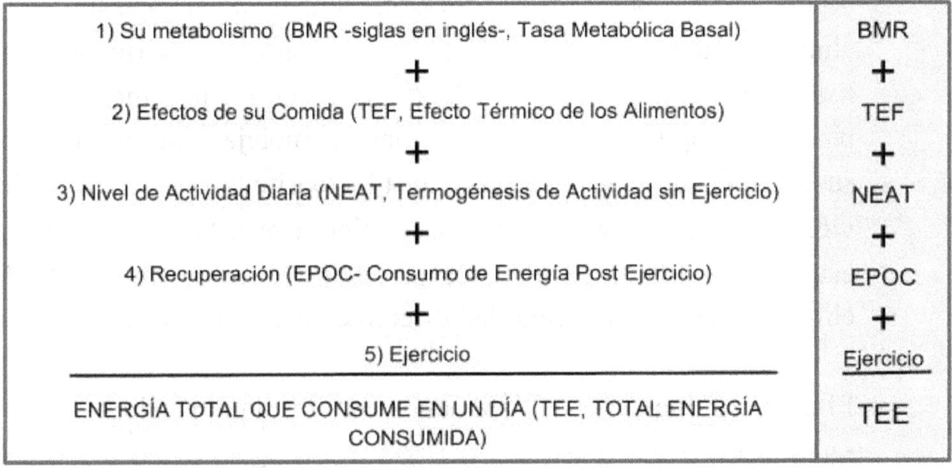

1) Su metabolismo (BMR -siglas en inglés-, Tasa Metabólica Basal)	BMR
+	+
2) Efectos de su Comida (TEF, Efecto Térmico de los Alimentos)	TEF
+	+
3) Nivel de Actividad Diaria (NEAT, Termogénesis de Actividad sin Ejercicio)	NEAT
+	+
4) Recuperación (EPOC- Consumo de Energía Post Ejercicio)	EPOC
+	+
5) Ejercicio	Ejercicio
ENERGÍA TOTAL QUE CONSUME EN UN DÍA (TEE, TOTAL ENERGÍA CONSUMIDA)	TEE

Para los *nerds* científicos, la fórmula se ve así:
TEE = BMR + TEF + NEAT + EPOC + Ejercicio

En lenguaje simplificado:

Energía utilizada para controlar su cuerpo = Metabolismo + Energía para procesar los alimentos + Actividades del día + Ejercicio + Reparación del ejercicio.

La energía necesaria para hacer funcionar su cuerpo es mucho más que ejercicio. Desglosemos cada una de estas secciones para comprender nuestras necesidades energéticas diarias.

METABOLISMO O TASA METABÓLICA BASAL (BMR):

El término metabolismo se refiere al 'ronroneo de su motor'. ¿Cuánta energía se necesita para alimentar los hornos dentro de cada una de sus células? ¿Qué tan animado es usted? ¿Lo describirían sus amigos como un perezoso o una abeja ocupada?

El metabolismo incluye su respiración, mantener la temperatura de su cuerpo, bombear su corazón, alimentar su pensamiento, alimentar su equipo de limpieza, es decir, su hígado y riñones. La lista continúa por páginas. Metabolismo es un término general para una amplia gama de operaciones complejas que ocurren en su cuerpo. Además, no es estable. Fluctúa junto con su estilo de vida, necesidades y actividades. Si piensa más hoy que ayer, la ecuación es diferente. Si su cuerpo tenía toxinas adicionales para eliminar, necesita una cantidad diferente de combustible.

El metabolismo depende de muchos factores, incluyendo

- genética
- género (Hombres> Mujeres),
- edad (joven> viejo),
- peso (más músculo> menos músculos),
- altura (alto> bajo),
- dieta (la alimentación insuficiente reduce el metabolismo. La alimentación por pulsos, cada 24-36 horas, aumenta el metabolismo),
- temperatura corporal (fiebre> normal> baja temperatura corporal)
- Temperatura externa (estar en el frío requiere calentar el cuerpo y requiere más energía que enfriarlo).
- funciones orgánicas
- Nueva producción de proteínas: reemplazo de células en sus órganos.
- Nueva producción ósea

• Nueva producción muscular

• Sistema linfático: reemplazo de anticuerpos. Luchar contra nuevos invasores.

• Enfermedades: ¿Su cuerpo está combatiendo infecciones? ¿Tiene una enfermedad autoinmune? Se necesita energía para luchar contra eso.

• Cognición cerebral: ¿cuánto piensa cada día?

• Corazón: ¿Cuántas vece late su corazón cada minuto?

• Corazón: ¿Con qué fuerza aprieta tu corazón cada latido?

• Hígado: desintoxica su sangre.

• Hígado: Crea energía. Almacena energía.

• Riñón: limpia su sangre. Crea orina.

• Páncreas: Produce enzimas.

• Intestinos: Mueve y procesa sus alimentos.

• Respiración: muchas respiraciones por minuto o no tanto. Piense en la energía necesaria para respirar si padece asma o enfisema.

• Excreción intestinal: el 'limo' producido para enjuagar, limpiar y lubricar le cuesta energía.

• Producción de grasa: el almacenamiento de calorías adicionales que no usó hoy requiere energía.

• Cáncer: el cáncer que crece dentro de su sistema drena energía.

EFECTO ALIMENTARIO o EFECTO TÉRMICO DEL ALIMENTO (TEF)

TEF se refiere a la energía utilizada en la digestión y absorción de los alimentos. Su cuerpo procesa y absorbe diferentes alimentos de manera diferente. Por ejemplo, las grasas se absorben rápidamente y requieren muy poca energía para metabolizarse. Las proteínas son más difíciles de procesar y consumen más de sus recursos. Los alimentos ricos en fibra requieren el mayor esfuerzo para procesarlos.

El efecto de los alimentos en el metabolismo también varía según la cantidad y la frecuencia con la que come. Múltiples comidas pequeñas en un día consumen más energía que una comida grande. La proporción de grasa frente a proteína y carbohidratos en sus comidas también influye en TEF.

NIVEL DE ACTIVIDAD DIARIA o TERMOGÉNESIS DE ACTIVIDAD SIN EJERCICIO (NEAT)

NEAT mide la energía utilizada a medida que vive su día sin tener en cuenta el ejercicio. Sentarse en este escritorio para escribir este libro durante más de diez horas hoy crea una demanda muy diferente en comparación con una clínica médica muy concurrida.

¿Se sentó la mayor parte del día? ¿Fue a dar un paseo durante un descanso? ¿Cocinó un par de comidas? ¿Fue de compras? Aparte del ejercicio, ¿qué tan sedentario fue su dia?

EJERCICIO

La mayoría de la gente entiende esta categoría. De hecho, generalmente es en lo ÚNICO que piensa la mayoría de las personas al calcular su metabolismo.

DESPUÉS DE QUEMAR o Consumo de Energía Post Oxígeno (EPOC)

EPOC es la energía utilizada para reparar su cuerpo y reponer el almacenamiento de glucógeno que utilizó durante su entrenamiento u otras actividades. Durante su ajetreo diario, su cuerpo alcanzó la energía rápida y rápida almacenada en su hígado. Este combustible, llamado glucógeno, escasea después de su entrenamiento. Una vez que su almacenamiento se agota, su cuerpo comienza a reponerlo. Este proceso requiere combustible.

¿Cuánta energía le tomó a su cuerpo reponerse del entrenamiento hoy? Depende de sus actividades, así como de la intensidad. ¿Levantó pesas hoy? Tal vez era más peso que lo habitual. ¿Estiró o dañó tus músculos durante el entrenamiento de hoy? ¿Tal vez salió a correr por primera vez en años? ¿O hizo una caminata lenta de dos millas como ejercicio?

El cuerpo no necesita mucha energía para reponerse de un paseo. Sin embargo, las células musculares que arrancó durante la última sentadilla de espalda necesitarán ser reparadas. Eso requiere mucha energía.

Imagine esto. Al entrar a su oficina, hay un letrero que lo invita a usted y a sus compañeros de trabajo a un desafío de fuerza con los brazos. No ha hecho flexiones de pecho en años. Los músculos necesarios para empujar su cuerpo hacia arriba desde el piso han estado descansando silenciosamente con la mayoría de sus hornos (mitocondrias) casi apagados. Decide aceptar el desafío y comenzar el primer día haciendo una flexión. No se necesita mucha reparación. Cada día, se enfrentas al de-

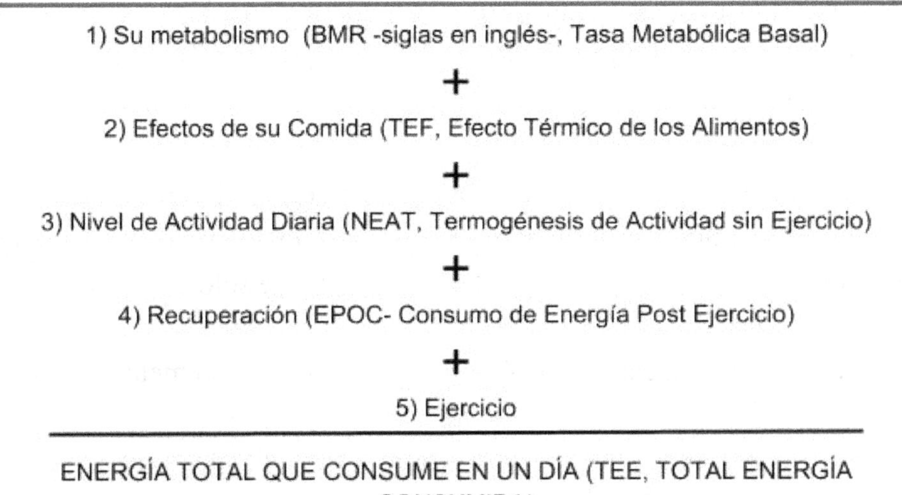
1) Su metabolismo (BMR -siglas en inglés-, Tasa Metabólica Basal)

+

2) Efectos de su Comida (TEF, Efecto Térmico de los Alimentos)

+

3) Nivel de Actividad Diaria (NEAT, Termogénesis de Actividad sin Ejercicio)

+

4) Recuperación (EPOC- Consumo de Energía Post Ejercicio)

+

5) Ejercicio

ENERGÍA TOTAL QUE CONSUME EN UN DÍA (TEE, TOTAL ENERGÍA CONSUMIDA)

safío diario agregando una flexión más al número que hizo ayer. Al final de la segunda semana, sus brazos adoloridos le recuerdan su nueva rutina. En algún lugar alrededor de la flexión número 14, sus células musculares dijeron: "Si este es el plan, necesitamos reclutar algunas mitocondrias para dormir para ayudar". Esto requiere energía.

En consecuencia, los entrenamientos de resistencia queman más energía que los entrenamientos de cardio. Revise la pantalla LED de su máquina para correr para saber cuántas calorías quemó con su caminata rápida de veinte minutos. Le dará un buen número. No se deje engañar. Hacer flexiones de brazos durante un minuto, luego un minuto de descanso. De ida y vuelta entre estos intervalos durante 20 minutos. Los veinte minutos de entrenamiento de resistencia superan el ejercicio de su cinta de correr en todo momento.

¿Por qué? Porque la energía que usan sus músculos para reponerse de esas flexiones es mucho mayor. Allí es donde radica la ventaja ... la quema después.

¡El proceso de quemar calorías después de hacer ejercicio, cuenta!

Cuando los entrenadores dicen "la quemadura al día siguiente no es tu enemigo", están en lo cierto. Su cuerpo está gastando calorías adicionales para recuperarse.

Las calorías que salen no solo se refieren al ejercicio. Todos los procesos a continuación requieren energía para mantenerlo vivo durante el día. Las calorías quemadas por el día son más que solo ejercicio.

El número en esta ecuación que más cambia es su metabolismo, el BMR.

Coma 700 calorías al día durante 3 semanas, reducirá el metabolismo (BMR) casi a la mitad. Luego aumente sus calorías de 700 a 1800 y aumentará en un 50%.

Si le diera cáncer, podría triplicar su metabolismo en semanas de crecimiento del cáncer.

¡El ejercicio representa solo el 5 por ciento del juego!

El ejercicio nunca produce tanta pérdida de peso como calculamos. Esto es un hecho. Probado una y otra vez.

¿Por qué?

Porque el cuerpo humano NO es una fórmula estable. Sólo podemos calcular la ecuación para hoy. Pero en una semana, va a cambiar. Vivir significa adaptarse. Sobrevivimos los cambios en nuestro mundo porque seguimos. ¡Los mamíferos son geniales en esto!

Nuestros cuerpos trabajan para mantener las cosas estables. Si algo en su fórmula de energía cambia, otra área cambiará para compensar. Esto se llama homeostasis. Nuestro sistema en su conjunto se esfuerza por permanecer estable.

No en vano, si aumentamos nuestro ejercicio diario, comemos más. Toda la disciplina en el mundo no nos impedirá consumir más calorías. Punto. Varios estudios lo han probado y validan esto repetidamente.

Si nuestras actividades diarias aumentan, ejercitamos menos. Esta no es mi opinión. Los estudios muestran repetidamente esto. Si realmente quieres perder peso, la respuesta no es más ejercicio. El ejercicio es importante por una serie de muy buenas razones. No producirá una pérdida de peso significativa. Juega un papel menor. Enfatizar el ejercicio desvirtúa el problema real de los problemas dietéticos. Cuando una cosa cambia, otra cosa en el sistema contrarresta eso. Nosotros compensamos Nos adaptamos.

Si quieres que tu energía aumente, cambia tu combustible. La forma más fácil de aumentar su metabolismo es cambiar los combustibles. Aprovisione de combustible su cuerpo con azúcar y sus hornos apagan 2 unidades de energía por cada molécula de glucosa quemada.

Quema grasa y se producen 32 unidades de energía para cada cetona. Esta no es solo una ecuación matemática para perder peso. El aumento de la producción de cetonas aumenta su metabolismo junto con su pensamiento, enfoque, energía y tasa de reparación.

Capítulo 28

Abuela Rose: USO DE JERINGA

Tres semanas después de la colostomía de la abuela Rose, la llamamos apertura intestinal -es decir su estoma-chorro. Poco sabíamos que una apertura aparentemente tan pequeña requiere mucho trabajo y atención. A pesar de nuestros mejores esfuerzos, existe una amenaza siempre presente de que Chorro se filtre, por no hablar de "eructos" para aliviar el exceso de gas. La bolsa puede durar varios días, pero para evitar la irritación de la piel, se debe cambiar todo el conjunto. Esto toma aproximadamente una hora si todo sale bien. Hasta este punto, cada desafío parecía manejable, ya que aprendimos a descubrir un obstáculo después del siguiente.

El día que le pusimos nombre a Chorro, el abuelo visitó a su dulce esposa. Antes de que ella pudiera regresar al santuario aislado de la granja, tanto la abuela como el abuelo necesitaban ponerse al día para cuidar a Chorro.

Le enseñamos todo sobre la importancia de medir el diámetro de Chorro, quitar el adhesivo viejo sin rasgar la piel, limpiar suavemente su cicatriz, empacar las manchas que aún no se han cerrado, y luego, la parte más difícil, deshacerse de la cera .

Chorro necesitaba ser calafateado con un anillo de cera. Con cada cambio de adhesivo, el anillo de cera tenía que ser moldeado al tamaño de la estoma. Un par de minutos de masajear, jalar y moldear esa cera resultó del tamaño correcto para que se ajustara perfectamente alrededor de la abertura. Si se ve demasiada piel entre el borde de la cera y el Chorro, se produce una ruptura de la piel.

Pero ese día, Chorro se puso nervioso. Tan pronto como todo estaba limpio y listo para la cera, 'Chorro'. Al principio, la abuela Rose y yo nos sobresaltamos, mirándonos de reojo. Nunca habíamos visto eso antes.

Este fue el primer día del abuelo para asimilar todo esto y él no pudo contenerse. Su reacción comenzó con la silenciosa sacudida de sus hombros, solo para ser seguido por una carcajada completa. Miré hacia otro lado tratando de no unirme a él. Fallo. La risa me atrapó, y luego la abuela Rose.

Volviendo a su voz de Mary Poppins primitiva, adecuada y tan compuesta, la abuela Rose reprendió a Chorro para que se comportara mejor. "¡Ahora deja de hacer eso!"

“Chorro lanzó un chorro” de nuevo.

"Esa no es una manera de comportarse cuando tenemos visitas".
Los tres nos unimos en las risitas.

La adición de una bolsa de colostomía nos obligó a analizar visualmente los taburetes de la abuela Rose. Una bolsa que recogía todos los desechos que se movían a través de sus tripas restantes hacía imposible evitarla. En poco tiempo, la abuela Rose pudo rastrear el tiempo y los detalles de su taburete. ¿Cuánto cuesta? ¿Con qué frecuencia? ¿Cuánto gas? ¿Qué color? ¿Baboso? ¿Maloliente? La lista era interminable.

La abuela Rose había producido cetonas durante más de un año. Apagó la cetosis durante varias semanas antes y después de su cirugía. Ahora estábamos de vuelta en el tren de la cetosis.

Nuestra familia también había practicado cetosis durante el año pasado, pero agregar a la abuela Rose como huésped de la casa nos ayudó a subir de nivel.

Ella, como cualquier paciente de colostomía, quería disminuir el volumen de sus heces. Algunas de las verduras inflaron su bolsa tan llena de gas que tuvo que "sacarle los gases" cada hora. La abuela Rose prefería su porción diaria de caldo de hueso y café. Agregó una comida altamente cetogénica diariamente de acuerdo con un programa de ayuno intermitente.

Fuimos a ver al cirujano quince días después de su cirugía. La abuela Rose tenía muchas esperanzas de que le saliera el drenaje abdominal y le quitaran algunas grapas. Después de una cuidadosa consideración, el cirujano dijo: "No. Aún no podemos hacer eso. Simplemente no estás tejiendo suficiente cicatriz para quitar esas grapas. Me temo que se abrirás sin ellas. Todavía hay bastante baba sucia saliendo de su tubo de drenaje. Tenemos que esperar ".

Salimos de la sala de examen con las cabezas inclinadas y los hombros caídos. Las grandes ventanas y el sol nos llevaron a las sillas de la sala de espera. La abuela Rose se sentó con el abuelo Rich. El peso de su decepción les impidió moverse. La abuela Rose se estaba curando muy lentamente. Demasiado lento. Después de varios minutos de silencio, reflexionamos sobre todas las cosas que HAN salido bien. No íbamos a de-

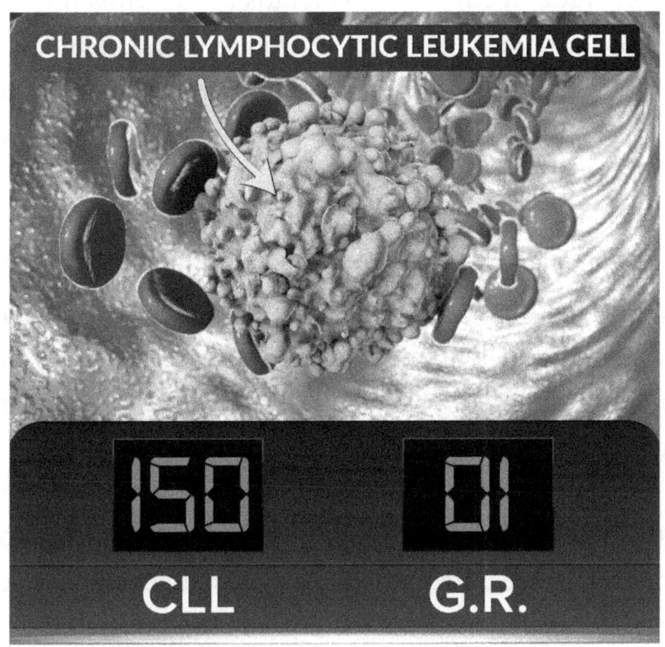

jar que las molestias y molestias de las grapas y desagües ensombrecieran todas las bendiciones y mejoras.

Veinticinco días pasaron antes de que su cirujano finalmente sacara algunas grapas y el tubo de drenaje. La abuela Rose continuó mostrando signos de peligro. Aun así, tenía lecturas de cetonas altas, niveles bajos de azúcar en la sangre y una disminución de la necesidad de medicamentos para el dolor. Sin embargo ella registró horas excesivas de sueño. Había pasado de dormir diez horas por día a casi veinte horas diarias. Algo estaba sucediendo dentro de ella, drenando mucha energía.

¿La señal de peligro? Estaba muy débil y su cuello hinchado.

Su oncólogo tenía malas noticias. Su recuento de glóbulos blancos había aumentado de 17,000 a 143,000. Recuerde que con CLL, nos preocupamos por duplicar las tasas. En cinco semanas, su número se había disparado OCHO VECES. No está bien.

El examen del médico palpó cientos de ganglios linfáticos, no miles de ganglios linfáticos. Estaban en todas partes. Habían surgido en cada rincón y grieta de su cuerpo. Esta nueva cosecha de ganglios linfáticos compartía el mismo tamaño, lo que sugiere que todos aparecieron simultáneamente.

Mirando hacia atrás, el día en que salió del hospital, su tomografía computarizada reveló la razón por la cual la abuela Rose estaba fatigada y curándose demasiado lentamente. Ahí estaban. Los diez mil de ellos. Mirándome como *gremlins* bebés en la noche esperando a tomar el control. Ninguno de nosotros los había notado.

Todos lo habíamos pasado por alto. Sus nuevos ganglios linfáticos estaban llenos de cáncer. Esta amenaza que se avecinaba se escondía en la confusión y la hinchazón. Su CLL nos engañó una vez más. Mi cabeza nadaba en una niebla de decepción, sorpresa e impotencia.

Estábamos demasiado concentrados en sus complicaciones quirúrgicas, infecciones, exceso de líquido, posible neumonía, tubos de drenaje obstruidos, supuración de grapas y una bolsa de colostomía, sin los suministros de reemplazo. Todo el tiempo CLL tuvo una desagradable sorpresa para nosotros. Pensé que incluso si hubiéramos visto esos nódulos linfáticos en ciernes, no podríamos haber hecho nada. Estaba demasiado enferma para una cosa más.

Miles de ganglios linfáticos llenaron su tomografía computarizada. Me senté mirando las imágenes preguntándome cómo decirle.

En veinticinco días, estos pequeños monstruos pasaron de larvas escondidas a cucarachas palpables y adultas. Los sentimos florecer bajo su piel.

Necesitábamos destruir estos nidos de cáncer.

El oncólogo comenzó su espalda a la quimioterapia.

Esta medicina de quimioterapia específica había sido la misma sustancia química que derritió su cáncer de 150,000 a 17,000. La última vez, solo toleró siete de las 365 dosis prescritas. Después de unas pocas dosis, su cuerpo sufrió una intensa respuesta inflamatoria que la llevó a necesitar una bolsa de colostomía.

No puedo evitar sospechar que, sin saberlo, alimentamos esas células cancerosas. El azúcar goteaba en el torrente sanguíneo a través de los tubos de dextrosa del hospital. La abuela Rose recibió una suma total de tres semanas de goteo de veneno.

¿Había fallado? ¿Fue mi decisión mantener todo esto en secreto? ¿Debería haber excavado mi camino, obligando a los médicos a mantenerla sin azúcar? ¿Mi decisión de evitar el drama del hospital la puso en mayor peligro? ¿Pagaría el precio final por mi fallo?

Las lágrimas corrían por mi cara cuando recordé la grotesca hinchazón de sus ojos tres días después de la cirugía.

Me imaginé la interrupción que habría causado si hubiera desafiado el tratamiento estándar de azúcar en ese momento. Ese conflicto también habría causado daño.

Si Dios me concediera una repetición de esas seis semanas, ¿qué resultado hubiera sido mejor?

Nunca lo sabré.

Capítulo 29

Lecciones de la Dra. Bosworth:

LA CIENCIA DETRÁS DE LOS SUPLEMENTOS DE MCT

Si este es el primer libro de keto que ha leído, es posible que no haya oído hablar de estas tres letras mágicas: MCT. Si es un veterano del keto experimentado, aún debe leer esta sección con un alto nivel de atención. MCT significa triglicéridos de cadena media. Vayamos a la verdad sobre ellos. Los suplementos MCT son polvos hechos de los tipos de grasas que su cuerpo convierte en cetonas. Debido a su pureza, los suplementos de MCT aumentan los niveles de cetona de manera rápida y eficiente. Cuidado. Hay mucha desinformación por ahí.

Los triglicéridos son grasas que flotan en la sangre. Cada vez que vea la palabra triglicérido, piense en la grasa que podría ver si extrae algo de sangre.

Estas grasas se clasifican según la longitud de sus cadenas moleculares. Las cadenas cortas de triglicéridos tienen 4-6 enlaces cada una. Las grasas de cadena larga tienen 12 o más enlaces. Los triglicéridos de cadena media, MCT, tienen de 8 a 10 enlaces de grasa. Al igual que los Los MCT no son demasiado cortos ni demasiado largos, son los correctos. Son 'medianos'. El tamaño justo.

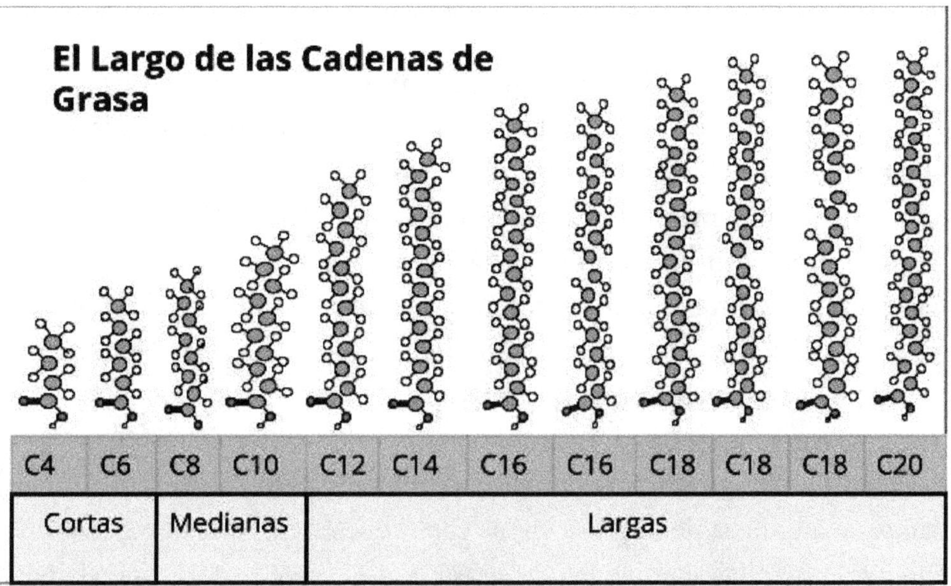

¿Tamaño justo para qué? Para colarse por una puertita de nutrientes, escondida tras sus intestinos. Esta puertita es un portal a sus venas. Permite la absorción directa e instantánea de ciertos nutrientes. Normalmente su cuerpo absorbe comidas a través de este forro en sus tripas. Los nutrientes entonces pasan a su sistema linfático que es una red que sirve de filtro. Luego se clasifican, se revisan y se barajan para pasar a su flujo sanguíneo. Para su supervivencia, las linfas más lentas lo protegen de que entren toxinas, veneno o bacteria en su sistema.

Las comidas particularmente valiosas tienen acceso directo a su flujo sanguíneo a través de la vena-portal. Estas comidas que se saltan toda la clasificación y baraja pasan por su sistema linfático. Es una manera arriesgada de dejar pasar los nutrientes a su cuerpo. El valor de este nutriente debe ser lo suficientemente alto como para que valga la pena ese riesgo. Si su cuerpo se equivoca, podría dejar que entren toxinas y no permanecería vivo mucho tiempo.

Después de ingresar en la vena portal, la siguiente parada para ese bocado VIP es que su hígado se encuentre a centímetros de distancia. Su hígado convierte todas estas grasas en cetonas.

Los MCT son una categoría de nutrientes a quienes se les permite la entrada a través de esta puerta especial. De hecho, todas las grasas con 10 enlaces en sus cadenas o más cortas pasan a través de la trampilla y se convierten rápidamente en cetonas utilizables. Todas las demás grasas utilizan el proceso de absorción estándar que se filtra a través de su sistema linfático durante 2 a 3 horas antes de ingresar a la circulación. Para las grasas VIP que pasan por la trampilla, su hígado las convierte rápidamente en energía cetona que su cuerpo puede usar de inmediato.

Cuando era un bebé, almacenó grasa en todo su cuerpo. Si realizamos una biopsia de la grasa en las capas que envuelven a un bebé sano, encontramos altas cantidades de grasa con 8 enlaces de grasa, llamada C8, así como altas cantidades de grasas con 10 enlaces en cada cadena, llamada C10. Los bebés llenan sus células con esta grasa de alta energía. ¿Cómo? Velocidad. C8 y C10 se convierten rápidamente en abundante combustible de cetona. Entre las tomas de leche, un bebé aprovecha este sistema de almacenamiento de grasa para obtener energía rápidamente. Esta es una ventaja evolutiva. Cuando los alimentos escasean, los bebés sobreviven alimentándose de la grasa almacenada. Un bebé en rápido crecimiento requiere un acceso rápido a una fuente de energía abundante que puede convertir rápidamente.

¿Por qué debería preocuparse por esto? A algunos de ustedes no les importará. Usted hará la transición a una dieta cetogénica alta en grasas y, finalmente, su sistema irá con un motor de cetona. Me gustaría poder decir que de aquí en adelante vivirá felizmente para siempre.

La mayoría de ustedes, lamentablemente, no disfrutarán de un viaje tan perfecto. Tu primer intento de keto será nuevo e interesante. La cetosis pasa y te sientes mejor. Semanas más tarde, su ingesta de carbohidratos se cuela y sus cetonas caen. Los beneficios de la cetosis se desvanecen y usted salta del tren *keto* por completo. Su nuevo estilo de vida *keto* no se convirtió en un hábito de por vida.

Su éxito de cetosis inicial se desvanece más y más en la memoria. Se sentía mejor cuando lo hizo y le gustaría intentarlo de nuevo pero odia el sufrimiento de la transición *keto*. Muchas personas lo pasan mal con la depresión del estado de ánimo y la energía que experimentan entre renunciar a los carbohidratos y la cetosis.

Las personas que cambian a un estilo de vida *keto* utilizan los suplementos de MCT como un atajo para la transición. Compran estos productos para evitar los efectos secundarios que se encuentran en la depresión cuando su cuerpo pasa de la glucosa a las cetonas. Las etiquetas del paquete para los suplementos de MCT prometen cetonas rápidas y, por lo tanto, reducen los efectos secundarios. ¡Preste atención! Las únicas grasas que producen un suministro rápido de cetonas son 10 enlaces o menos. Deben pasar a través de su trampilla para cumplir esa promesa.

C8 encaja. C8 es la abreviatura química para compuestos de triglicéridos con 8 enlaces de cadena grasa. Esto se llama ácido graso caprílico. C6 se denomina caproico. C6 atraviesa la trampilla y es una grasa de cadena corta. C10, cáprico, también se ajusta. Nada más funcionará. C12 es demasiado largo. Estas cadenas grasas más largas se filtran a través de su sistema linfático al igual que la grasa que se encuentra en la mantequilla y la crema batida. Estas grasas de cadena más larga se pueden convertir en cetonas, pero tardan más tiempo en procesarse.

Los suplementos caros le venden la velocidad de su formulación de cetona. Es fácil dejarse engañar para que pague por las grasas que son demasiado largas. Estos NO se metabolizan rápidamente.

Por ejemplo, echemos un vistazo a los cocos. Equipos de publicidad vincularon las letras MCT a los cocos. La grasa de coco se compone de un 85% de triglicéridos largos, demasiado grandes para apretarlos en su vena portal. Los vendedores hábiles se enfocaron en el 15% del aceite de coco que sí encaja. Convierten el aceite de coco en forma de polvo y lo comercializan como MCT. Mire detenidamente esta tabla para ver el tamaño de las diferentes grasas. Observe que las tres grasas más pequeñas que se encuentran en los cocos se llaman nombres similares: *caproico, caprylic y capric*. Con las cadenas 6, 8 y 10 enlaces de largo, todos encajan en su vena porta y se convierten rápidamente en cetonas.

Estas tres grasas provienen de la misma palabra raíz: caprino. Caprino se refiere a las cabras. Estas grasas se encuentran en altas cantidades en productos de cabra. Si la industria de la cabra contratara a un mejor equipo de mercadeo, las cabras se asociarían con MCT en lugar de cocos.

El CLINCHER: MCT OIL POWDERS no se crea igual. Use MCT C8: C10 en polvo para aumentar la producción de cetonas. No desperdicie tu dinero en grasas que son demasiado largas. Lea la etiqueta de ingredientes. Si la palabra raíz del MCT no es caprina, es del tamaño incorrecto ser un convertidor rápido. Las grasas más largas tardan horas en procesarse a través de su sistema linfático más lento y seguro que llega a su circulación al mismo tiempo que el resto de su comida. Si quieres C12, es más barato usar una cucharada de aceite de coco.

Para la producción rápida de cetonas, use MCT C8: C10.

Largo de la Cadena		Nombre	Tipo de grasa	% Encontrado en el aceite de coco	Estructura Molecular
Cadenas Cortas	C4	Butírico	Saturado	None	
	C6	Caproico	Saturado	0.5%	
Cadenas Medianas	C8	Caprílico	Saturado	7.8%	
	C10	Cáprico	Saturado	6.7%	
Cadenas Largas	C12	Láurico	Saturado	47.5%	
	C14	Mirístico	Saturado	18.1%	
	C16	Palmítico	Saturado	8.8%	
	C16	Palmitoleico	*MUFA	None	
	C18	Esteárico	Saturado	2.6%	
	C18	Oleico	*MUFA	6.2%	
	C18	Linoleico	**PUFA	1.6%	
	C20	Araquídico	Saturado	0.1%	

***MUFA**: Ácidos grasos Monoinsaturados (Siglas en inglés) ****PUFA**: Ácidos grasos Poliinsaturados

Capítulo 30

Abuela Rose:

EL IMPERIO MALVADO HUELGA ATRÁS

Volver al juego de números. Después de que el oncólogo se quedó mirando el sorprendente informe de laboratorio de 143,000 CLL, luchó con la incredulidad de que podría aumentar tan rápidamente. Una prueba repetida regresó a los 145,000 unos días después, enterrando nuestra esperanza de un error. La fatiga, la plenitud en su cuello, las masas desordenadas en sus axilas y los crecimientos en su ingle eran todos los ganglios linfáticos de gran tamaño. Estos hallazgos validaron sus elevados números. El cáncer había vuelto y crecía rápido.

El oncólogo reinició su quimioterapia y ordenó un nuevo control después de 7 dosis. La última vez que tomó este medicamento, unas pocas pastillas causaron una explosión inflamatoria. Esta vez, su tasa de duplicación de cáncer fue tan alta que estábamos agradecidos por el seguimiento cercano.

Antes de que la abuela Rose regresara a la granja, revisamos nuestro plan de *keto*. En las semanas anteriores, ella pensó que estaba muy cerca de eso. Obtuvo confianza en el hecho de que sus tiras de orina de *keto* se volvían rosas cada vez que lo comprobaba. Ella renovó su compromiso de tomar caldo todos los días y tomó mi nuevo consejo para controlar sus cetonas en sangre y su glucosa en sangre.

Le aconsejé que intensificara su monitoreo después de leer el libro del Dr. Thomas N. Seyfried, *Cáncer como enfermedad metabólica*. Si bien su investigación se centró en los cánceres de cerebro, no en el linfoma crónico, su literatura fue la más relevante para el cáncer de mi madre que pude encontrar. Le pedí a la abuela Rose que siguiera el consejo de su investigación.

Sus hallazgos podrían resumirse de la siguiente manera: coloque el mayor estrés en las células cancerosas al tiempo que protege la salud y la vitalidad de la abuela Rose. Su medicamento de quimioterapia iba a hacer lo que iba a hacer. Nuestro objetivo era crear el peor ambiente para sus células cancerosas, mientras nutríamos el resto de su cuerpo.

¿Cómo exactamente?

Las células cancerosas necesitan azúcar para obtener energía. Bajar el azúcar en la sangre a cero destruiría estas células. Lamentablemente, eso también mataría a la abuela Rose, no la protegería. El cuerpo humano necesita un nivel mínimo de glucosa en circulación para sobrevivir.

¿La solución? Reduzca su azúcar en la sangre tanto como sea posible mientras inunda su sistema con un combustible alternativo, las cetonas.

Cuanto más altas sean las cetonas en la sangre, mejor alimentadas estarán sus células normales no cancerosas. No tenía la confirmación genética microscópica de que las células cancerosas específicas de la abuela Rose dependían de la glucosa. Simplemente hice una conjetura educada de que eran. Basé mi suposición en algunas pistas de su historia. Durante sus primeras seis semanas de cetosis, su puntaje de CLL se redujo sustancialmente, ¡un treinta por ciento! Recordemos que ella había suspendido la quimioterapia durante casi dos años en ese momento. Sus resultados superaron mis esperanzas.

Mi confianza en que su cáncer vivía de la glucosa creció cuando vi cómo el ayuno la ayudó a superar muchos desafíos. Dejó de comer durante las complicaciones de los abscesos, los divertículos y el intestino perforado. Todos estos amenazaron su vida. El ayuno pareció ayudarla a superar estas condiciones. Cada vez que ayunaba, pasaba de estar gravemente enferma a médicamente estable.

Durante los ayunos, sus niveles de azúcar en la sangre eran bajos y las cetonas eran altas. Cuando sus abscesos se inflamaron y ella ayunó, las cosas mejoraron extrañamente. Cuando su intestino se perforó y el doctor ordenó NPO, ella mejoró. Cuando el cirujano le quitó los intestinos y el azúcar le goteaba en las venas, se deterioró y el cáncer creció. Tal vez solo estaba viendo las respuestas que quería ver. Tal vez estaba ajustando mi hipótesis a su situación. Quedaba un hecho: todos los libros de texto médicos decían que debería estar muerta, pero que ahora estaba más sana que en años.

Nuevamente, aunque la investigación de Thomas Seyfried se centró exclusivamente en los tumores cerebrales, le pedí a la abuela Rose que siguiera su protocolo: disminuir los niveles de azúcar en la sangre lo más bajo posible al tiempo que aumenta la presión de las cetonas en la sangre.

Ella estuvo de acuerdo y cada mañana revisaba los azúcares en ayunas junto con las cetonas. Se pinchó el dedo y colocó una gota de sangre en el monitor de glucosa y otra gota en el monitor de cetona. Ella también tomó sus pastillas diarias de quimioterapia.

De acuerdo con la investigación de Seyfried, la glucosa en la sangre siempre debe estar por debajo de 80. Idealmente, esto debería ir acompañado de un número de cetona superior a 2.0.

Para simplificar estos objetivos, Seyfried utiliza una proporción que divide la glucosa por cetonas. Los tumores cerebrales mostraron la mayor reducción cuando esa proporción fue menor a 20.

Durante las primeras 2 semanas, los niveles de azúcar en la sangre de la abuela Rose oscilaron entre los 80 y los 90, mientras que sus cetonas en la sangre se mantuvieron fuertes en el rango de 1.4 a 1.8. Nos alegramos si alcanzamos la proporción de 50. No en una ocasión vimos relaciones en los años 20.

Teníamos dos objetivos:

1. Levantar cetonas
2. Bajo nivel de azúcares en la sangre

O aumentamos sus cetonas en la sangre o bajamos el azúcar en la sangre. O ambos. Los estudios de tumores cerebrales de Seyfried redujeron los niveles de azúcar en la sangre del paciente en el rango de 50 y 60. Ese número me inquietó. Nunca había visto a una persona sana con niveles de glucosa en sangre tan bajos.

Recordé que mi clínica estaba llena de personas que luchaban con enfermedades crónicas. Estas no eran personas sanas. Si un diabético recién diagnosticado venía a mi clínica y le pedí que bajara su glucosa en sangre a 55-65, ese consejo podría matarla. Los azúcares de los diabéticos a menudo se encuentran en el rango de 150-200, incluso con tratamiento médico. Sus cuerpos y cerebros están impregnados de niveles tóxicos de azúcar.

El cerebro humano es el adaptador de cetona más lento. Una rápida caída de glucosa al rango de 80-90 causa efectos secundarios profundos. Disminuir con seguridad el nivel de azúcar de un diabético de 180 a 80 tomas varias semanas. La glucosa de la abuela Rose tenía que bajar en 20-30 puntos.

Pensé en agregar metformina al plan de la abuela Rose. La metformina es un medicamento recetado que reduce la glucosa en la sangre de manera segura y eficaz, sin presionarlos demasiado. Agregar metformina ciertamente reduciría sus azúcares. Era seguro, fácil y barato. Este medicamento también podría tener otros beneficios contra el cáncer. Todo eso estuvo bien. Lo que me impidió prescribirlo fue el riesgo de diarrea. Una mirada a su bolsa de colostomía y decidí no hacerlo. Con su herida quirúrgica finalmente reparada, opté por no apretar a Chorro todavía.

La otra forma de reducir el azúcar en la sangre en pacientes con cetosis era reducir sus calorías diarias. Rara vez hablamos de calorías o incluso las medimos. Su ingesta calórica se redujo de forma natural a medida que se acostumbraba a la cetosis. Obviamente, cuando ayunaba tenía cero calorías.

Ella accedió a intentar el ayuno de nuevo. Lo llamamos días de caldo de huesos. Al igual que en el momento en que cambió el su canal de parto, usó el caldo salado para sobrellevar cualquier oleada de hambre. Si el hambre la invadía, usaba el poder de la sal para desviar esos síntomas.

El ayuno hizo que sus números mejoraran. Aunque no ayunó durante días como lo había hecho antes, tuvo buenos resultados con el ayuno intermitente. Ella ayunó por treinta y seis horas dos veces por semana. Cenaba el domingo y su próxima comida sería el martes por la mañana. Sus azúcares se hundieron en el nivel de 70-80 y sus cetonas alcanzaron alrededor de 2.1-2.5. Eso resultó en una proporción de 30-40. Aunque nuestra meta era 20, celebramos con orgullo nuestros logros.

En los días sin ayuno, añadió suplementos para aumentar sus números de cetona. Los suplementos pueden ser un poco confusos. Utilicé este cuadro para explicar sus opciones.

Miró los números en la fila inferior de esa tabla con entusiasmo. *Ketones-In-A-Can* ofrece un impulso rápido y fácil de cetonas. ¿Cómo no nos iba a gustar?

Métodos para inducir la cetosis	**CETONAS mmol/L**	**BENEFICIOS**	**CONTRAS**
Ayuno	1-8	Pérdida rápida de peso Autofagia	Disciplina
Dieta Cetogénica	1-3	Lea este libro.	Necesita apoyo para mantenerse disciplinado
MCT C8:C10	1-3	Usa vena-portal para convertirse en cetonas.	MCT en exceso hace que le den ganas de ir al baño
Suplementos de Cetonas (Exogenous Ketones) "Ketones-In-A-Can"	1-10	Coma cetonas. Sin conversar al respecto. Manera fácil de volver a la cetosis después de haber comido carbohidratos.	Precio. Sabor. Diarrea.

Ketones-In-A-Can se hacen en el laboratorio de química. A diferencia de los suplementos de MCT, donde su hígado convierte las cetonas de grasas de tamaño especial, estas cetonas están listas para usarse. De hecho, una cucharada y sus cetonas en sangre se dispararon al rango de 3.0-3.8. Ella aprendió rápidamente su inconveniente. Los químicos fabrican cetonas en una lata conectando minerales como potasio, sodio, magnesio o calcio a moléculas de cetonas sintéticas. Si el químico usa demasiado magnesio o potasio en la preparación, ¡ASCO!

Además, estas sales atraen el agua hacia el intestino. Cuando la abuela Rose bebió demasiados *Ketones-In-A-Can*, convirtió su bolsa de colostomía en una pistola de agua. Chorro se enojó por 2 días con diarrea.

Típicamente, los científicos usan el antídoto del azúcar para algo que sabe que está podrido. Pero no en el laboratorio de la cetona. En cambio, los químicos agregan diferentes edulcorantes artificiales. Estos también causan heces sueltas.

Los sustitutos de azúcar adicionales que se encuentran en *Ketones-In-A-Can* activaron el páncreas de la abuela Rose para producir insulina. A pesar de que estos sustitutos no tienen la estructura química del azúcar, su dulzura Engañó a su cerebro para pensar que ellos son el verdadero negocio. En consecuencia, su cuerpo liberó insulina y ansió más dulces el resto del día. La insulina detuvo su cetosis, y esto envió a sus niveles de azúcar en la sangre a un ciclo de caídas y aumentos. La insulina empujó los azúcares en sus células y fuera de su sangre. La abuela Rose no se sintió bien cuando sus azúcares cayeron tanto. Cuando se sintió mal, tomó malas decisiones.

Las cetonas suplementarias suprimieron su apetito al igual que la cetosis nutricional. Sin embargo, como la mayoría, la abuela Rose informó una mayor supresión del apetito a través del ayuno en comparación con *Ketones-In-A-Can.* Eso suena al revés para las personas que nunca han ayunado. ¿Cómo podría bajar tu apetito cuando ayunas? Bueno, simplemente lo hace. Mientras más altas sean las cetonas, menos comida querrás. Los beneficios adicionales que surgen durante el ayuno apagan el hambre. Ella probó media docena de muestras diferentes antes de decir: "Preferiría no comer que probar esa asquerosidad".

Después de ese desastre fallido, la abuela Rose optó por MCT C8: C10. A diferencia de las cetonas en lata prefabricadas, los MCT son grasas en polvo que el hígado debe convertir en cetonas. MCT C8: C10 no tenía carbohidratos y todas las grasas adecuadas. Una cucharada de este polvo elevó rápidamente las cetonas de la abuela Rose durante horas sin desear comida. Anteriormente, ella había mezclado mantequilla o aceite de coco en su café en lugar de este polvo. Las grasas que se encuentran en la mantequilla y el coco la dejaron varias horas antes de que entraran en circulación las cetonas que suprimen el apetito. MCT C8: C10 entregó rápidamente solo las mejores grasas para aumentar sus cetonas.

Sus niveles de azúcar en la sangre en los días de comida naturalmente eran más altos que cuando ayunaba. Con azúcares que van desde 85-95 y cetonas 3.0-3.8, su proporción se extendió de 22-30 esa primera semana. Nuestro objetivo era 20. Estábamos muy cerca. A pesar de que ella prefería el ayuno, parecía que incluso con todos los efectos secundarios, su proporción era mejor con el *Ketones-In-A-Can*.

Una semana después de comenzar su quimioterapia, su examen de seguimiento no mostró signos de peligro, pero tampoco una gran victoria. Con solo un poco de una disminución en sus números de cáncer, la oncóloga envió a la abuela Rose de vuelta a casa por cuarenta días más de quimioterapia.

La segunda semana hizo que la ducha de la abuela Rose se tapara, por la caída de pelo.

Capítulo 31

Lecciones de la Dra. Bosworth:

NO LEA ESTO PRIMERO:

EL SECRETO A LA PÉRDIDA DE PESO RÁPIDA

ADVERTENCIA: NO LEA ESTA SECCIÓN PRIMERO. Si se volcó a esta página del libro en busca del secreto de cómo perder peso como una estrella de cine, deténgase. No puede omitir esos otros pasos y saltar directamente a esta lección avanzada. Seriamente. Esta es una lección avanzada. Hay una razón por la que utilizamos a los pacientes en el hospital para inducir la cetosis. Puede lastimarse si no entiende los capítulos anteriores.

ADVERTENCIA: NO LEA ESTA SECCIÓN SI NO ESTÁ DISPUESTO DE COMPROMETERSE A SEGUIR ESTAS NORMAS EXACTAMENTE TAL COMO ESTÁN ESCRITAS.

Habiendo ya hecho todas las advertencias, bienvenidos al carril rápido. Y por rápido, me refiero a la pérdida de peso.

Enseño a los pacientes esta lección sobre la pérdida de peso cuando han "llegado". Cuando lo consiguen. Se han presentado en el grupo de apoyo semanal, han confesado todos sus pecados de carbohidratos y quieren cambiar el curso de sus vidas. Para ellos, la cetosis de por vida ya no es una idea descabellada. Eliminaron los alimentos prohibidos de sus armarios. Lavaron los estantes de la despensa que solía contener bolsas de alimentos procesados. Empujaron a través de esa fase donde agregar un sustituto de azúcar a todo parecía una solución. Se graduaron de la fase en la que hicieron cuarenta sabores de bombas de grasa para mantenerse "por si acaso". Ellos van en serio. Cetosis de por vida.

Si usted está en esa fase, déjeme ayudarlo a vivir su vida más saludable y también a lucir genial.

Es posible que haya adivinado, en las últimas lecciones de este libro, que esto implica ayunar de forma intermitente, estimular su hormona de crecimiento y manipular su ecuación matemática de metabolismo.

Para que esto funcione, necesita subir de nivel.

Paso 1. Producir y monitorizar cetonas durante 4 semanas.

No intente esto sin 4 semanas de cetonas probadas. Si está leyendo este libro, está pensando seriamente en mejorar su salud. Sin embargo, es probable que no esté bajo el cuidado de un médico apasionado por la cetosis de por vida.

Esta rápida lección de pérdida de peso es una pérdida de peso potente, segura y sostenible. . . ¡PERO USTED DEBE ESTAR *KETO* ADAPTADO ANTES!

En los casos en que no hice cumplir esta regla, todos fallaron. Cada uno. Debe tener cetonas en la orina durante la mayor parte del mes para que esto funcione. Permítame divagar.

Requerir 4 semanas de adaptación implica más que ajustes a los mecanismos de sus células. Debe pasar por el proceso de eliminar las tentaciones, limpiar los armarios y enfrentar los desafíos sociales de convertirse en un amante de las cetonas. Irá en contra de lo que le diga la sociedad. Este viaje no es para los débiles. Será golpeado en la cabeza con el mantra de que debe comer fruta. Alguien saboteará su impulso con el temor de que toda esa grasa cause un ataque al corazón. Otros eliminan su resolución ofreciéndole repetidamente "bocadillos saludables" con alto contenido de carbohidratos.

Si está leyendo este libro en su totalidad y nunca ha experimentado niveles altos de cetonas con niveles bajos de azúcar en la sangre, podría pensar: "Doc, por supuesto que perderá peso cuando ayune. ¿Pero quién puede apegarse a ese plan?

Usted puede, una vez que cambie su química. Los efectos secundarios naturales de la cetosis le ayudarán. La grasa es su amiga Una vez que la química de su cuerpo se convierte en cetonas, sus niveles de glucosa se estabilizan y gradualmente su ciclo de hambre desaparece. Seriamente. No importa cuántos pacientes reconozcan esto, mis pacientes adictos a los carbohidratos no lo creen ... hasta el día en que se olvidan de comer. Suena risible, pero esto le sucederá.

En la dieta estadounidense estándar, sus picos y choques de azúcar en la sangre activan sus señales de alimentación. Cuando se alimenta con grasa, su hambre disminuye junto con sus niveles de glucosa en la sangre. Produzca cetonas durante 4 semanas antes de probar este plan de pérdida rápida de peso. Ese mes prepara su mente, células y habilidades de afrontamiento para su éxito.

Paso 2. Compre un monitor de sangre la semana antes de comenzar

El control adecuado es un componente esencial para la pérdida rápida de peso con cetosis. Sube de nivel controlando las cetonas de la

SANGRE y los niveles de azúcar en la sangre. Compruébelos simultáneamente. Originalmente, compré un monitor Precision Xtra porque este dispositivo mide las cetonas y la glucosa. Probé al azar simplemente para satisfacer mi curiosidad, pero nunca miré a los dos al mismo tiempo. Cuando avancé a la etapa de pérdida rápida de peso de la cetosis, necesitaba ambos números al mismo tiempo. Me molestaba mucho tener que pincharme el dedo para que sangrara el tiempo suficiente para esta configuración. Cada prueba toma solo 10 segundos. Sin embargo, en el momento en que hice el control de cetonas, la tira se retiró y se reemplazó con la tira de glucosa, mi dedo había dejado de sangrar. Tuve que pincharme dos veces. ¡Dolor! Cuando agregué un monitor de glucosa por separado y preparé ambos dispositivos de prueba antes del pinchazo en el dedo, funcionó mucho mejor.

Abastecerse de amplias tiras de prueba. Inicialmente, puede realizar pruebas 3-4 veces al día para evaluar su progreso. El monitoreo se centra en dos situaciones valiosas: la primera hora de la mañana y antes de comer al final de su ayuno.

Paso 3. Comience el ayuno intermitente

Nuestro objetivo es acelerar su metabolismo a través del ayuno intermitente. Debido a su adaptación al *keto*, es posible perder peso rápidamente sin interrumpir su metabolismo. En cambio, su metabolismo aumentará.

Recomiendo una comida diaria con al menos 20 horas entre comidas. Como tengo hijos que alimentar, solía cenar. El mínimo de 20 horas me dio suficiente flexibilidad dentro del ciclo de 24 horas. Estas cuatro horas móviles me permitieron ajustarme lo suficiente como para no tener que hacer trampa cuando tenía que hacer algo que no podía reprogramar.

Cocinar mientras ayunas es la muerte para mí. Simplemente no puedo decir que no. Cuando estoy haciendo ayunos más largos, la familia lo sabe porque tenemos comidas programadas para toda la semana. Los tengo en el congelador y los tiro en la olla de barro antes de irme. La comida es lo suficientemente simple para que los niños ayuden a poner comida en la mesa antes de que me equivoque y coma algo que se supone que no debo.

Una lucha clave para esta lección avanzada es el café. Sí, por la mañana el café tiene una rutina tan integrada en nuestras vidas que hablaremos de ello. Para esta rápida pérdida de peso, no puede poner grasa en su café. No se asustes. Tiene razón. Le dije que hiciera eso en los capítulos anteriores. Este fue mi principal modo de supervivencia cuando empecé, también. Me encanta mi café con crema batida.

Sin embargo, el ayuno intermitente empuja su cuerpo para obtener su combustible principalmente de la grasa almacenada. Si está buscando que su cuerpo aproveche la grasa almacenada para sus necesidades energéticas, no ingiera grasa. AYUNO. El ayuno significa que no hay calorías. Traducción: café negro.

Confesión: Me encanta mi café con crema espesa. Pero cuando comencé a ayunar, tuve que saltarme el café las primeras veces que hice esto. Mi dolor de cabeza por abstinencia de cafeína fue horrible. En poco tiempo, encontré un excelente proceso de preparación de café negro que me permitió saltarme la crema. El proceso se denomina elaboración fría y simplemente remoja los granos de café molido durante la noche y los escurre después de un remojo de 12 o 24 horas. El sabor era notable y no era ni picante ni amargo. Ahora preparo todo mi café de esta manera. Si lo quiero caliente, simplemente lo meto en el microondas.

	AZÚCAR EN SANGRE	CETONAS EN SANGRE	PROPORCION DE DRA. BOZ (GLUCOSA / CETONAS)
DÍA 1 14:30	76	0.9	84
DÍA 1 17:41	81	1.4	57
DÍA 2 08:18	99	0.3	330
DÍA 2 12:34	82	0.7	117
DÍA 2 16:48	95	3.1	30
DÍA 3 06:09	117	0.1	1170
DÍA 3 09:45	114	0.2	570
DÍA 3 14:34	92	0.4	230

Paso 4. Mida su relación glucosa / cetona

Nada mejor que la retroalimentación en tiempo real. Insisto en que los pacientes que usan la cetosis para la pérdida rápida de peso se monitorean a sí mismos.

La primera semana, revísese en su sangre las cetonas y azúcares en 3-4 veces al día. Cuando los sigo en la clínica, les pido que traigan sus números para que yo los revise. Usamos el mismo enfoque que usamos con la abuela Rose. Calculamos su relación de cetonas dividiendo su glucosa por su número de cetonas.

Por ejemplo, mire esta tabla de Maurine, una mujer negra de 42 años con diabetes en su familia. Sabía que la mejor protección contra la diabetes era alcanzar su peso ideal y permanecer en ese peso. Ella había perdido 30 libras con solo la dieta *keto* y ahora quería eliminar el resto. Desafortunadamente, ella se había estancado en su pérdida de peso y se preguntaba por qué.

Avanzó a esta lección de control de cetonas y glucosa. Al final de los tres días, regresó a la clínica con los siguientes resultados:

El día 3, Maurine estaba orgullosa de haber alcanzado su meta de ayuno intermitente de no comer calorías fuera de su comida diaria.

Sus niveles de azúcar en la sangre y cetonas fueron excelentes en el Día 1 y nuevamente en el Día 2.

Al final del día 2, Maurine se sintió increíble. Tenía mucha energía y cuando revisó sus cetonas antes de su comida diaria, las encontró lo más alto que jamás las había visto, 3.1.

Adivine qué hizo Maurine al final del día 2. ¡Celebró con una taza de granada! Sí. La fruta es mala.

Cuando Maurine se despertó a la mañana siguiente, no tenía CETONAS (0.1) junto con su mayor nivel de azúcar en la sangre, 117. Eso elevó su proporción en más de mil. No hubo pérdida de peso ese día. ¡La importancia de la retroalimentación!

Por lo general, la proporción necesaria para una rápida pérdida de peso varía entre 30 y 60. Sin embargo, debemos trabajar con su metabolismo específico. Para entender su metabolismo, necesitamos los números. Por eso los mide: para ayudar a adaptar el plan a su metabolismo. En el caso de Maurine, perdió peso cada vez que mantuvo su proporción por debajo de 100. Maurine se dio cuenta de que cuando su proporción bajaba de 100, era una señal de que su cuerpo estaba usando la grasa almacenada como combustible. Traducción: pérdida de peso.

Al igual que Maurine, a través del monitoreo de la proporción de glucosa / cetona, aprenderá muy rápidamente lo que está sucediendo dentro de su cuerpo. El maestro serán sus números. Usted tiene que comprobar Cuando su nivel de azúcar en la sangre está demasiado alto, la pérdida de peso no es posible. Sus niveles elevados de azúcar indican que la insulina aparece y la grasa permanece atrapada dentro de sus células grasas. Si se saltó a este capítulo y no está adaptado al ceto, dejar caer el azúcar sin producir cetonas lo hará sentir muy mal. La ciencia de la pérdida de peso cetosis es predecible en todos los pacientes. Lo que NO es predecible es cómo su sistema responde a los alimentos. Si es usted resistente a la insulina, una taza de carbohidratos lo sacará de la cetosis durante dos días. Su azúcar en la sangre se elevará y sus cetonas caerán en picado. Mire esa tabla de nuevo. Eso es lo que pasó con Maurine. Es posible que su gemelo idéntico no sea tan sensible a los azúcares y que unos pocos carbohidratos adicionales no bloqueen su pérdida de peso. ¿Cómo sabe cuál es usted? Siga la ciencia. Verifique esos números para ver si sus opciones producen el ambiente correcto para perder peso.

Maurine ayunó intermitentemente con una comida al día durante 13 semanas y alcanzó su peso objetivo. Las únicas veces que dejó de perder peso ocurrió cuando dejó de verificar sus números. Tiene que seguir revisando tu puntuación..

Paso 5. Beber caldo de hueso para ayunos prolongados

Beba caldo de hueso si va a ayunar por un período de más de 24 horas. Su líquido salado caliente aborda dos factores importantes con una solución: la sal y la hidratación. Al hacer ayunos prolongados, llevo contenedores de caldo congelado para trabajar. Las veces en que mi meta son 3, 4 o 5 días de ayuno, caliento el caldo y bebo el líquido tibio y salado en mi camino a casa. ¡Funciona de maravilla! Este maravilloso brebaje satisface mi apetito, proporciona nutrientes más allá de lo esperado, mientras elimina cualquier oleada de hambre. La familia puede comer mientras me siento en la mesa con ellos. Si me salto el caldo, me quejo de hambre y aplasto la producción de la hormona del crecimiento.

¡Feliz ayuno!

Capítulo 32

Abuela Rose: LA RONDA FINAL

Para la quinta semana de quimioterapia, la abuela Rose se jactó de que un perezoso tendría más energía que ella. Curiosamente, los días de ayuno eran sus mejores días para obtener energía. En los días de comer mientras estaba bajo quimioterapia, ella comía una o dos comidas cetogénicas. Ella reportó su energía más baja cuando comió. Encontró tolerables a los *Ketones-In-A-Can*. Una cucharada por día le dio las mejores proporciones de glucosa en sangre / cetona.

En sus seis semanas de seguimiento, me prometí a mí misma que resistiría la tentación de pasar las yemas de los dedos por su cuello o metérselas en las axilas. Esperaría el juicio de su oncólogo sobre el tamaño de sus ganglios linfáticos como todos los demás. Nos encontramos en el vestíbulo y la forma de su cuello me llamó la atención mientras caminaba hacia mí. Habían pasado cinco semanas desde la última vez que la había visto. Su esbelto y delgado cuello capturó toda mi atención mientras el resto del mundo se oscurecía a su alrededor. Mis ojos trazaron lentamente las suaves líneas de sus músculos deslizándose bajo su cuello. Sus venas y el contorno de los músculos bailaban sin interrupciones por los bultos de los ganglios linfáticos no deseados. Glorioso. Simplemente glorioso.

Sus pruebas de laboratorio confirmaron lo que sospechaba. Ella registró una caída de casi 100,000 puntos en su recuento de cáncer. Tras el examen, su oncólogo no pudo encontrar ningún ganglio linfático. Cientos de miles de ganglios linfáticos habían desaparecido. Seis semanas de quimio y cetonas dejaron al oncólogo atónito con incredulidad. Luchando por confiar en lo que estaba viendo, repitió su tomografía computarizada 'solo para estar seguro'.

Esta vez no necesitaba la tomografía computarizada para saber con certeza cómo estaba ella. La abuela Rose tampoco.

Ahora ella vive.

Cada libro de texto predice que la abuela Rose morirá de complicaciones de cáncer. Hasta ahora, Dios ha tenido otros planes.

Con la mejora dramática en su examen y su puntaje de CLL, la abuela Rose y su oncólogo acordaron interrumpir la quimioterapia. Aunque su puntaje de 50,000 en la CLL no es la mejor, dado que tenía 73 años y todo lo demás que le sucedió, fue suficiente por el momento. Se despidió ansiosamente de los efectos secundarios de la quimioterapia de curación lenta, fatiga y caída del cabello.

Durante tres meses, ella continuó su cetosis con ayuno intermitente como su único tratamiento contra el cáncer. Las cetonas no solo fortalecieron su cuerpo físico, sino que también le permitieron luchar. En lugar de ver cómo el cáncer le quitaba la energía un mes a la vez, la producción de cetonas se convirtió en su antorcha. Las cetonas se convirtieron en su señal que representaba a una abuela Rose más fuerte, decidida y empoderada.

En su cita de seguimiento con la oncóloga, salió su puntuación de CLL y nuestras mandíbulas cayeron al suelo. Sus números se hundieron aún más. No quimio Sólo cetosis por esos tres meses. Este cáncer que nunca cae ha vuelto a caer. Su puntaje en la CLL fue aplastado a 30,000.

A los 73 años, la historia de la abuela Rose irradia esperanza para muchos. Después de diez años de CLL, estaba cansada de la batalla. Su cuerpo envejecido, inflamado y moribundo. Preparada para la derrota, se había rendido. El cáncer parecía haber ganado.

Hace dieciocho meses le presenté la palabra cetosis. La esperanza resucitó el día en que orinó su primera cetona. La magia de Mary Poppins devolvió una mitocondria a la vez. Su deseo, alimentado por cetonas, pasó de estar sin vida a una quemadura sólida y constante.

Ahora ella extiende la esperanza a otras personas que viven con cáncer. Ella los alienta a "¡Combatirlo de COMO PUEDA!" ¡Cetosis de por vida!

Capítulo 33

PRIMA:

7 PASOS PARA MANTENERSE EN CURSO

Estos son los SIETE pasos más importantes para mantener su estilo de vida en cetosis.

1. **Conectar**. Encuentre un grupo de apoyo para ayudarlo durante la transición. Esto puede ser un grupo *keto* formal, un club de lectura o un par de amigos del trabajo. Programar una reunión de grupo pequeño una vez por semana. Haga que sea una prioridad asistir a las reuniones durante al menos 6 meses. Cambiar su comportamiento es difícil. Utilice las relaciones para asegurarse de permanecer en el vagón. Los grupos también ayudan a perdonase a sí mismo cuando tu transición a *keto* no se realiza de la forma esperada.

2. **Comprobar las cetonas.** Este solo paso separa esta dieta de cualquier otro régimen de pérdida de peso. El estilo de vida *Keto* proporciona comentarios en tiempo real sobre cómo te encuentras. La verificación de cetonas le permite ver su progreso hora por hora. Las pruebas realmente eliminan todas las conje-

turas del proceso. Empodérese monitoreando lo que su cuerpo está haciendo. Compruebe el nivel de las cetonas diariamente.

3. **Calcule su proteína.** La dieta *ceto* no es una dieta alta en proteínas. Haga este cálculo. Calcule su peso corporal ideal en libras. Personalmente, el mío es de 125 libras. Convierte esas libras a kilogramos dividiendo la cantidad de libras por 2.2. [125 / 2.2= 57] Este número (en mi caso 57) es igual al máximo de gramos de proteínas que debe comer todos los días.

4. **Comer.** Esto no es una dieta de hambre. Aquellos que escatiman en su ingesta y comen muy poco sabotean su resultado. Usted deforma su metabolismo al restringir sus calorías antes de que esté adaptado al *keto*. Coma hasta que se sienta lleno. Sentirse lleno desencadena importantes hormonas cerebrales que a su vez estimulan su metabolismo. Comer. Sienta la saciedad.

5. **Comer grasa**. Puede preocuparse por las grasas monoinsaturadas, poliinsaturadas o saturadas. Estás perdiendo el foco en el cambio de química que queremos. Solo enfóquese y coma grasa.

6. **Gestione sus minerales**. Agregue sal a sus líquidos, especialmente cuando comienza su viaje de transición *keto*. Reemplace su magnesio para detener los calambres musculares y mejorar su estado de ánimo y sus procesos mentales.

7. En caso de duda, coma menos carbohidratos. En caso de duda comer aún más grasa.

Nota del Autor:

Gracias por haber leído mi libro. Como autora primeriza, estoy impresionada con todos los comentarios positivos que he recibido de parte de los lectores. Gracias a ustedes y a su voz, otros lectores han podido descubrir mi libro.

Al ser mi primer libro publicado, el mejor regalo que me puede dar es compartir sus comentarios online. Yo leo cada uno de los comentarios que publican acerca de mi libro. Mientras más CINCO ESTRELLAS reciba, más se sugerirá mi libro para otros lectores. Por favor, dese el tiempo de comentar y darle CINCO ESTRELLAS si cree que se lo merece. Los comentarios hacen una gran diferencia en autores primerizos.

Finalmente, si quiere aprender mas acerca de la dieta keto, conéctese conmigo en mi página web www . BozMD . com

Gracias por leer mi libro.

¡Adelante con el estilo de vida KETO!

Annette Bosworth, MD

BIBLIOGRAFÍA LIMITADA

1. Achanta, Lavanya B., and Caroline D. Rae. "Beta-Hydroxybutyrate in the Brain: One Molecule, Multiple Mechanisms." Neurochemical Research, vol. 42, no. 1, Aug. 2016, pp. 35–49., doi:10.1007/s11064-016-2099-2.

2. Augustin, Katrin, et al. "Mechanisms of Action for the Medium-Chain Triglyceride Ketogenic Diet in Neurological and Metabolic Disorders." The Lancet Neurology, vol. 17, no. 1, 2018, pp. 84–93., doi:10.1016/s1474-4422(17)30408-8.

3. Bergin, Ann M. "Ketogenic Diet in Established Epilepsy Indications." Oxford Medicine Online, 2016, doi:10.1093/med/9780190497996.003.0006.

4. Blackburn, Henry. "The Seven Countries Study: A Historic Adventure in Science." Lessons for Science from the Seven Countries Study, 1994, pp. 9–13., doi:10.1007/978-4-431-68269-1_2.

5. Cameron, Jameason D., et al. "Increased Meal Frequency Does Not Promote Greater Weight Loss in Subjects Who Were Prescribed an 8-Week Equi-Energetic Energy-Restricted Diet." British Journal of Nutrition, 2009, p. 1., doi:10.1017/s0007114509992984.

6. Caraballo, Roberto Horacio, et al. "Ketogenic Diet in Pediatric Patients with Refractory Focal Status Epilepticus." Epilepsy Research, vol. 108, no. 10, 2014, pp. 1912–1916., doi:10.1016/j.eplepsyres.2014.09.033.

7. Cassiday, Laura. "Big Fat Controversy: Changing Opinions about Saturated Fats." INFORM: International News on Fats, Oils, and

Related Materials, Jan. 2015, pp. 342–377., doi:10.21748/inform.06.2015.342.

8. Castaldo, Giuseppe, et al. "Very Low-Calorie Ketogenic Diet May Allow Restoring Response to Systemic Therapy in Relapsing Plaque Psoriasis." Obesity Research & Clinical Practice, vol. 10, no. 3, 2016, pp. 348–352., doi:10.1016/j.orcp.2015.10.008.

9. Chanrai, Madhvi, et al. "Comment on âSystematic Review: Isocaloric Ketogenic Dietary Regimes for Cancer Patientsâ by Erickson Et Al." Journal of Cancer Research and Treatment, vol. 5, no. 3, 2017, pp. 86–88., doi:10.12691/jcrt-5-3-2.

10. Craig, Courtney. "Mitoprotective Dietary Approaches for Myalgic Encephalomyelitis/Chronic Fatigue Syndrome: Caloric Restriction, Fasting, and Ketogenic Diets." Medical Hypotheses, vol. 85, no. 5, 2015, pp. 690–693., doi:10.1016/j.mehy.2015.08.013.

11. D'agostino, Dominic P., et al. "Therapeutic Ketosis with Ketone Ester Delays Central Nervous System Oxygen Toxicity Seizures in Rats." American Journal of Physiology-Regulatory, Integrative and Comparative Physiology, vol. 304, no. 10, 2013, doi:10.1152/ajpregu.00506.2012.

12. Erickson, N., et al. "Systematic Review: Isocaloric Ketogenic Dietary Regimes for Cancer Patients." Medical Oncology, vol. 34, no. 5, 2017, doi:10.1007/s12032-017-0930-5.

13. Feinman, Richard David PhD. The World Turned Upside down: the Second Low-Carbohydrate Revolution. Nutrition & Metabolism Press, 2014.

14. Felig, Philip, et al. "Metabolic Response to Human Growth Hormone during Prolonged Starvation." Journal of Clinical Investigation, vol. 50, no. 2, Jan. 1971, pp. 411–421., doi:10.1172/jci106508.

15. Felton, Elizabeth A., and Mackenzie C. Cervenka. "Dietary Therapy Is the Best Option for Refractory Nonsurgical

Epilepsy." Epilepsia, vol. 56, no. 9, 2015, pp. 1325–1329., doi: 10.1111/epi.13075.

16. Ferriss, Timothy. "Podcast – The Tim Ferriss Show #117: Dom D'Agostino, PhD on Fasting, Ketosis, and The End of Cancer." The Blog of Author Tim Ferriss, 3 Nov. 2015, tim.blog/podcast/.

17. Feyter, Henk M. De, et al. "A Ketogenic Diet Increases Transport and Oxidation of Ketone Bodies in RG2 and 9L Gliomas without Affecting Tumor Growth." Neuro-Oncology, vol. 18, no. 8, Mar. 2016, pp. 1079–1087., doi:10.1093/neuonc/now088.

18. Fine, Eugene J, et al. "Acetoacetate Reduces Growth and ATP Concentration in Cancer Cell Lines Which over-Express Uncoupling Protein 2." Cancer Cell International, vol. 9, no. 1, 2009, p. 14., doi: 10.1186/1475-2867-9-14.

19. Fine, Eugene J., et al. "Carbohydrate Restriction in Patients with Advanced Cancer: a Protocol to Assess Safety and Feasibility with an Accompanying Hypothesis." Community Oncology, vol. 5, no. 1, 2008, pp. 22–26., doi:10.1016/s1548-5315(11)70179-6.

20. Fine, Eugene J., et al. "Targeting Insulin Inhibition as a Metabolic Therapy in Advanced Cancer: A Pilot Safety and Feasibility Dietary Trial in 10 Patients." Nutrition, vol. 28, no. 10, 2012, pp. 1028–1035., doi:10.1016/j.nut.2012.05.001.

21. Fogelholm, Mikael. "Faculty of 1000 Evaluation for Meta-Analysis of Prospective Cohort Studies Evaluating the Association of Saturated Fat with Cardiovascular Disease." F1000 - Post-Publication Peer Review of the Biomedical Literature, Nov. 2010, doi:10.3410/f.1947957.1501056.

22. Forsythe, Cassandra E., et al. "Comparison of Low Fat and Low Carbohydrate Diets on Circulating Fatty Acid Composition and

Markers of Inflammation." Lipids, vol. 43, no. 1, 2007, pp. 65–77., doi:10.1007/s11745-007-3132-7.

23. Forsythe, Cassandra E., et al. "Limited Effect of Dietary Saturated Fat on Plasma Saturated Fat in the Context of a Low Carbohydrate Diet." Lipids, vol. 45, no. 10, July 2010, pp. 947–962., doi: 10.1007/s11745-010-3467-3.

24. Franklin, Carl, and Richard Morris. "Ketogenic Forums." Ketogenic Forums, www.ketogenicforums.com/.

25. Fung, Jason. "Blog." Intensive Dietary Management (IDM), idmprogram.com/blog/.

26. Fung, Jason. The Obesity Code: Unlocking the Secrets of Weight Loss. Greystone Books, 2016.

27. Goldberg, Emily L., et al. "Beta-Hydroxybutyrate Deactivates Neutrophil NLRP3 Inflammasome to Relieve Gout Flares." Cell Reports, vol. 18, no. 9, 2017, pp. 2077–2087., doi:10.1016/j.celrep.2017.02.004.

28. Hertz, Leif, et al. "Effects of Ketone Bodies in Alzheimer's Disease in Relation to Neural Hypometabolism, Beta-Amyloid Toxicity, and Astrocyte Function." Journal of Neurochemistry, vol. 134, no. 1, 2015, pp. 7–20., doi:10.1111/jnc.13107.

29. Jeffery, Mark. "MD Anderson Cancer Center." The Lancet Oncology, vol. 2, no. 3, 2001, p. 186., doi:10.1016/s1470-2045(00)00270-9.

30. Just, Tino, et al. "Cephalic Phase Insulin Release in Healthy Humans after Taste Stimulation?" Appetite, vol. 51, no. 3, 2008, pp. 622–627., doi:10.1016/j.appet.2008.04.271.

31. Kawamura, Masahito. "Ketogenic Diet in a Hippocampal Slice." Oxford Medicine Online, 2016, doi:10.1093/med/9780190497996.003.0021.

32. Kelley, Sarah Aminoff, and Eric Heath Kossoff. "How Effective Is the Ketogenic Diet for Electrical Status Epilepticus of Sleep?" Epilepsy Research, vol. 127, 2016, pp. 339–343., doi:10.1016/j.eplepsyres.2016.09.018.

33. Kerndt, Peter R., et al. "Fasting: The History, Pathophysiology and Complications." THE WESTERN JOURNAL OF MEDICINE, vol. 137, no. 5, Nov. 1982, pp. 379–399.

34. Keys, Ancel, and Margaret Keys. How to Eat Well and Stay Well. Doubleday, 1959.

35. Kindwall, Eric P., and Harry T. Whelan. Hyperbaric Medicine Practice. Best Pub. Co., 2008.

36. Klement, Rainer J., and Reinhart A. Sweeney. "Impact of a Ketogenic Diet Intervention during Radiotherapy on Body Composition: I. Initial Clinical Experience with Six Prospectively Studied Patients." BMC Research Notes, vol. 9, no. 1, May 2016, doi:10.1186/s13104-016-1959-9.

37. Klement, Rainer J., et al. "Anti-Tumor Effects of Ketogenic Diets in Mice: A Meta-Analysis." Plos One, vol. 11, no. 5, Sept. 2016, doi:10.1371/journal.pone.0155050.

38. Kossoff, Eric. Ketogenic Diets: Treatments for Epilepsy and Other Disorders. Readhowyouwant.com Ltd, 2012.

39. Kratz, Mario, et al. "The Relationship between High-Fat Dairy Consumption and Obesity, Cardiovascular, and Metabolic Disease." European Journal of Nutrition, vol. 52, no. 1, 2012, pp. 1–24., doi:10.1007/s00394-012-0418-1.

40. Li, Donghui. "Molecular Epidemiology." M. D. Anderson Solid Tumor Oncology Series Pancreatic Cancer, pp. 3–13., doi: 10.1007/0-387-21600-6_1.

41. Longo, Valter. LONGEVITY DIET. PENGUIN BOOKS, 2018.

42. Lorenzo, C. Di, et al. “Migraine Improvement during Short Lasting Ketogenesis: a Proof-of-Concept Study.” European Journal of Neurology, vol. 22, no. 1, 2014, pp. 170–177., doi:10.1111/ene.12550.

43. Lowe, Aileen, et al. “Neurogenesis and Precursor Cell Differences in the Dorsal and Ventral Adult Canine Hippocampus.” Neuroscience Letters, vol. 593, 2015, pp. 107–113., doi:10.1016/j.neulet.2015.03.017.

44. Lussier, Danielle M., et al. “Enhanced Immunity in a Mouse Model of Malignant Glioma Is Mediated by a Therapeutic Ketogenic Diet.” BMC Cancer, vol. 16, no. 1, 2016, doi:10.1186/s12885-016-2337-7.

45. Maalouf, M, et al. “The Neuroprotective Properties of Calorie Restriction, the Ketogenic Diet, and Ketone Bodies.” Brain Research Reviews., U.S. National Library of Medicine, Mar. 2009, www.ncbi.nlm.nih.gov/pubmed/18845187.

46. Masino, Susan A., and David N. Ruskin. “Ketogenic Diets and Pain.” Journal of Child Neurology, vol. 28, no. 8, 2013, pp. 993–1001., doi:10.1177/0883073813487595.

47. Masino, Susan A., et al. “A Ketogenic Diet Suppresses Seizures in Mice through Adenosine A1 Receptors.” Journal of Clinical Investigation, vol. 121, no. 7, Jan. 2011, pp. 2679–2683., doi: 10.1172/jci57813.

48. Mavropoulos, J. C., et al. “The Effects of Varying Dietary Carbohydrate and Fat Content on Survival in a Murine LNCaP Prostate Cancer Xenograft Model.” Cancer Prevention Research, vol. 2, no. 6, 2009, pp. 557–565., doi:10.1158/1940-6207.capr-08-0188.

49. Mente, Andrew, et al. “A Systematic Review of the Evidence Supporting a Causal Link Between Dietary Factors and Coronary Heart Disease.” Archives of Internal Medicine, vol. 169, no. 7, 2009, p. 659., doi:10.1001/archinternmed.2009.38.

50. Nabbout, Rima. "FIRES and IHHE: Delineation of the Syndromes." Epilepsia, vol. 54, 2013, pp. 54–56., doi:10.1111/epi.12278.

51. Ness, A. "Diet, Nutrition and the Prevention of Chronic Diseases. WHO Technical Report Series 916. Report of a Joint WHO/FSA Expert Consultation." International Journal of Epidemiology, vol. 33, no. 4, 2004, pp. 914–915., doi:10.1093/ije/dyh209.

52. Nestle, M. "Mediterranean Diets: Historical and Research Overview." The American Journal of Clinical Nutrition, vol. 61, no. 6, Jan. 1995, doi:10.1093/ajcn/61.6.1313s.

53. Newport, Mary T. Alzheimer's Disease: What If There Was a Cure? the Story of Ketones. Basic Health, 2013.

54. "Nobel Prize Honors Autophagy Discovery." Cancer Discovery, vol. 6, no. 12, 2016, pp. 1298–1299., doi:10.1158/2159-8290.cd-nb2016-127.

55. Nuttall, F. Q., and M. C. Gannon. "Plasma Glucose and Insulin Response to Macronutrients in Nondiabetic and NIDDM Subjects." Diabetes Care, vol. 14, no. 9, Jan. 1991, pp. 824–838., doi: 10.2337/diacare.14.9.824.

56. Ogawa, Chikako, et al. "Autopsy Findings of a Patient with Acute Encephalitis and Refractory, Repetitive Partial Seizures." Seizure, vol. 35, 2016, pp. 80–82., doi:10.1016/j.seizure.2016.01.005.

57. Palmer, Joshua D., et al. "Brain Tumours." Re-Irradiation: New Frontiers Medical Radiology, 2016, pp. 127–142., doi: 10.1007/174_2016_66.

58. Reeves, Sue, et al. "Experimental Manipulation of Breakfast in Normal and Overweight/Obese Participants Is Associated with Changes to Nutrient and Energy Intake Consumption Patterns." Physiology & Behavior, vol. 133, 2014, pp. 130–135., doi:10.1016/j.physbeh.2014.05.015.

59. Seyfried, Thomas N. Cancer as a Metabolic Disease: on the Origin, Management, and Prevention of Cancer. Wiley-Blackwell, 2012.

60. Seyfried, Thomas N., et al. "Is the Restricted Ketogenic Diet a Viable Alternative to the Standard of Care for Managing Malignant Brain Cancer?" Epilepsy Research, vol. 100, no. 3, 2012, pp. 310–326., doi:10.1016/j.eplepsyres.2011.06.017.

61. Seyfried, Thomas N., et al. "Metabolic Therapy: A New Paradigm for Managing Malignant Brain Cancer." Cancer Letters, vol. 356, no. 2, 2015, pp. 289–300., doi:10.1016/j.canlet.2014.07.015.

62. Sherwood, Louis M., et al. "Starvation in Man." New England Journal of Medicine, vol. 282, no. 12, 1970, pp. 668–675., doi: 10.1056/nejm197003192821209.

63. Shine, N., and D. Say. "Effectiveness of Ketone Level on Seizure Control." Journal of the American Dietetic Association, vol. 97, no. 9, 1997, doi:10.1016/s0002-8223(97)00497-5.

64. Silva-Nichols, Helena B., et al. "Atps-77 The Ketone Body Beta-Hydroxybutyrate Radiosensitizes Glioblastoma Multiforme Stem Cells." Neuro-Oncology, vol. 17, no. suppl 5, 2015, doi:10.1093/neuonc/nov204.77.

65. Simeone, Timothy A., et al. "Ketone Bodies as Anti-Seizure Agents." Neurochemical Research, vol. 42, no. 7, Oct. 2017, pp. 2011–2018., doi:10.1007/s11064-017-2253-5.

66. Siri-Tarino, P. W, et al. "Meta-Analysis of Prospective Cohort Studies Evaluating the Association of Saturated Fat with Cardiovascular Disease." American Journal of Clinical Nutrition, vol. 91, no. 3, 2010, pp. 535–546., doi:10.3945/ajcn.2009.27725.

67. Smyl, Christopher. "Ketogenic Diet and Cancer - a Perspective." Metabolism in Cancer Recent Results in Cancer Research, 2016, pp. 233–240., doi:10.1007/978-3-319-42118-6_11.

68. Stubbs, James, et al. "Macronutrients, Feeding Behavior, and Weight Control in Humans." Appetite and Food Intake, 2008, pp. 295–322., doi:10.1201/9781420047844.ch16.

69. Tiukinhoy, Susan, and Carolyn L. Rochester. "Low-Fat Dietary Pattern And Risk Of Cardiovascular Disease-The Women's Health Initiative Randomized Controlled Dietary Modification Trial." Journal of Cardiopulmonary Rehabilitation, vol. 26, no. 3, 2006, pp. 191–192., doi:10.1097/00008483-200605000-00015.

70. Toth, Csaba, and Maria Schimmer, Zsófia Clemens. "Complete Cessation of Recurrent Cervical Intraepithelial Neoplasia (CIN) by the Paleolithic Ketogenic Diet: A Case Report." Journal of Cancer Research and Treatment, vol. 6, no. 1, Apr. 2018, pp. 1–5., doi: 10.12691/jcrt-6-1-1.

71. Toth, Csaba, and Zsófia Clemens. "Halted Progression of Soft Palate Cancer in a Patient Treated with the Paleolithic Ketogenic Diet Alone: A 20-Months Follow-Up." American Journal of Medical Case Reports, vol. 4, no. 8, 2016, pp. 288–292.

72. Vergati, Matteo, et al. "Ketogenic Diet and Other Dietary Intervention Strategies in the Treatment of Cancer." Current Medicinal Chemistry, vol. 24, no. 12, 2017, doi: 10.2174/0929867324666170116122915.

73. Volek, Jeff, and Stephen D. Phinney. The Art and Science of Low Carbohydrate Living: an Expert Guide to Making the Life-Saving Benefits of Carbohydrate Restriction Sustainable and Enjoyable. Beyond Obesity, 2011.

74. Volek, Jeff S., et al. "Effects of Dietary Carbohydrate Restriction versus Low-Fat Diet on Flow-Mediated Dilation." Metabolism, vol. 58, no. 12, 2009, pp. 1769–1777., doi:10.1016/j.metabol. 2009.06.005.

75. Volek, Jeff S, et al. "Low-Carbohydrate Diets Promote a More Favorable Body Composition Than Low-Fat Diets." Strength and Conditioning Journal, vol. 32, no. 1, 2010, pp. 42–47., doi:10.1519/ssc.0b013e3181c16c41.

76. Westman, Eric C. ADAPT Program: a Low Carbohydrate, Ketogenic Diet Manual. Adapt Your Life, Inc., 2015.

77. Wheless, James W. "History and Origin of the Ketogenic Diet." Epilepsy and the Ketogenic Diet, 2004, pp. 31–50., doi: 10.1007/978-1-59259-808-3_2.

78. Winter, Sebastian F., et al. "Role of Ketogenic Metabolic Therapy in Malignant Glioma: A Systematic Review." Critical Reviews in Oncology/Hematology, vol. 112, 2017, pp. 41–58., doi: 10.1016/j.critrevonc.2017.02.016.

79. Woolf, Eric C., and Adrienne C. Scheck. "The Ketogenic Diet for the Adjuvant Treatment of Malignant Brain Tumors." Bioactive Nutraceuticals and Dietary Supplements in Neurological and Brain Disease, 2015, pp. 125–135., doi:10.1016/b978-0-12-411462-3.00013-8.

80. Wyatt, Holly R., et al. "Long-Term Weight Loss and Breakfast in Subjects in the National Weight Control Registry." Obesity Research, vol. 10, no. 2, 2002, pp. 78–82., doi:10.1038/oby.2002.13.

81. Zinn, Caryn, et al. "Ketogenic Diet Benefits Body Composition and Well-Being but Not Performance in a Pilot Case Study of New Zealand Endurance Athletes." Journal of the International Society of Sports Nutrition, BioMed Central, 12 July 2017, jissn.biomedcentral.com/articles/10.1186/s12970-017-0180-0.

BozMD . com

Tome decisiones inteligentes, no sacrificios.

Para ingresar a la cetosis, necesita saber qué alimentos y bebidas provocarán la producción natural de energía de su cuerpo. Este gráfico de la guía de bolsillo y la nevera lo guiará a través de los alimentos que son buenos, mejores y MEJORES para su viaje *keto*. En la historia del supermercado o en restaurantes, esta referencia lo ayudará a tomar mejores decisiones poco a poco.

COMIDA DE CALIDAD, GUIA DE BOLSILLO Y CUADRO DE RECUPERACION

Guía de alimentación de calidad: [Tamaño: 4 x 5,5 pulgadas] Lleve esta práctica guía de bolsillo con usted en cada viaje al mercado o restaurante. Hay 30 páginas de opciones de comida buena, mejor y mejor. Déjeme guiarlo a través de la mejora gradual de tus elecciones de comida. Esta guía está impresa en papel sintético resistente al agua, no desagradable para una máxima durabilidad. El cambio sucede una decisión a la vez. Utilice esta guía para pasar a la siguiente mejor decisión.

Imán para la nevera: [Tamaño: 11 x 8.5 pulgadas] Presente esta guía de alimentación laminada en su refrigerador, o cualquier servicio magnético, como un recordatorio fácil de usar de su exitoso viaje en *keto*. Mis comentarios favoritos de esta herramienta provienen de aquellos que colgaron esto en el área de la cocina en el trabajo. ¡Mire cómo comienzan las discusiones!

Agradecimientos especiales a:

Mark & Dawn Aspaas
Adriana Avelle
Peggy Craig
Pete Hansen
Jade Hendricks
Terry Kjergaard
Bettie and John Mathis
Ryan Myer
Patrick & Jennifer Rosenstiel
Becky Scheideler
Lauren Stranahan
Doug Tschetter
Luke Tunge
Kerri Tunge

... y los miles de pacientes que han bendecido mi vida al invitarme a compartirla.